U0149609

反色（Invert）滤镜

灰度（Gray）滤镜

运动模糊（Motion Blur）滤镜

模糊（Blur）滤镜

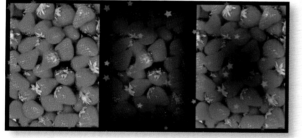

透明（Chroma）滤镜

CSS+DIV布局示例（1）

CSS+DIV布局示例（2）

CSS+DIV布局示例（3）

精通 CSS+DIV

页面美化与布局（1）

页面美化与布局（2）

页面美化与布局（3）

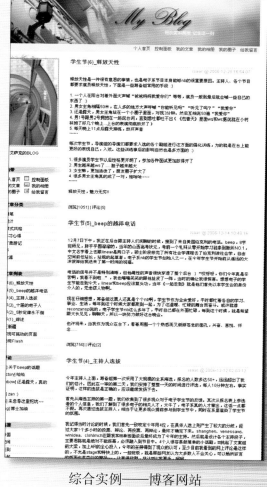

综合实例——博客网站

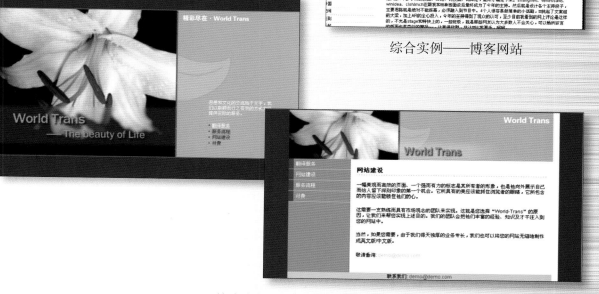

综合实例——工作室网站

精通 CSS+DIV

综合实例——企业网站

综合实例——购物网站

综合实例——旅游网站

精通
CSS+DIV
网页样式与布局

前沿科技 曾顺 编著

人民邮电出版社

北 京

图书在版编目（**CIP**）数据

精通 CSS+DIV 网页样式与布局 / 前沿科技编著. —北京：人民邮电出版社，2007.8（2021.12 重印）

ISBN 978-7-115-16304-2

Ⅰ. 精…　Ⅱ. 前…　Ⅲ. 主页制作—软件工具，CSS　Ⅳ. TP393.092

中国版本图书馆 CIP 数据核字（2007）第 078401 号

内 容 提 要

随着 Web 2.0 的大潮席卷而来，网页标准化 CSS+DIV 的设计方式正逐渐取代传统的表格布局模式，对 CSS 的学习也成为设计人员的必修课。

本书系统地讲解了 CSS 层叠样式表的基础理论和实际运用技术，通过大量实例对 CSS 进行深入浅出的分析，主要包括 CSS 的基本语法和概念，设置文字、图片、背景、表格、表单和菜单等网页元素的方法，以及 CSS 滤镜的使用。着重讲解如何用 CSS+DIV 进行网页布局，注重实际操作，使读者在学习 CSS 应用技术的同时，掌握 CSS+DIV 的精髓。本书还详细讲解了其他书中较少涉及的技术细节，包括扩展 CSS 与 JavaScript、XML 和 Ajax 的综合应用等内容，指导读者制作符合 Web 标准的网页，使从事或欲从事网站设计开发专业工作的读者提升技术水平和竞争能力。最后给出了 5 个常见类型的完整网页的综合实例，让读者进一步巩固所学到的知识，提高综合应用的能力。

本书内容翔实、结构清晰、循序渐进，并注意各个章节与实例之间的呼应和对照，既可作为 CSS 初学者的入门教材，也适合中高级用户进一步学习和参考。

◆ 编　著　前沿科技　曾　顺
　　责任编辑　杨　璐

◆ 人民邮电出版社出版发行　　北京市丰台区成寿寺路 11 号
　　邮编　100164　　电子邮件　315@ptpress.com.cn
　　网址　http://www.ptpress.com.cn
　　固安县铭成印刷有限公司印刷

◆ 开本：787×1092　1/16　　　　彩插：2
　　印张：29　　　　　　　　　　2007 年 8 月第 1 版
　　字数：704 千字　　　　　　　2021 年 12 月河北第 44 次印刷

ISBN 978-7-115-16304-2/TP

定价：69.80 元（附光盘）

读者服务热线：（010）81055410　印装质量热线：（010）81055316
反盗版热线：（010）81055315

随着利用表格进行页面布局的弊端逐渐暴露，Web标准的重要性越来越被人们重视。网页主要由结构、表现和行为3个部分组成，对应的标准是结构化标准语言、表现标准语言和行为标准。CSS是最主要的表现标准语言，CSS+DIV的网页布局方法可以使外观与结构分离，使站点的访问及维护更加容易，CSS的特有技术也可以使页面更加美观，所以对CSS的学习成为了专业设计人员的必修课。本书的目的就是希望通过本书系统、翔实的讲解，使从事相关工作的读者成为真正的"专业人士"，创建出更专业的网站。

本书特点

1. 系统的理论基础知识

本书系统地讲解了CSS层叠样式表技术在网页设计中各个方面应用的知识，从为什么要用CSS开始讲解，循序渐进，配合大量实例，帮助读者奠定坚实的理论基础，做到知其所以然。

2. 大量的技术应用实例

书中设置大量应用实例，重点强调具体技术的灵活应用，并且全书结合了作者长期的网页设计制作和教学经验，使读者真正做到学以致用。

3. 深入的CSS+DIV布局详解

本书用相当的篇幅重点介绍了用CSS+DIV进行网页布局的方法和技巧，配合经典的布局案例，帮助读者掌握CSS最核心的应用技术。

4. 高级的混合应用技术

真正的网页除了外观表现之外，还需要结构标准语言和行为标准的结合，因此本书还特别讲解了CSS与JavaScript、Ajax和XML的混合应用，这些都是Web 2.0网站中的主要技术，使读者掌握高级的网页制作技术。

5. 精选的网页综合实例

在本书最后一个部分，还精选了5个常见类型网页综合实例，包括博客网站、小型工作室网站、企业网站、购物网站、旅游网站等，帮助读者总结前面所学知识，综合应用各种技术、方法和技巧，提高读者综合应用的能力。

本书内容

第1部分是CSS基础知识篇（第1～9章），讲解CSS的基本原理和规则，深入讲解CSS应用于各种网页元素的细节。

第2部分是CSS+DIV美化和布局篇（第10～12章），深入探讨了CSS布局的"盒子模型"，理解它是使用CSS进行网页布局的精髓，并通过实例深入讲解CSS布局的技术细节。

第3部分是CSS混合应用技术篇（第13～15章），讲解了CSS与其他结构和行为等相关技术的配合，分别是CSS与JavaScript、Ajax和XML的混合应用，这是标准化网站中不可或缺的。

第4部分是综合案例篇（第16～20章），在这个部分中，精选了5个综合的完整网站（包括博客网站、小型工作室网站、企业网站、网上购物网站、旅游观光网站）作为实例，综合地运用了前面各章中所介绍的各种技术、方法和技巧。

本书读者对象

本书内容系统、翔实，讲解循序渐进，并介绍了其他同类书中不多见的高级混合应用技术，适合初学者自学使用，也适合中高级读者进一步学习和参考。

学习建议

1. 对于初学者

对于CSS的初学者，在使用本书时应该逐章的认真阅读，首先掌握CSS各个理论细节，然后重点结合各章节的实例，进行认真的阅读与反复的实践。如果遇到不明白的地方，可以参照网上下载（网址是http://www.artech.cn）的书中实例源文件以及各种素材，再对照具体的理论细节进行学习。

在学习后面的章节时，也应该注意书中指出的与前面章节的联系，从而巩固该章节所学到的知识。

学习最后的综合实例后，读者最好能够动手制作自己的页面，运用学到的方法，做到举一反三。

2. 对于中高级读者

对于CSS的中高级读者，应该重点学习CSS美化页面时的各种技巧，并注意各个实例之间的联系和对比，体会CSS各功能及用法上的层次关系，熟练掌握各种高级技巧的制作方法，并从中获得启发，创造性地制作出更多更好的页面。

获取源代码和素材

要获取本书所有讲解实例的源代码和素材，请访问我们的网站，网址是 http://www.artech.cn。

读者服务

本书由前沿科技的曾顺主要编写，参与编写工作的还有温谦、白玉成、温鸿钧、刘璐、黄世明、徐楠、黄欢、吕岩岩、王继生、王亮、陈宾、王璐、王斌、谢伟、韩军、史长虹、潘莹等。书中难免存在疏漏，欢迎广大读者批评指正。在学习本书的过程中遇到疑难问题，欢迎和我们联系，我们的网址是http://www.artech.cn，E-mail是 luyang@ptpress.com.cn。

我们希望衷心希望本书能给广大读者提供一些真正的帮助，如果您有任何建议或者意见，也欢迎和我们联系。

前沿科技

目 录

第2部分　CSS+DIV美化和布局篇

第3部分　CSS混合应用技术篇

精通 CSS+DIV 网页样式与布局

第1部分

CSS基础知识篇

精通

CSS+DIV 网页样式与布局

第 1 章

CSS的初步体验

对于一个网页设计者来说，对HTML语言一定不会感到陌生，因为它是所有网页制作的基础。但是如果希望网页能够美观、大方，并且升级方便，维护轻松，那么仅仅知道HTML语言是不够的，CSS在这中间扮演着重要的角色。本章从CSS的基本概念出发，介绍CSS语言的特点，以及如何在网页中引入CSS，并对CSS进行初步的体验。

1.1　CSS的概念

CSS（Cascading Style Sheet），中文译为层叠样式表，它是用于控制网页样式并允许将样式信息与网页内容分离的一种标记性语言。CSS是1996年由W3C审核通过，并且推荐使用的。简单地说，CSS的引入就是为了使得HTML语言能够更好地适应页面的美工设计。它以HTML语言为基础，提供了丰富的格式化功能，如字体、颜色、背景和整体排版等，并且网页设计者可以针对各种可视化浏览器设置不同的样式风格，包括显示器、打印机、打字机、投影仪和PDA等。CSS的引入随即引发了网页设计一个又一个的新高潮，使用CSS设计的优秀页面层出不穷。

本节从CSS对标记的控制入手，讲解CSS的初步知识以及编辑方法。

1.1.1　标记的概念

熟悉HTML语言的网页设计者，对于标记（tag）的概念一定不会陌生，在页面中各种标记以及位于标记中间的所有内容，组成了整个页面。例如在网页中显示一个标题，以"<h2>"开始，中间是标题的具体内容，最后以"</h2>"结束，如下。

```
<h2>标题内容</h2>
```

其中的"<h2>"称为起始标记，对应的"</h2>"称为结束标记，在这两者之间为实际的标题内容。最简单的一个页面例子如例1.1所示。

【例1.1】（实例文件：第1章\1-1.html）

```
<html>
<head>
        <title>页面标题</title>
</head>
<body>
        <h2>CSS标记</h2>
        <p>CSS标记的正文内容从这里开始</p>
</body>
</html>
```

其在IE 7中的浏览效果如图1.1所示，可以看到<title>、<h2>和<p>标记分别发挥的作用。

<title>标记 ————

<title>标记 ————

<h2>标记 ————

<p>标记 ————

图1.1　简单的标记实例

所有页面都是由各式各样的标记，加上标记中间的内容组成的。在浏览网页时，可以通过浏览器中"查看源文件"的选项对页面的源代码进行查看，从而了解该网页的组织结构等。

经验之谈：

在学习制作网页、学习HTML、CSS和JavaScript等各种语言时，多参考其他网站的源代码对快速掌握各种技巧并运用到实际制作中，是非常有好处的。如图1.2所示的是Baidu首页的页面源代码，从中可以发现使用了大量的CSS，以及<div>和<li>等标记。

图1.2　Baidu首页的源代码

另外，对于使用<frame>制作的网站，在IE 7浏览器中如果使用菜单栏的"查看→源文件"，可以查看整个父框架的源代码。如果在页面中的某个<frame>里单击鼠标右键，从弹出菜单中选择"查看源文件"命令，则查看的是<frame>对应子页面的源代码。

1.1.2　传统HTML的缺点

在CSS还没有被引入页面设计之前，传统的HTML语言要实现页面美工上的设计是十分麻烦的，例如在例1.1中，如果希望标题变成蓝色，并对字体进行相应的设置，则需要引入<font>标记，如下：

```
<h2><font color="#0000FF" face="黑体">CSS标记1</font></h2>
```

看上去这样的修改并不是很麻烦，而当页面的内容不仅仅只有一段，而是整篇文章时，情况就显得不那么简单，如例1.2所示。

【例1.2】（实例文件：第1章\1-2.html）

```
<html>
<head>
        <title>页面标题</title>
</head>
<body>
        <h2><font color="#0000FF" face="黑体">CSS标记1</font></h2>
        <p>CSS标记的正文内容1</p>
        <h2><font color="#0000FF" face="黑体">CSS标记2</font></h2>
        <p>CSS标记的正文内容2</p>
        <h2><font color="#0000FF" face="黑体">CSS标记3</font></h2>
        <p>CSS标记的正文内容3</p>
        <h2><font color="#0000FF" face="黑体">CSS标记4</font></h2>
        <p>CSS标记的正文内容4</p>
</body>
</html>
```

其在IE 7中的显示效果如图1.3所示，4个标题都变成了蓝色黑体字。这时如果希望将这4个标题改成红色，在这种传统的HTML语言中就需要对每个标题的<font>标记都进行修改，倘若是整个网站，这样的工作量是无法让设计者接受的。

图1.3 给标题添加效果

其实传统HTML的缺陷远不止上例中所反映的这一个方面，相比CSS为基础的页面设计方法，其所体现出的劣势主要有以下几点。

（1）维护困难。为了修改某个特殊标记（例如上例中的<h2>标记）的格式，需要花费很多的时间，尤其对于整个网站而言，后期修改和维护的成本很高。

（2）标记不足。HTML本身的标记十分的少，很多标记都是为网页内容服务的，而关于美工样式的标记，如文字间距、段落缩进等标记在HTML中很难找到。

（3）网页过"胖"。由于没有统一对各种风格样式进行控制，HTML的页面往往体积过大，占用掉了很多宝贵的带宽。

（4）定位困难。在整体布局页面时，HTML对于各个模块的位置调整显得捉襟见肘，过多的<table>标记同样也导致页面的复杂和后期维护的困难。

1.1.3 CSS的引入

对于例1.2，倘若引入CSS对其中的<h2>标记进行控制，那么情况将完全不同，如例1.3所示。

【例1.3】（实例文件：第1章\1-3.html）

```
<html>
<head>
<title>页面标题</title>
<style>
<!--
h2{
        font-family:黑体;
        color:blue;
}
-->
</style>
</head>
<body>
        <h2>CSS标记1</h2>
        <p>CSS标记的正文内容1</p>
        <h2>CSS标记2</h2>
        <p>CSS标记的正文内容2</p>
        <h2>CSS标记3</h2>
        <p>CSS标记的正文内容3</p>
        <h2>CSS标记4</h2>
        <p>CSS标记的正文内容4</p>
</body>
</html>
```

其显示效果与例1.2完全一样。可以发现在页面中的<font>标记全部消失了，取而代之的是最开始的<style>标记，以及其中对<h2>标记的定义，即：

```
<style>
<!--
h2{
        font-family:黑体;
        color:blue;
}
-->
</style>
```

对页面中所有的<h2>标记的样式风格通通由这段代码控制,倘若希望标题的颜色变成红色,字体使用幼圆, 则仅仅需要修改这段代码为:

```
<style>
<!--
h2{
        font-family:幼圆;
        color:red;
}
-->
</style>
```

其显示效果如图1.4所示。

图1.4　CSS的引入

从例1.3中可以明显看出,CSS对于网页的整体控制较单纯的HTML语言有了突破性的进展,并且后期修改和维护都十分方便。不仅如此, CSS还提供各种丰富的格式控制方法,使得网页设计者能够轻松地应对各种页面效果,这些都将在后面的章节中逐一讲解。

1.1.4 如何编辑CSS

　　CSS文件与HTML文件一样,都是纯文本文件,因此一般的文字处理软件都可以对CSS进行编辑。记事本和UltraEdit等最常用的文本编辑工具对CSS的初学者尤其有帮助。在网上也能找到很多CSS的编辑器或在线编辑器,在这里推荐Macromedia Dreamweaver的纯代码模式。

　　Dreamweaver这款专业的网页设计软件在代码模式下对HTML、CSS和JavaScript等代码有着非常好的语法着色以及语法提示功能,并且自带很多实例,对CSS的学习很有帮助。图1.5所示的就是例1.3的编辑截图。

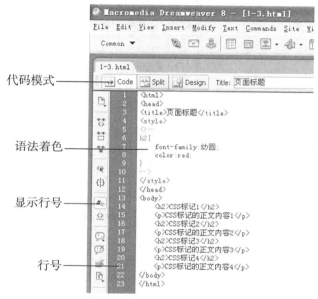

图1.5　Dreamweaver的代码模式

　　从图1.5中可以看到,对于CSS代码,在默认情况下都采用粉红色进行语法着色,而HTML代码中的标记则是蓝色,正文内容在默认情况下为黑色。而且对于每行代码,前面都有行号进行标记,方便对代码的整体规划。

　　在Dreamweaver中,无论是CSS代码还是HTML代码,都有很好的语法提示。在编写具体CSS代码时,按回车键或空格键都可以触发语法提示。例如在例1.3中,当光标移动到"color: red;"一句的末尾时,按空格键或者回车键,都可以触发语法提示的功能。如图1.6所示,Dreamweaver会列出所有可以供选择的CSS样式,方便设计者快速进行选择,从而提高了工作效率。

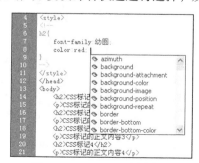

图1.6　Dreamweaver语法提示

而且，当已经选定某个CSS样式，例如上例中的color样式，在其冒号后面再按空格键时，Dreamweaver会弹出新的详细提示框，让用户对相应CSS的值进行直接选择，如图1.7所示的调色板就是其中的一种情况。

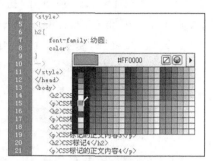

图1.7　调色板

1.1.5　浏览器与CSS

网上的浏览器各式各样，绝大多数浏览器对CSS都有很好的支持，因此设计者往往不用担心其设计的CSS文件不被用户所支持。但目前主要的问题在于，各个浏览器之间对CSS很多细节的处理上存在差异，设计者在一种浏览器上设计的CSS效果，在其他浏览器上的显示效果很可能不一样。就目前主流的两大浏览器IE（Internet Explorer）与Firefox而言，在某些细节的处理上就不尽相同。IE本身在IE 6与发布不久的IE 7之间，对相同页面的浏览效果都存在一些差异。

【例1.4】（实例文件：第1章\1-4.html）

```
<html>
<head>
<title>页面标题</title>
<style>
<!--
ul{
        list-style-type:none;
        display:inline;
}
-->
</style>
</head>
<body>
        <ul>
                <li>list1</li>
                <li>list2</li>
        </ul>
</body>
</html>
```

例1.4中是一段很简单的HTML代码，并用CSS对<ul>标记进行了样式上的控制。而这段代码在IE 7中的显示效果与在Firefox中的显示效果就存在差别，如图1.8所示。

图1.8　IE与Firefox的效果区别

但比较幸运的是，出现各个浏览器效果上的差异，主要是因为各个浏览器对CSS样式默认值的设置不同，因此可以通过对CSS文件各个细节的严格编写，使得各个浏览器之间达到基本相同的效果。这点在后续的章节中都会陆续提到。

经验之谈：

　　使用CSS制作网页，一个基础的要求就是主流的浏览器之间的显示效果要基本一致。通常的做法是一边编写HTML和CSS代码，一边在两个不同的浏览器上进行预览，及时地调整各个细节，这对深入掌握CSS也是很有好处的。

　　另外Dreamweaver的"视图"模式只能作为设计时的参考来使用，绝对不能作为最终显示效果的依据，只有浏览器中的效果才是大家所看到的。

1.2　使用CSS控制页面

在对CSS有了大致的了解之后，便可以使用CSS对页面进行全方位的控制。本节主要介绍如何使用CSS控制页面，以及其控制页面的各种方法，包括行内样式、内嵌式、链接式和导入式等，最后探讨各种方式的优先级问题。

1.2.1　行内样式

行内样式是所有样式方法中最为直接的一种，它直接对HTML的标记使用style属性，然后将CSS代码直接写在其中，如例1.5所示。

【例1.5】（实例文件：第1章\1-5.html）

```
<html>
<head>
<title>页面标题</title>
</head>
<body>
```

```html
<p style="color:#FF0000; font-size:20px; text-decoration:underline;">正文内容1</p>
<p style="color:#000000; font-style:italic;">正文内容2</p>
<p style="color:#FF00FF; font-size:25px; font-weight:bold;">正文内容3</p>
</body>
</html>
```

其显示效果如图1.9所示。可以看到在3个<p>标记中都使用了style属性，并且设置了不同的CSS样式，各个样式之间互不影响，分别显示自己的样式效果。

图1.9　行内样式

第1个<p>标记设置了字体为红色（color:#FF0000;），字号大小为20px（font-size:20px;），并有下划线（text-decoration:underline;）。第2个<p>标记则设置文字的颜色为黑色，字体为斜体。最后一个<p>标记设置文字为紫色、字号为25px的粗体字。

行内样式是最为简单的CSS使用方法，但由于需要为每一个标记设置style属性，后期维护成本依然很高，而且网页容易过胖，因此不推荐使用。

1.2.2　内嵌式

内嵌样式表就是将CSS写在<head>与</head>之间，并且用<style>和</style>标记进行声明，如前面的例1.4就是采用的这种方法。对于例题1.5如果采用内嵌式的方法，则3个<p>标记显示的效果将完全相同，如例1.6所示，显示效果如图1.10所示。

【例1.6】（实例文件：第1章\1-6.html）

```html
<html>
<head>
<title>页面标题</title>
<style type="text/css">
<!--
p{
        color:#FF00FF;
        text-decoration:underline;
        font-weight:bold;
        font-size:25px;
}
-->
```

```
</style>
</head>
<body>
        <p>紫色、粗体、下划线、25px的效果1</p>
        <p>紫色、粗体、下划线、25px的效果2</p>
        <p>紫色、粗体、下划线、25px的效果3</p>
</body>
</html>
```

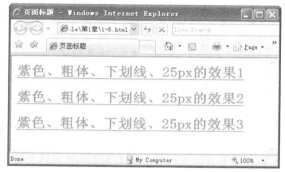

图1.10　内嵌式

可以从例1.6中看到，所有CSS的代码部分被集中在了同一个区域，方便了后期的维护，页面本身也大大瘦身。但如果是一个网站，拥有很多的页面，对于不同页面上的<p>标记都希望采用同样的风格时，内嵌式的方法就显得略微麻烦，维护成本也不低。因此仅适用于对特殊的页面设置单独的样式风格。

1.2.3　链接式

链接式CSS样式表是使用频率最高，也是最为实用的方法。它将HTML页面本身与CSS样式风格分离为两个或者多个文件，实现了页面框架HTML代码与美工CSS代码的完全分离，使得前期制作和后期维护都十分方便，网站后台的技术人员与美工设计者也可以很好的分工合作。

而且对于同一个CSS文件可以链接到多个HTML文件中，甚至可以链接到整个网站的所有页面中，使得网站整体风格统一、协调，并且后期维护的工作量也大大减少。下面来看一个链接式样式表的实例，如例1.7所示。

【例1.7】（实例文件：第1章\1-7.html）

首先创建HTML文件（1-7.html），如下所示。

```
<html>
<head>
<title>页面标题</title>
<link href="1.css" type="text/css" rel="stylesheet">
</head>
<body>
```

```
        <h2>CSS标题1</h2>
        <p>紫色、粗体、下划线、25px的效果1</p>
        <h2>CSS标题2</h2>
        <p>紫色、粗体、下划线、25px的效果2</p>
</body>
</html>
```

然后创建文件1.css，如下所示。

```
h2{
        color:#0000FF;
}
p{
        color:#FF00FF;
        text-decoration:underline;
        font-weight:bold;
        font-size:20px;
}
```

从例1.7中可以看到，文件1.css将所有的CSS代码从HTML文件1-7.html中分离出来，然后在文件1-7.html的\<head\>和\</head\>标记之间加上 "\<link href="1.css" type="text/css"rel= "stylesheet"\>" 语句，将CSS文件链接到页面中，对其中的标记进行样式控制。其显示效果如图1.11所示。

图1.11　链接式

链接式样式表的最大优势在于CSS代码与HTML代码完全分离，并且同一个CSS文件可以被不同的HTML所链接使用。因此在设计整个网站时，可以将所有页面都链接到同一个CSS文件，使用相同的样式风格。如果整个网站需要进行样式上的修改，就仅仅只需要修改这一个CSS文件即可。

1.2.4　导入样式

导入样式表与上一小节提到的链接样式表的功能基本相同，只是语法和运作方式上略有区别。采用import方式导入的样式表，在HTML文件初始化时，会被导入到HTML文件内，作为文件的一部分，类似内嵌式的效果。而链接式样式表则是在HTML的标记需要格式时才以链接的方式引入。

在HTML文件中导入样式表，常用的有如下几种@import语句，可以选择任意一种放在<style>与</style>标记之间。

```
@import url(sheet1.css);
@import url("sheet1.css");
@import url('sheet1.css');
@import sheet1.css;
@import "sheet1.css";
@import 'sheet1.css';
```

【例1.8】（实例文件：第1章\1-8.html）

```
<html>
<head>
<title>页面标题</title>
<style type="text/css">
<!--
@import url(1.css);
-->
</style>
</head>
<body>
        <h2>CSS标题1</h2>
        <p>紫色、粗体、下划线、25px的效果1</p>
        <h2>CSS标题2</h2>
        <p>紫色、粗体、下划线、25px的效果2</p>
        <h3>CSS标题3</h3>
        <p>紫色、粗体、下划线、25px的效果3</p>
</body>
</html>
```

例1.8在例1.7的基础上进行了修改，加入了<h3>的标题，前两行的效果与例1.7中的显示效果完全相同，如图1.12所示。可以看到新引入的<h3>标记由于没有设置样式，因此保持着默认的风格。

导入样式表的最大用处在于可以让一个HTML文件导入很多的样式表，以例1.8为基础进行修改，创建文件2.css，同时使用两个@import语句将1.css和2.css同时导入到HTML中，具体如例1.9所示。

图1.12 导入样式

【例1.9】（实例文件：第1章\1-9.html）

首先创建1-9.html文件，如下。

```
<html>
<head>
<title>页面标题</title>
<style type="text/css">
<!--
@import url(1.css);
@import url(2.css);                    /* 同时导入两个CSS样式表 */
-->
</style>
</head>
<body>
        <h2>CSS标题1</h2>
        <p>紫色、粗体、下划线、25px的效果1</p>
        <h2>CSS标题2</h2>
        <p>紫色、粗体、下划线、25px的效果2</p>
        <h3>CSS标题3</h3>
        <p>紫色、粗体、下划线、25px的效果3</p>
</body>
</html>
```

然后创建文件2.css，将<h3>设置为斜体，颜色为青色，大小为40px，如下。

```
h3{
        color:#00FFFF;
        font-style:italic;
        font-size:40px;
}
```

其效果如图1.13所示，可以看到新导入的2.css中设置的<h3>风格样式也被运用到了页面效果中，而原有1.css的效果保持不变。

图1.13　导入多个样式表

不单是HTML文件的<style>与</style>标记中可以导入多个样式表，在CSS文件内也可以导入其他的样式表。以例1.9为例，将"@import url(2.css);"去掉，然后在1.css文件中加入"@import url(2.css);"，也可以达到相同的效果。

1.2.5　各种方式的优先级问题

上面的4个小节分别介绍了CSS控制页面的4种不同方法，各种方法都有其自身的特点。这4种方法如果同时运用到同一个HTML文件的同一个标记上时，将会出现优先级的问题。如果在各种方法中设置的属性不一样，例如内嵌式设置字体为宋体，链接式设置颜色为红色，那么显示结果会二者同时生效，为宋体红色字。但当各种方法同时设置一个属性时，例如都设置字体的颜色，情况就会比较复杂，如例1.10所示。

【例1.10】（实例文件：第1章\1-10.html）

首先创建文件3.css，如下：

```
h3{
        padding-top: 50px; /* 顶端间隔50px */
}
```

然后保持例1.9中的文件2.css不变，创建1-10.html文件，如下：

```
<html>
<head>
<title>样式优先级问题</title>
<style type="text/css">
<!--
@import url(2.css);
```

```
h3{
        background-color:#000000; /* 设置背景颜色 */
}
-->
</style>
<link href="3.css" type="text/css" rel="stylesheet">
</head>
<body>
        <h3 style="text-decoration:underline;">CSS标题测试</h3>
</body>
</html>
```

　　例1.10中行内样式设置文字下划线，内嵌样式设置背景颜色为黑色，链接样式3.css设置文字顶端空50px的距离，链接样式2.css则设置文字为青色、斜体、大小40px。这4种样式互不影响，各自都实现了应有的效果，如图1.14所示。

图1.14　各种样式互不影响

　　但如果这4种样式同时设置字体颜色，而且分别设置不同的颜色，就存在优先级的问题。直接在例1.10的基础上修改，利用如下语句：

```
color:#FFFF00;  /* 设置字体颜色为黄色 */
```

　　保持2.css（即原先设定文字颜色的语句）不变，将以上这句代码加入3.css中，即将3.css修改为：

```
h3{
        padding-top: 50px;          /* 顶端间隔50px */
        color:#FFFF00;              /* 设置字体颜色为黄色 */
}
```

　　可以看到文字变成了黄色。如果加入代码的地方不是3.css，而是内嵌的<style>与</style>之间，也会发现文字变成了黄色。同样的，如果修改行内样式的style语句，加入代码"color:#FFFF00;"，文字也会相应变色。可见在4种CSS样式中，@import导入样式表的优先级最低。

　　用同样的方法，可以判断出行内样式的优先级最高，其次是采用<link>标记的链接式，再次是位于<style>和</style>之间的内嵌式，最后才是上面提到的@import导入式。

经验之谈：
　　虽然各种CSS样式加入页面的方式有先后的优先级，但在建设网站时，最好只使用其中的1~2种，这样即有利于后期的维护和管理，也不会出现各种样式"撞车"的情况，便于设计者理顺设计的整体思路。

1.3　体验CSS

　　本节通过一个简单的实例，初步体验CSS是如何控制页面的，对页面从无到有，并使用CSS实现一些效果有一个初步的了解。对于本节中的很多细节读者不必深究，在以后的章节中都将一一讲解。该例的最终效果如图1.15所示。

图1.15　体验CSS

1.3.1　从零开始

　　首先建立HTML文件，构建最简单的页面框架。其内容包括标题和正文部分，每一个部分又分别处于不同的模块中，如下所示：

```
<html>
<head>
<title>体验CSS</title>
</head>
```

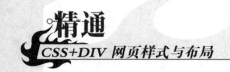

```
<body>
     <div>CSS简介</div>
     <div>CSS（Cascading Style Sheet），中文译为层叠样式表，是用于控制网页样式并允许将样式
信息与网页内容分离的一种标记性语言。CSS是1996年由W3C审核通过，并且推荐使用的。简单地说
CSS的引入就是为了使得HTML能够更好地适应页面的美工设计。它以HTML为基础，提供了丰富的格
式化功能，如字体、颜色、背景、整体排版等等，并且网页设计者可以针对各种可视化浏览器设置不
同的样式风格，包括显示器、打印机、打字机、投影仪、PDA等等。CSS的引入随即引发了网页设计
的一个又一个新高潮，使用CSS设计的优秀页面层出不穷。</div>
</body>
</html>
```

　　这时的页面只有标题和正文内容，而没加任何的效果，在IE 7浏览器中的显示效果如图1.16所示，看上去十分的单调，但页面的核心框架已经初现。

图1.16　核心框架

　　考虑到单纯的文字显得贫乏，因此加入一幅图片作为简单的插图。图片所在的位置与正文一样，使用HTML语言中的<img>标记，此时<body>部分修改后的代码为：

```
<body>
     <div>CSS简介</div>
     <div>
     <img src="bike.jpg" border="0">
     CSS（Cascading Style Sheet），中文译为层叠样式表，
     ……
</body>
```

　　此时的显示效果如图1.17所示，可以看到图片和文字的排列比较混乱，必须利用CSS对页面进行全面的改进。

图1.17 加入图片

1.3.2 加入CSS控制

由于页面中有两个<div>标记,分别以块的形式划分出标题和内容,因此必须对其分别进行控制。加入CSS控制id,如下所示:

```
<div id="title">CSS简介</div>
<div id="content">
<img src="bike.jpg" border="0">
CSS(Cascading StyleSheet),中文译为层叠样式表,是
……
```

由于只有一个HTML文件需要控制,因此采用内嵌式CSS控制,即在<head>与</head>标记中间加入<style>与</style>标记,然后写入CSS代码。首先对页面整体的<body>标记进行控制,加入背景颜色并且设置页边距为0,如下所示:

```
body{
      padding:0px;
      margin:0px;
      background-color:#FFFF99;/* 设置背景颜色*/
}
```

此时的页面效果如图1.18所示,可以看到页面背景变成了黄色,文字与浏览器的边框距离也变成了零。

下面对标题进行样式的修改。作为标题字号应该比正文大,使用粗体也是突出标题的常用方法。另外,这里将标题设为居中,并且与正文有一定的距离,再通过修改标题的背景色达到

图1.18　控制整体页面<body>

进一步突出的目的。加入如下代码到<style>与</style>标记之间。

```
#title{
        font-size:19px;                          /* 字号 */
        font-weight:bold;                        /* 粗体 */
        text-align:center;                       /* 居中 */
        padding:15px;                            /* 间距 */
        background-color:#FFFFCC;                 /* 背景色 */
        border:1px solid #FFFF00;                /* 边框 */
}
```

此时的显示效果如图1.19所示，标题部分明显较图1.17有所突出，字体也变大变粗了，颜色也与正文有所区别。

图1.19　修改标题样式

正文部分是整个页面的主体，因为只有一个段落，所以只需要简单地调节字号以及行间距，并且控制整个正文部分与浏览器边框之间的距离，使得整体上达到协调。加入如下代码到<style>与</style>标记之间。

```
#content{
        padding:6px;               /* 间距 */
        font-size:13px;            /* 字号 */
        line-height:130%;          /* 行间距 */
}
```

此时的浏览效果如图1.20所示。可以看到正文的字号变得比原来要小，而行间距则略有放大。正文的文字与图片都跟浏览器边界有了一定的距离，整体感觉要较原来舒服了很多。

图1.20　修改正文样式

1.3.3　控制图片

在对标题和正文都进行了CSS控制后，整个页面的焦点便集中在了插图上。如图1.19所示，图片与文字的排列显得很乱，图片与背景的过渡也显得有些僵硬。在<style>与</style>标记之间加入如下代码：

```
img{
        float:left;                /* 图文混排 */
}
```

其效果如图1.21所示，实现了类似Word的图文混排效果，不再像图1.20那样，文字上方空出一大截。关于图文混排将在第4章中详细介绍。

图1.21　图文混排

在文字很好地环绕图片后，整体浏览页面，会略微觉得图片与背景的过渡显得僵硬，这里使用滤镜功能实现渐变的效果。需要特别指出的是，该功能只对IE浏览器有用，并且在IE 7中必须将安全级别设置为Medium。加入滤镜代码至img的控制中，此时的CSS代码中的img部分如下所示：

```
img{
    float:left;            /* 图文混排 */
    filter: alpha(opacity=100,finishopacity=0,style=2);        /* 渐变效果 */
}
```

此时的页面效果如图1.22所示，于是便完成了整个CSS对页面的控制。

图1.22　完整效果

完整的页面代码如例1.11所示。

【例1.11】（实例文件：第1章\1-11.html）

```html
<html>
<head>
<title>体验CSS</title>
<style type="text/css">
<!--
/* 上一行避免老式浏览器不支持CSS */
body{
        padding:0px;
        margin:0px;
        background-color:#FFFF99;/* 设置背景颜色*/
}
#title{
        font-size:19px;                         /* 字号 */
        font-weight:bold;                       /* 粗体 */
        text-align:center;                      /* 居中 */
        padding:15px;                           /* 间距 */
        background-color:#FFFFCC;               /* 背景色 */
        border:1px solid #FFFF00;               /* 边框 */
}
#content{
        padding:6px;                            /* 间距 */
        font-size:13px;                         /* 字号 */
        line-height:130%;                       /* 行间距 */
}
img{
        float:left;                             /* 图文混排 */
        filter: alpha(opacity=100,finishopacity=0,style=2);     /* 渐变效果 */
}
-->
</style>
</head>

<body>
        <div id="title">CSS简介</div>
        <div id="content">
        <img src="bike.jpg" border="0">
```

        CSS（Cascading Style Sheet），中文译为层叠样式表，是用于控制网页样式并允许将样式信息与网页内容分离的一种标记性语言。CSS是1996年由W3C审核通过，并且推荐使用的。简单地说CSS的引入就是为了使得HTML能够更好的适应页面的美工设计。它以HTML为基础，提供了丰富的格式化功能，如字体、颜色、背景、整体排版等等，并且网页设计者可以针对各种可视化浏览器设置不同的样式风格，包括显示器、打印机、打字机、投影仪、PDA等等。CSS的引入随即引发了网页设计的一个又一个新高潮，使用CSS设计的优秀页面层出不穷。</div>

```html
</body>
</html>
```

1.3.4 CSS的注释

编写CSS代码与编写其他的程序一样，养成良好的写注释习惯对于提高代码的可读性，以及减少日后维护的成本都非常的重要。在CSS中，注释的语句都位于"/*"与"*/"之间，其内容可以是单行也可以是多行，如下都是CSS的合法注释：

```
/* this is a CSS1 comment */
/* this is a CSS2 comment, and it
   can be several lines long without
   any problem whatsoever */
```

另外需要注意的是，对于单行注释，每行注释的结尾都必须加上"*/"，否则将会使得之后的代码失效，例如下面代码中的后3行代码将会被当作注释而不会发挥任何作用。

```
h1{color: gray;} /* this CSS comment is several lines
h2{color: silver;}          long, but since it is not wrapped
p{color: white;}    in comment markers, the last three
pre{color: gray;}   styles are part of the comment. */
```

因此在添加单行注释时，必须注意将结尾处的"*/"加上。另外，在<style>与</style>之间常常会见到"<!--"和"-->"将所有的CSS代码包含于其中，这是为了避免老式浏览器不支持CSS、将CSS代码直接显示在浏览器上而设置的HTML注释。

精通

CSS+DIV 网页样式与布局

第 2 章

CSS的基本语法

上一章对CSS如何引入HTML页面进行了介绍，本章重点介绍CSS如何控制页面中的各个标记。先从控制HTML标记的不同方法入手，介绍各种选择器的概念和选择器的声明等，最后介绍CSS继承在实际设计中的运用。

2.1　CSS选择器

选择器（selector）是CSS中很重要的概念，所有HTML语言中的标记都是通过不同的CSS选择器进行控制的。用户只需要通过选择器对不同的HTML标签进行控制，并赋予各种样式声明，即可实现各种效果。

2.1.1　标记选择器

一个HTML页面由很多不同的标记组成，而CSS标记选择器就是声明哪些标记采用哪种CSS样式。例如p选择器，就是用于声明页面中所有<p>标记的样式风格。同样可以通过h1选择器来声明页面中所有的<h1>标记的CSS风格，如下所示：

```
<style>
h1{
    color: red;
    font-size: 25px;
}
</style>
```

以上这段CSS代码声明了HTML页面中所有的<h1>标记，文字的颜色都采用红色，大小都为25px。每一个CSS选择器都包含选择器本身、属性和值，其中属性和值可以设置多个，从而实现对同一个标记，声明多种样式风格，如图2.1所示。

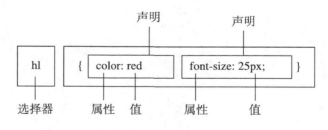

图2.1　CSS标记选择器

在网站的后期维护中，如果希望所有<h1>标记不再采用红色，而是蓝色，这时仅仅需要将属性color的值修改为blue，即可全部生效。

CSS语言对于所有属性和值都有相对严格的要求，如果声明的属性在CSS规范中没有，或者某个属性的值不符合该属性的要求，都不能使该CSS语句生效。下面是一些典型的错误语句：

```
foot-width: 48px;          /* 非法属性 */
color: ultraviolet;        /* 非法值 */
```

对于上面提到的这些错误，通常情况下可以直接利用CSS编辑器（如Dreamweaver）的语法提示功能避免，但某些时候还需要查阅ＣＳＳ手册，或者直接登录Ｗ３Ｃ的官方网站（http://www.w3.org/）来查阅CSS的详细规格说明。

> **技术背景：**
> W3C就是World Wide Web Consortium（全球万维网联盟）的简称。W3C创建于1994年，研究Web规范和指导方针，致力于推动Web发展，保证各种Web技术能很好地协同工作。W3C的主要职责是确定未来万维网的发展方向，并且制定相关的建议（Recommendation），由于W3C是一个民间组织，没有约束性，因此只提供建议）。HTML 4.01规范建议（HTML 4.01 Specification Recommendation）就是由W3C所制定的。它还负责制定CSS、XML、XHTML和MathML等其他网络语言规范。

2.1.2　类别选择器

在上一节中提到的标记选择器一旦声明，那么页面中所有的该标记都会相应地产生变化。例如当声明了\<p>标记为红色时，页面中所有的\<p>标记都将显示为红色。如果希望其中的某一个\<p>标记不是红色，而是蓝色，这时仅依靠标记选择器是远远不够的，还需要引入类别（class）选择器。

类别选择器的名称可以由用户自定义，属性和值跟标记选择器一样，也必须符合CSS规范，如图2.2所示。

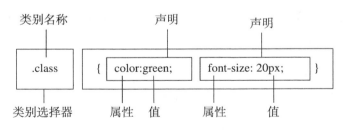

图2.2　类别选择器

例如当页面中同时出现3个\<p>标记，并且希望它们的颜色各不相同，就可以通过设置不同的class选择器来实现，如下所示。

【例2.1】（实例文件：第2章\2-1.html）

```
<html>
<head>
```

```
<title>class选择器</title>
<style type="text/css">
<!--
.one{
        color:red;                          /* 红色 */
        font-size:18px;                     /* 文字大小 */
}
.two{
        color:green;                        /* 绿色 */
        font-size:20px;                     /* 文字大小 */
}
.three{
        color:cyan;                         /* 青色 */
        font-size:22px;                     /* 文字大小 */
}
-->
</style>
</head>

<body>
        <p class="one">class选择器1</p>
        <p class="two">class选择器2</p>
        <p class="three">class选择器3</p>
        <h3 class="two">h3同样适用</h3>
</body>
</html>
```

其显示效果如图2.3所示，可以看到3个<p>标记分别呈现出了不同的颜色以及字体大小。而且任何一个class选择器都适用于所有HTML标记，只需要用HTML标记的class属性声明即可，例如例2.1中的<h3>标记同样使用了.two这个类别。

图2.3　类别选择器示例

在例2.1中仔细观测还会发现，最后一行<h3>标记显示效果为粗体字，而也使用了.two选择器的第2个<p>标记却没有变成粗体。这是因为在.two类别中没有定义字体的粗细属性，因此各个HTML标记都采用了其自身默认的显示方式，<p>默认为正常粗细，而<h3>默认为粗体字。

很多时候页面中几乎所有的<p>标记都使用相同的样式风格，只有1~2个特殊的<p>标记需要使用不同的风格来突出，这时可以通过class选择器与上一节提到的标记选择器配合使用，如例2.2所示。

【例2.2】（实例文件：第2章\2-2.html）

```
<html>
<head>
<title>class选择器与标记选择器</title>
<style type="text/css">
<!--
p{                                    /* 标记选择器 */
        color:blue;
        font-size:18px;
}
.special{                             /* 类别选择器 */
        color:red;                    /* 红色 */
        font-size:23px;               /* 文字大小 */
}

-->
</style>
</head>

<body>
        <p>class选择器与标记选择器1</p>
        <p>class选择器与标记选择器2</p>
        <p>class选择器与标记选择器3</p>
        <p class="special">class选择器与标记选择器4</p>
        <p>class选择器与标记选择器5</p>
        <p>class选择器与标记选择器6</p>
</body>
</html>
```

在例2.2中首先通过标记选择器定义<p>标记的全局显示方案，然后再通过一个class选择器对需要突出的<p>标记进行单独设置，这样大大提高了代码的编写效率，其显示效果如图2.4所示。

另外类别选择器还有一种很直观的使用方法，就是直接在标记声明后接类别名称，以此来区别该标记，如图2.5所示。

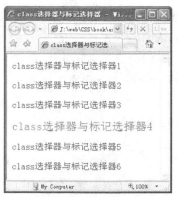

图2.4　两种选择器配合

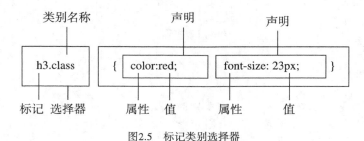

图2.5　标记类别选择器

【例2.3】（实例文件：第2章\2-3.html）

```
<html>
<head>
<title>标记选择器.class</title>
<style type="text/css">
<!--
h3{                                    /* 标记选择器 */
      color:blue;
      font-size:18px;
}
h3.special{                            /* 标记.类别选择器 */
      color:red;                       /* 红色 */
      font-size:23px;                  /* 文字大小 */
}
.special{                              /* 类别选择器 */
      color:green;
}
-->
</style>
</head>

<body>
      <h3>标记选择器.class1</h3>
```

```
    <h3>标记选择器.class2</h3>
    <h3 class="special">标记选择器.class3</h3>
    <h3>标记选择器.class4</h3>
    <h3>标记选择器.class5</h3>
    <p class="special">使用于别的标记</p>
</body>
</html>
```

在例2.3中定义了<h3>标记的风格样式，同时单独定义了h3.special，用于特殊的控制，而在这个h3.special中定义的风格样式仅仅适用于<h3 class="special">标记，而不会影响单独的.special选择器，如最后一行的<p>标记。例2.3的显示效果如图2.6所示。

图2.6　标记.类别选择器示例

在HTML的标记中，还可以同时给一个标记运用多个class类别选择器，从而将两个类别的样式风格同时运用到一个标记中。这在实际制作网站时往往会很有用，可以适当减少代码的长度，如例2.4所示。

【例2.4】（实例文件：第2章\2-4.html）

```
<html>
<head>
<title>同时使用两个class</title>
<style type="text/css">
<!--
.one{
        color:blue;                    /* 颜色 */
}
.two{
        font-size:22px;                /* 字体大小 */
}
-->
</style>
```

```
</head>

<body>
    <h4>一种都不使用</h4>
    <h4 class="one">同时使用两种class，只使用第一种</h4>
    <h4 class="two">同时使用两种class，只使用第二种</h4>
    <h4 class="one two">同时使用两种class，同时使用</h4>
    <h4>一种都不使用</h4>
</body>
</html>
```

例2.4的显示效果如图2.7所示，可以看到使用第1种class的第2行显示为蓝色，而第3行则仍为黑色，但由于使用了.two，字体变大。第4行通过 "class="one two"" 将两个样式同时加入，得到蓝色大字体。第1行和第5行没有使用任何样式，仅作为对比时的参考。

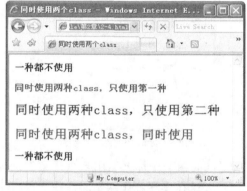

图2.7　同时使用两种CSS风格

2.1.3　ID选择器

ID选择器的使用方法跟class选择器基本相同，不同之处在于ID选择器只能在HTML页面中使用一次，因此其针对性更强。在HTML的标记中只需要利用id属性，就可以直接调用CSS中的ID选择器，其格式如图2.8所示。

图2.8　ID选择器

【例2.5】（实例文件：第2章\2-5.html）

```
<html>
<head>
<title>ID选择器</title>
<style type="text/css">
<!--
#one{
        font-weight:bold;                    /* 粗体 */
}
#two{
        font-size:30px;                      /* 字体大小 */
        color:#009900;                       /* 颜色 */
}
-->
</style>
</head>

<body>
        <p id="one">ID选择器1</p>
        <p id="two">ID选择器2</p>
        <p id="two">ID选择器3</p>
        <p id="one two">ID选择器3</p>
</body>
</html>
```

例2.5的显示效果如图2.9所示，可以看到第2行与第3行都显示了CSS的方案，换句话说在很多浏览器下，ID选择器也可以用于多个标记。但这里需要指出的是，将ID选择器用于多个标记是错误的，因为每个标记定义的id不只是CSS可以调用，JavaScript等其他脚本语言同样也可以调用。如果一个HTML中有两个相同id的标记，那么将会导致JavaScript在查找id时出错，例如函数getElementById()。

图2.9　ID选择器示例

正因为JavaScript等脚本语言也能调用HTML中设置的id，因此ID选择器一直被广泛地使用。网站建设者在编写CSS代码时，应该养成良好的编写习惯，一个id最多只能赋予一个HTML标记。

另外从图2.9中还可以看到，最后一行没有任何CSS样式风格显示，这意味着ID选择器不支持像class选择器那样的多风格同时使用，类似"id="one two""是完全错误的语法。

2.2　选择器声明

在利用CSS选择器控制HTML标记时，除了每个选择器的属性可以一次声明多个，选择器本身也可以同时声明多个，并且任何形式的选择器（包括标记选择器、class类别选择器、ID选择器等）都是合法的。本节主要介绍选择器集体声明的各种方法，以及选择器之间的嵌套关系。

2.2.1　集体声明

在声明各种CSS选择器时，如果某些选择器的风格是完全相同的，或者部分相同，这时便可以利用集体声明的方法，将风格相同的CSS选择器同时声明，如例2.6所示。

【例2.6】（实例文件：第2章\2-6.html）

```
<html>
<head>
<title>集体声明</title>
<style type="text/css">
<!--
h1, h2, h3, h4, h5, p{                    /* 集体声明 */
        color:purple;                     /* 文字颜色 */
        font-size:15px;                   /* 字体大小 */
}
h2.special, .special, #one{               /* 集体声明 */
        text-decoration:underline;        /* 下划线 */
}
-->
</style>
</head>

<body>
        <h1>集体声明h1</h1>
        <h2 class="special">集体声明h2</h2>
        <h3>集体声明h3</h3>
        <h4>集体声明h4</h4>
        <h5>集体声明h5</h5>
        <p>集体声明p1</p>
        <p class="special">集体声明p2</p>
        <p id="one">集体声明p3</p>
</body>
</html>
```

其显示效果如图2.10所示，可以看到所有行的颜色都是紫色，而且字体大小均为15px。集体声明的效果与单独声明的效果完全相同，h2.special、.special和#one的声明并不影响前一个集体声明，第2行和最后两行在紫色和大小为15px的前提下使用了下划线进行突出。

图2.10 集体声明

另外，对于实际网站中的一些小型页面，例如弹出的小对话框和上传附件的小窗口等，希望这些页面中所有的标记都使用同一种CSS样式，但又不希望逐个来加入集体声明列表。这时可以利用全局声明符号 "*"，如例2.7所示。

【例2.7】（实例文件：第2章\2-7.html）

```
<html>
<head>
<title>全局声明</title>
<style type="text/css">
<!--
*{                                        /* 全局声明 */
        color:purple;                     /* 文字颜色 */
        font-size:15px;                   /* 字体大小 */
}
h2.special, .special, #one{               /* 集体声明 */
        text-decoration:underline;        /* 下划线 */
}
-->
</style>
</head>

<body>
        <h1>全局声明h1</h1>
        <h2 class="special">全局声明h2</h2>
```

```
        <h3>全局声明h3</h3>
        <h4>全局声明h4</h4>
        <h5>全局声明h5</h5>
        <p>全局声明p1</p>
        <p class="special">全局声明p2</p>
        <p id="one">全局声明p3</p>
</body>
</html>
```

其效果如图2.11所示，与例2.6的效果完全相同，代码却大大缩减了。这种全局声明的方法在一些小页面中特别实用。

图2.11　全局声明

2.2.2　选择器的嵌套

在CSS选择器中，还可以通过嵌套的方式，对特殊位置的HTML标记进行声明，例如当`<p>`与`</p>`之间包含`<b></b>`标记时，就可以使用嵌套选择器进行相应的控制，具体如例2.8所示。

【例2.8】（实例文件：第2章\2-8.html）

```
<html>
<head>
<title>CSS选择器的嵌套声明</title>
<style type="text/css">
<!--
p b{                                    /* 嵌套声明 */
        color:maroon;                   /* 颜色 */
        text-decoration:underline;      /* 下划线 */
}
-->
```

```
</style>
</head>

<body>
     <p>嵌套使<b>用CSS</b>标记的方法</p>
     嵌套之外的<b>标记</b>不生效
</body>
</html>
```

通过将b选择器嵌套在p选择器中进行声明，显示效果只适用于<p>和</p>之间的<b>标记，而其外的<b>标记并不产生任何效果，如图2.12所示，只有第1行的粗体字变成了深红色并加上了下划线，而第2行除了文字变成了粗体，其他地方没有任何变化。

图2.12　嵌套选择器

嵌套选择器的使用非常广泛，不只是嵌套的标记本身，类别选择器和ID选择器都可以进行嵌套。下面是一些典型的嵌套语句：

```
.special i{ color: red; }                    /* 使用了属性special的标记里面包含的<i> */
#one li{ padding-left:5px; }                 /* ID为one的标记里面包含的<li> */
td.top .top1 strong{ font-size: 16px; }      /* 多层嵌套，同样实用 */
```

上面的第3行使用了3层嵌套，实际上更多层的嵌套在语法上都是允许的。上面的这个3层嵌套表示的就是使用了.top类别的<td>标记中包含的.top1类别的标记，其中包含了的<strong>标记所声明的风格样式，可能相对应的HTML为（一种可能的情况）：

```
<td class="top">
     <p class="top1">
               其他内容<strong>CSS控制的部分</strong>其他内容
     </p>
</td>
```

经验之谈：

　　选择器的嵌套在CSS的编写中可以大大减少对class和id的声明。因此在构建页面HTML框架时通常只给外层标记（父标记）定义class或者id，内层标记（子标记）能通过嵌套表示的则利用嵌套的方式，而不需要再定义新的class或者专用id。只有当子标记无法利用此规则时，才单独进行声明，例如一个<ul>标记中包含多个<li>标记，而需要对其中某个<li>单独设置CSS样式时才赋给该<li>一个单独id或者类别，而其他<li>同样采用"ul li{…}"的嵌套方式来设置。

2.3　CSS的继承

　　学习过面向对象语言的用户，对于继承（Inheritance）的概念一定不会陌生。在CSS语言中的继承并没有像在C++和Java等语言中的那么复杂，简单地说就是将各个HTML标记看作一个个容器，其中被包含的小容器会继承所包含它的大容器的风格样式。本节从页面各个标记的父子关系出发，来详细地讲解CSS的继承。

2.3.1　父子关系

　　所有的CSS语句都是基于各个标记之间的父子关系的，为了更好地理解父子关系，首先从HTML文件的组织结构入手，如例2.9所示。

　　【例2.9】（实例文件：第2章\2-9.html）

```
<html>
<head>
        <title>父子关系</title>
        <base target="_blank">
</head>

<body>
        <h1>祖国的首都<em>北京</em></h1>
        <p>欢迎来到祖国的首都<em>北京</em>，这里是全国<strong>政治、<a
href="economic.html"><em>经济</em></a>、文化</strong>的中心</p>
        <ul>
                <li>在这里，你可以：
                        <ul>
                                <li>感受大自然的美丽</li>
                                <li>体验生活的节奏</li>
                                <li>领略首都的激情与活力</li>
                        </ul>
                </li>
```

```
                    <li>你还可以：
                            <ol>
                                    <li>去八达岭爬长城</li>
                                    <li>去香山看红叶</li>
                                    <li>去王府井逛夜市</li>
                            </ol>
                    </li>
            </ul>
            <p>如果您有任何问题，欢迎<a href="contactus">联系我们</a></p>
</body>
</html>
```

例2.9是一个很简单的HTML文档，这里看重在考虑各个标记之间的"树"型关系，如图2.13所示。在这个树型关系中，处于最上端的\<html\>标记称之为"根（root）"，它是所有标记的源头，往下层层包含。在每一个分支中，称上层标记为其下层标记的"父"标记，相应的，下层标记称为上层标记的"子"标记。例如\<h1\>标记是\<body\>标记的子标记，同时它也是\<em\>的父标记。这种层层嵌套的关系，也正是CSS名称的含义。

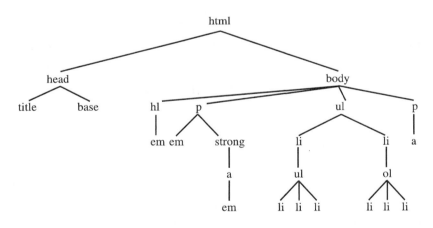

图2.13　父子关系

2.3.2　CSS继承的运用

通过上一小节的讲解，已经对各个标记间的父子关系有了认识，下面进一步了解CSS继承的运用。CSS继承指的是子标记会继承父标记的所有样式风格，并可以在父标记样式风格的基础上再加以修改，产生新的样式，而子标记的样式风格完全不会影响父标记。

例如在例2.9中加入如下CSS代码，即给\<h1\>标记加上下划线和颜色，显示效果如图2.14所示，可以看到其子标记\<em\>也显示出下划线以及红色。

```
<style>
<!--
h1{
        color:red;                      /* 颜色 */
        text-decoration:underline;  /* 下划线 */
}
-->
</style>
```

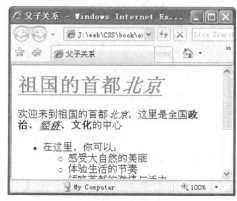

图2.14　父子关系示例1

这时如果在给<em>标记加入CSS选择器，并进行风格样式的调整，如下所示。利用CSS代码改变了<em>标记的字体和颜色，其显示效果如图2.15所示。<em>的父标记<h1>没有受到其影响，<em>标记依然继承了<h1>标记中设置的下划线，而颜色和字体大小则采用了自己设置的样式风格。

```
<style>
<!--
h1{
        color:red;                          /* 颜色 */
        text-decoration:underline;          /* 下划线 */
}
h1 em{                                      /* 嵌套选择器 */
        color:#004400;                      /* 颜色 */
        font-size:40px;                     /* 字体大小 */
}
-->
</style>
```

CSS的继承一直贯穿整个CSS设计的始终，每个标记都遵循着CSS继承的概念。同样可以利用这种巧妙的继承关系，大大缩减代码的编写量，并提高可读性，尤其是在页面内容很多，父子关系庞杂的时候。

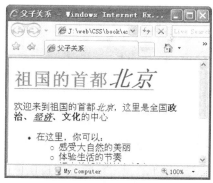

图2.15　父子关系示例2

【例2.10】（实例文件：第2章\2-10.html）

```
<html>
<head>
        <title>父子关系</title>
<style>
<!--
.li1{
        color:red;
}
.li2{
        color:blue;
}
-->
</style>
</head>

<body>
        <ul>
                <li class="li1">关系1
                        <ul>
                                <li>页面父子关系复杂时</li>
                                <li>页面父子关系复杂时</li>
                                <li>这里省略20个嵌套…</li>
                        </ul>
                        <ol>
                                <li>页面父子关系复杂时</li>
                                <li>页面父子关系复杂时</li>
                                <li>这里省略20个嵌套…</li>
                        </ol>
                </li>
                <li class="li2">关系2
                        <ul>
```

```
                    <li>页面父子关系复杂时</li>
                    <li>页面父子关系复杂时</li>
                    <li>这里省略20个嵌套…</li>
                </ul>
                <ol>

                    <li>页面父子关系复杂时</li>
                    <li>页面父子关系复杂时</li>
                    <li>这里省略20个嵌套…</li>
                </ol>
            </li>
        </ul>
</body>
</html>
```

在这个例子中嵌套关系有一定的复杂度，当前的CSS代码中仅仅对第1层的<li>标记进行了设置，如果现在希望对"关系1"中的<ol>标记下的<li>标记进行特殊的样式设置，以达到突出的目的，根据以前的办法，只能给每个子<li>标记都加上class属性，如果<li>标记的数目很多，工作量势必很大。

而如果利用CSS的继承，仅仅需要加入下面一小段CSS嵌套选择器，便可以在不修改HTML源码的情况下，对深层的<li>标记进行控制。其显示效果如图2.16所示。

```
.li1 ol li{                          /* 利用CSS继承关系 */
        font-weight:bold;            /* 粗体 */
        text-decoration:underline;   /* 下划线 */
}
```

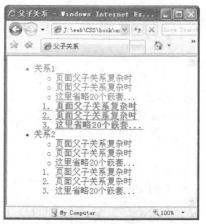

图2.16　合理利用CSS的继承

精通

CSS+DIV 网页样式与布局

第 3 章

用CSS设置丰富
的文字效果

文字是网页设计永远不可缺少的元素，各种各样的文字效果遍布在整个因特网中。本章从基础的文字设置出发，详细讲解CSS设置各种文字效果的方法，然后再进一步讲解段落排版的相关内容。

3.1 CSS文字样式

使用过Word编辑文档的用户一定都会注意到，Word可以对文字的字体、大小和颜色等各种属性进行设置。CSS同样可以对HTML页面中的文字进行全方位的设置。本节在上两章的基础上主要介绍CSS设置文字各种属性的基本方法。

3.1.1 字体

在HTML语言中，文字的字体是通过<font face="字体名称">来设置的，而在CSS中字体则是通过font-family属性来控制的，下面是该属性的典型语句：

```
p{
        font-family: 黑体, Arial, 宋体, sans-serif;
}
```

以上语句声明了HTML页面中<p>标记的字体名称，并且同时声明了3个字体名称，分别是黑体、Arial和宋体。整句代码告诉浏览器首先在浏览者的计算机中寻找"黑体"，如果该用户计算机中没有黑体，则接着寻找"Arial"字体，如果黑体与Arial都没有，再寻找"宋体"。如果font-family中所声明的所有字体都没有，则使用浏览器的默认字体显示。

font-family属性可以同时声明任意种字体，字体之间用逗号分隔开。另外，一些字体的名称中间会出现空格，例如Times New Roman，这时需要用双引号将其引起来，如"Times New Roman"。

技术背景：

通常见到的"sans-serif"和"serif"不是单个字体的名称，而是一类字体的统称。按照W3C的规则，在font（或者font-family）的最后都要求指定一个这样的字体集，当客户端没有指定字体时可以使用本机上的默认字体。

在西方国家的罗马字母阵营中，字体分为"sans-serif"和"serif"两大种类，打字机体虽然也属于sans-serif，但由于是等宽字体，因此另外独立出"monospace"这一种类，例如在Web中，表示代码时常常要使用等宽字体。这也是为什么在Dreamweaver的语法提示中，前3项的结尾分别是sans-serif、serif与monospace的原因，如图3.1所示。

serif的意思是，在字的笔画开始及结束的地方有额外的装饰，而且笔画的粗细会因为横竖的不同而不同。相反的，sans-serif则没有这些额外的装饰，笔画粗细大致差不多，如图3.2所示。

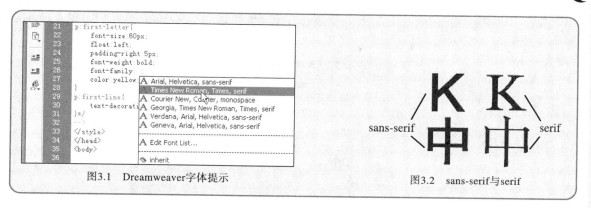

图3.1　Dreamweaver字体提示　　　　　图3.2　sans-serif与serif

通常文章的正文使用的是易读性较强的serif字体，用户长时间阅读下不容易疲劳。而标题和表格则采用较醒目的sans-serif字体，它们需要显著和醒目，但不必长时间盯着这些文字来阅读。Web设计及浏览器设置中也推荐遵循此原则。

【例3.1】（实例文件：第3章\3-1.html）

```
<html>
<head>
        <title>文字字体</title>
<style>
<!--
h2{
        font-family:黑体, 幼圆;
}
p{
        font-family:Arial, Helvetica, sans-serif;
}
p.kaiti{
        font-family:楷体_GB2312, "Times New Roman";
}
-->
</style>
</head>

<body>
        <h2>立 春</h2>
        <p>自秦代以来，我国就一直以立春作为春季的开始。立春是从天文上来划分的，而在自然界、在人们的心目中，春是温暖，鸟语花香；春是生长，耕耘播种。在气候学中，春季是指候（5天为一候）平均气温10℃至22℃的时段。</p>
        <p class="kaiti">作者: isaac</p>
</body>
</html>
```

其显示效果如图3.3所示，可以看到标题<h2>显示为黑体，正文<p>显示为Arial字体，而落款显示为楷体。

图3.3　文字字体

经验之谈：

很多设计者喜欢使用各种各样的字体来给页面添彩，但这些字体在大多数用户的机器上都没有安装，因此一定要设置多个备选字体，避免浏览器直接替换成默认的字体。最直接的方式是将使用了生僻字体的部分，用图形软件制作成小的图片，再加载到页面中。

3.1.2　文字大小

在网页中通过文字的大小来突出主题是最平常的方法之一，CSS对于文字大小是通过font-size属性来具体控制的，而该属性的值可以是相对大小也可以是绝对大小，首先介绍绝对大小的文字。

【例3.2】（实例文件：第3章\3-2.html）

```
<html>
<head>
        <title>文字大小</title>
<style>
<!--
p.inch{ font-size: 0.5in; }
p.cm{ font-size: 0.5cm; }
p.mm{ font-size: 4mm; }
p.pt{ font-size: 12pt; }
p.pc{ font-size: 2pc; }
-->
</style>
</head>
```

```
<body>
    <p class="inch">文字大小，0.5in</p>
    <p class="cm">文字大小，0.5cm</p>
    <p class="mm">文字大小，4mm</p>
    <p class="pt">文字大小，12pt</p>
    <p class="pc">文字大小，2pc</p>
</body>
</html>
```

例3.2中一共设置了5种文字大小，使用的都是绝对单位，在任何分辨率的显示器下，显示出来的都是绝对的大小，不会发生改变。其中各个单位的含义如表3.1所示。例3.2的显示效果如图3.4所示。

表3.1　　　　　　　　　　　　　　　　　　绝对单位及其含义

绝对单位	说明
in	inch，英寸
cm	centimeter，厘米
mm	millimeter，毫米
pt	point，印刷的点数，在一般的显示器中1pt相当于1/72inch
pc	pica，1pc=12pt

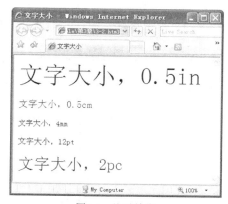

图3.4　绝对单位

另外，除了上面提到的利用物理单位设定文字绝对大小的方法，CSS还提供了一些绝对大小的关键字，可作为font-size的值，关键字一共有7个，如例3.3所示。

【例3.3】（实例文件：第3章\3.3.html）

```
<html>
<head>
    <title>文字大小</title>
<style>
<!--
p.one{ font-size:xx-small; }
```

```
p.two{ font-size:x-small; }
p.three{ font-size:small; }
p.four{ font-size:medium; }
p.five{ font-size:large; }
p.six{ font-size:x-large; }
p.seven{ font-size:xx-large; }
-->
</style>
</head>

<body>
      <p class="one">文字大小，xx-small</p>
      <p class="two">文字大小，x-small</p>
      <p class="three">文字大小，small</p>
      <p class="four">文字大小，medium</p>
      <p class="five">文字大小，large</p>
      <p class="six">文字大小，x-large</p>
      <p class="seven">文字大小，xx-large</p>
</body>
</html>
```

其在IE与Firefox中的显示效果如图3.5所示，可以看到7级的设置层层变化，比较容易记忆。但这种方法在两种不同的浏览器中的显示效果却不一样，因此并不推荐使用。

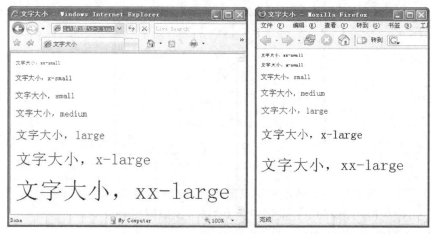

图3.5 关键字作为font-size的值

相对文字大小不像前面提到的绝对大小那样固定，绝对大小不随显示器和父标记的改变而改变。而相对大小的设置比较灵活，因此一直受到很多网页制作者的青睐。

【例3.4】（实例文件：第3章\3-4.html）

```
<html>
<head>
```

```
        <title>文字大小_相对值</title>
<style>
<!--
p.one{
        font-size:15px;              /* 像素，因此实际显示大小与分辨率有关，很常用的方式 */
}
p.one span{
        font-size:200%;              /* 在父标记的基础上乘以200% */
}
p.two{
        font-size:30px;
}
p.two span{
        font-size: 0.5em;            /* 在父标记的基础上乘以0.5 */
}
-->
</style>
</head>

<body>
        <p class="one">文字大小<span>相对值</span>，15px。</p>
        <p class="two">文字大小<span>相对值</span>，30px。</p>
</body>
</html>
```

例3.3中的单位"px"表示具体的像素，因此其显示大小与显示器的大小及其分辨率有关。采用"%"或者"em"都是相对于父标记而言的比例，如果没有设定父标记的字体大小，则相对于浏览器的默认值。例3.3在IE与Firefox中的显示效果如图3.6所示，可见采用这种方法的效果在两种浏览器中完全一样。

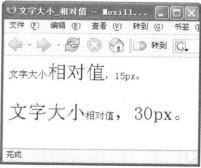

图3.6　相对大小

3.1.3　文字颜色

文字的各种颜色配合其他页面元素组成了整个五彩缤纷的页面，在CSS中文字颜色是通过

color属性设置的。下面的几种方法都是将文字设置为蓝色。

```
h3{ color: blue; }
h3{ color: #00f; }
h3{ color: #0000ff; }
h3{ color: rgb(0,0,255); }
h3{ color: rgb(0%,0%,100%); }
```

在设置某一个段落文字的颜色时，通常可以利用<span>标记，将需要的部分进行单独标注，然后再设置<span>标记的颜色属性。

【例3.5】（实例文件：第3章\3-5.html）

```
<html>
<head>
        <title>文字颜色</title>
<style>
<!--
h2{ color:rgb(0%,0%,80%); }
p{
        color:#333333;
        font-size:13px;
}
p span{ color:blue; }
-->
</style>
</head>


<body>
        <h2>冬至的由来</h2>
        <p><span>冬至</span>过节源于汉代，盛于唐宋，相沿至今。《清嘉录》甚至有 "<span>冬至
</span>大如年"之说。这表明古人对<span>冬至</span>十分重视。人们认为<span>冬至</span>是阴
阳二气的自然转化，是上天赐予的福气。汉朝以<span>冬至</span>为"冬节"，官府要举行祝贺仪式
称为"贺冬"，例行放假。《后汉书》中有这样的记载："<span>冬至</span>前后，君子安身静体，百
官绝事，不听政，择吉辰而后省事。"所以这天朝庭上下要放假休息，军队待命，边塞闭关，商旅停业，
亲朋各以美食相赠，相互拜访，欢乐地过一个"安身静体"的节日。</p>
        <p>唐、宋时期，<span>冬至</span>是祭天祭祀祖的日子，皇帝在这天要到郊外举行祭天大典，
百姓在这一天要向父母尊长祭拜，现在仍有一些地方在<span>冬至</span>这天过节庆贺。</p>
</body>
</html>
```

例3.5中首先设定了标题颜色为深蓝色，<p>标记的颜色为灰黑色，然后设置了<p>标记中包含的<span>标记为蓝色，从而将正文中所有的"冬至"全部进行突出显示，其效果如图3.7所示。

图3.7　文字颜色

技术背景：

在HTML页面中，颜色统一采用RGB的格式，也就是通常人们所说的"红绿蓝"三原色模式。每种颜色都由这3种颜色的不同比重组成，分为0~255档。当红绿蓝3个分量都设置为255时就是白色，例如rgb(100%,100%,100%)和#FFFFFF都指白色，其中"#FFFFFF"为十六进制的表示方法，前两位为红色分量，中间两位是绿色分量，最后两位是蓝色分量。"FF"即为十进制中的255。

当RGB 3个分量都为0时，即显示为黑色，例如rgb(0%,0%,0%)和#000000都表示黑色。同理，当红、绿分量都为255，而蓝色分量为0时，则显示为黄色，例如rgb(100%,100%,0%)和#FFFF00都表示黄色。

3.1.4　文字粗细

在HTML语言中可以通过添加<b>标记或者<strong>标记将文字设置为粗体。在CSS中可以将文字的粗细进行细致的划分，更重要的是CSS还可以将本身是粗体的文字变为正常粗细，如例3.6所示。

【例3.6】（实例文件：第3章\3-6.html）

```
<html>
<head>
        <title>文字粗体</title>
<style>
<!--
h1 span{ font-weight:lighter;}
span{ font-size:30px; }
span.one{ font-weight:100; }
span.two{ font-weight:200; }
span.three{ font-weight:300; }
span.four{ font-weight:400; }
```

```
span.five{ font-weight:500; }
span.six{ font-weight:600; }
span.seven{ font-weight:700; }
span.eight{ font-weight:800; }
span.nine{ font-weight:900; }
span.ten{ font-weight:bold; }
span.eleven{ font-weight:normal; }
-->
</style>
</head>

<body>
        <h1>文字<span>粗</span>体</h1>
        <span class="one">文字粗细:100</span>
        <span class="two">文字粗细:200</span>
        <span class="three">文字粗细:300</span>
        <span class="four">文字粗细:400</span>
        <span class="five">文字粗细:500</span>
        <span class="six">文字粗细:600</span>
        <span class="seven">文字粗细:700</span>
        <span class="eight">文字粗细:800</span>
        <span class="nine">文字粗细:900</span>
        <span class="ten">文字粗细:bold</span>
        <span class="eleven">文字粗细:normal</span>
</body>
</html>
```

文字的粗细在CSS中是通过属性font-weight来设置的，例3.6中几乎涵盖了所有的文字粗细值，并且在标题处通过设置<span>标记的样式，使得本身是粗体的"粗"字变成了正常粗细，其效果如图3.8所示。

3.1.5　斜体

斜体文字也是人们在编写文档时常常使用的，在CSS中斜体字是通过设置font-style属性来实现的，如例3.7所示。

【例3.7】（实例文件：第3章\3-7.html）

图3.8　文字粗体

```
<html>
<head>
        <title>文字斜体</title>
<style>
```

```
<!--
h1{ font-style:italic; }                              /* 设置斜体 */
h1 span{ font-style:normal; }          /* 设置为标准风格 */
p{ font-size:18px; }
p.one{ font-style:italic; }
p.two{ font-style:oblique; }
-->
</style>
</head>

<body>
        <h1>文字<span>斜</span>体</h1>
        <p class="one">文字斜体</p>
        <p class="two">文字斜体</p>
</body>
</html>
```

例3.7中设置了文字的样式为斜体，并在<h1>标记中通过加入<span>标记，将本身已经变成斜体的文字又设置成了标准风格，效果如图3.9所示。

图3.9　文字斜体

3.1.6　文字的下划线、顶划线和删除线

给文字加上下划线、顶划线和删除线在文档编辑中的使用频率是很高的，在网页中尤其的突出。CSS通过设置文字的text-decoration属性来实现这些特殊效果。

【例3.8】（实例文件：第3章\3-8.html）

```
<html>
<head>
        <title>文字下划线、顶划线、删除线</title>
<style>
<!--
p.one{ text-decoration:underline; }                /* 下划线 */
p.two{ text-decoration:overline; }                 /* 顶划线 */
p.three{ text-decoration:line-through; }           /* 删除线 */
p.four{ text-decoration:blink; }                   /* 闪烁 */
-->
</style>
</head>

<body>
        <p class="one">下划线文字，下划线文字</p>
```

```
        <p class="two">顶划线文字，顶划线文字</p>
        <p class="three">删除线文字，删除线文字</p>
        <p class="four">文字闪烁</p>
        <p>正常文字对比</p>
</body>
</html>
```

　　例3.8中通过设置text-decoration的属性值为underline、overline和line-through分别实现了下划线、顶划线和删除线的效果。另外还可以注意到特殊的blink值，它使得文字不断闪烁，但在IE中并不支持这个效果，在Firefox中支持得却很好。例3.8在IE和Firefox中的显示效果如图3.10所示。

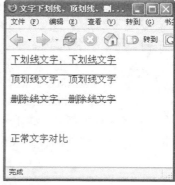

图3.10　文字下划线、顶划线、删除线

经验之谈:

　　有些时候如果希望文字不仅有下划线，同时还有顶划线或者删除线，这时可以将underline和overline的值同时赋给text-decoration，并用空格分开，如例3.9所示。

　　【例3.9】（光盘文件：第3章\3-9.html）

```
<html>
<head>
        <title>文字下划线、顶划线、删除线</title>
<style>
<!--
p.one{ text-decoration:underline overline; }              /* 下划线+顶划线 */
p.two{ text-decoration:underline line-through; }          /* 下划线+删除线 */
p.three{ text-decoration:overline line-through; }         /* 顶划线+删除线 */
p.four{ text-decoration:underline overline line-through; } /* 三种同时 */
-->
</style>
</head>
```

```
<body>
<p>正常文字对比</p>
<p class="one">下划线文字，顶划线文字</p>
<p class="two">下划线文字，删除线文字</p>
<p class="three">顶划线文字，删除线文字</p>
<p class="four">三种效果同时</p>
</body>
</html>
```

其显示效果如图3.11所示，各种效果可以同时运用在一行文字上，这种方法很多时候可以为页面增加趣味性。

图3.11 各种效果同时运用

3.1.7 英文字母大小写

英文字母大小写转换是CSS提供的很实用的功能之一，用户只需要设定英文段落的text-transform属性，就能很轻松地实现大小写的转换。

【例3.10】（实例文件：第3章\3-10.html）

```
<html>
<head>
        <title>英文字母大小写</title>
<style>
<!--
p{ font-size:17px; }
p.one{ text-transform:capitalize; }          /* 单词首字大写 */
p.two{ text-transform:uppercase; }           /* 全部大写 */
p.three{ text-transform:lowercase; }/        * 全部小写 */
-->
</style>
</head>
```

```
<body>
        <p class="one">quick brown fox jumps over the lazy dog.</p>
        <p class="two">quick brown fox jumps over the lazy dog.</p>
        <p class="three">QUICK Brown Fox JUMPS OVER THE LAZY DOG.</p>
</body>
</html>
```

其显示效果如图3.12所示，当属性text-transform的值为capitalize时单词的首字母转化为大写，为uppercase时所有的字母均转化为大写，为lowercase时为小写。

图3.12　英文字母大小写

3.2　文字实例一：模拟Google公司Logo

上一节中对CSS设置文字的各种单独效果进行了详细的介绍，本节通过一个简单的实例，将各种效果综合运用，达到基本模拟Google公司Logo的效果。

首先建立简单的页面框架，将"Google"显示在页面中，如下所示。

```
<html>
<head>
        <title>Google</title>
</head>

<body>
        <p>Google</p>
</body>
</html>
```

对<p>标记整体加入字体大小控制，加入CSS语句"font-size:80px;"，此时的显示效果如图3.13所示。

考虑到Google标志的实际字体以及字母之间的距离，对<p>标记进行进一步的调整，加入字体、字间距的CSS代码，如下所示。

图3.13　字体大小

```
<style>
<!--
p{
        font-size:80px;
        letter-spacing:-2px;                   /* 字母间距 */
        font-family:Arial, Helvetica, sans-serif;
}
-->
</style>
```

此时的显示效果如图3.14所示，排除颜色上的因素，在效果上已经十分接近标志本身。

图3.14　调整字体

在Google标志中最醒目的是各个字母的颜色，因此需要对各个字母分别设定CSS风格样式，因此加入<span>标记进行控制，并且利用CSS分别控制各个字母的颜色，如下：

```
<style>
<!--
.g1, .g2{ color:#184dc6; }
.o1, .e{ color:#c61800; }
.o2{ color:#efba00; }
.l{ color:#42c34a; }
-->
</style>

<p><span class="g1">G</span><span class="o1">o</span><span class="o2">o</span><span
```

class="g2">g</span><span class="l">l</span><span class="e">e</span></p>

其效果如图3.15所示，除了浮雕和阴影效果之外，这个标志已经跟Google公司的标志完全一致了。实例的完整代码如例3.11所示。

图3.15   颜色控制

【例3.11】（实例文件：第3章\3-11.html）

```
<html>
<head>
        <title>Google</title>
<style>
<!--
p{
        font-size:80px;
        letter-spacing:-2px;                    /* 字母间距 */
        font-family:Arial, Helvetica, sans-serif;
}
.g1, .g2{ color:#184dc6; }
.o1, .e{ color:#c61800; }
.o2{ color:#efba00; }
.l{ color:#42c34a; }
-->
</style>
</head>

<body>
        <p><span class="g1">G</span><span class="o1">o</span><span class="o2">o</span><span
class="g2">g</span><span class="l">l</span><span class="e">e</span></p>
</body>
</html>
```

经验之谈:

在设置CSS的颜色属性时如果采用英文单词（例如"red"）的形式，可设置的颜色种类很少，而对于其他的方法，很少有人能熟练地直接使用十六进制或者颜色的各个百分数，通常的做法是利用第三方的调色软件来配色，这里推荐最专业的Photoshop调色板，如图3.16所示。

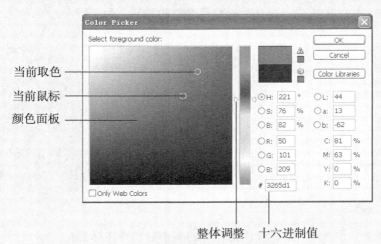

图3.16　Photoshop的调色板

在Photoshop中单击工具栏的"前景色/背景色"工具可以激活调色板，如图3.17所示。通常在调色板中首先利用"整体调整"的小箭头上下调整，选择颜色的整体范围，然后在颜色面板中选择具体的颜色。最后再复制"十六进制"的值到CSS文件中。

图3.17　"前景色/背景色"工具

另外，当鼠标指针移动至调色板外时会变成吸管的样子，可以很容易地获得其他元素的颜色值，从而直接得到十六进制的值，如图3.18所示。

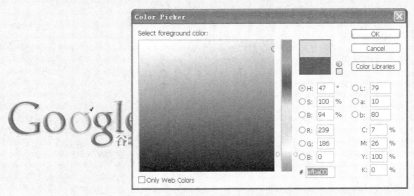

图3.18　直接吸取外部元素的颜色

3.3　文字实例二：制作页面的五彩标题

对于任何文章，标题的作用是显而易见的。在页面中标题的设计往往也决定着整个页面的风格。本节以CSS设计标题为例，进一步介绍CSS在控制文字时的各种方法和技巧。对于本节中使用的一些CSS属性，前面章节可能还没有涉及，读者不必深究，因为在以后的章节中都将详细介绍。

首先加入简单的HTML标记，定义一个最最普通的标题，如下所示。

```
<html>
<head>
        <title>CSS控制Title</title>
</head>

<body>
        <h1>Super Title CSS</h1>
</body>
</html>
```

此时的显示效果如图3.19所示，仅仅是简单的大字号和粗体标题。

图3.19　基本<h1>标记

首先对标记<h1>加入简单的CSS控制，包括字体、字号和颜色，即对页面中所有的<h1>标记都采用同样的样式风格，如下所示。

```
<style>
<!--
h1 {
        font-family:Arial, sans-serif;          /* 字体 */
        font-size:28px;                         /* 文字大小 */
        color:#336699;                          /* 颜色 */
}
-->
</style>
```

此时的效果如图3.20所示，文字的字体变成了Arial，字号也进行了相应的调整，为28个像素，颜色变成了深蓝色。

图3.20 字体、字号、颜色

接着，在文字的下面增加一条1px宽的灰色边框，以增强清晰度，并在文字的下方增加一点补白，让线条附近宽松一些，如下所示。

```
h1 {
        font-family:Arial, sans-serif;              /* 字体 */
        font-size:28px;                             /* 文字大小 */
        color:#336699;                              /* 颜色 */
        padding-bottom:4px;                         /* 下方补白 */
        border-bottom:1px solid #999999;            /* 线条 */
}
```

此时的效果如图3.21所示。由于标题是一个块级元素，所以它的边界不仅仅到文字，而是与页面的水平宽度灵活地保持一致。值得指出的是，这个特别的创建边框的方法是一个由3个部分组成的语句：宽度、式样、颜色。读者可以试着改变它们的值，看看会产生什么不同的效果，详细的论述将在后续章节中给出。

图3.21 灰色下边框

背景可以增强标题的整体效果，为标题增加一点补白和背景颜色，就可以得到一个不需要图片的，但又很有样子的标题，如下：

```
h1 {
        font-family:Arial, sans-serif;              /* 字体 */
        font-size:28px;                             /* 文字大小 */
```

```
        color:#FFFFFF;                          /* 颜色 */
        padding:4px;                            /* 四周补白 */
        background-color:#669966;               /* 背景色 */

}
```

以上代码把文字改成了白色，周围加上4个像素
的补白，再把背景改成了绿色。其效果如图3.22所
示，建立一个绿色条来横贯页面，分隔段落。

有了以上背景色的基础，可以进一步在标题下面
增加一个窄窄的边框，加上淡淡的背景色，便能够创
建一种三维的效果，却不需使用图片。这个CSS和前
面的例子很相似，仅仅改变一点颜色和在底部增加一
个3个像素的边框，如下所示，效果如图3.23所示。

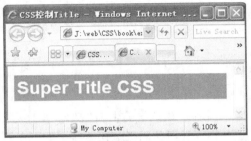

图3.22　添加背景色

```
h1 {
        font-family:Arial, sans-serif;          /* 字体 */
        font-size:28px;                         /* 文字大小 */
        color: #666;
        padding: 4px;                           /* 四周补白 */
        background-color: #ddd;                 /* 背景色 */
        border-bottom: 3px solid #aaa;          /* 底边框 */

}
```

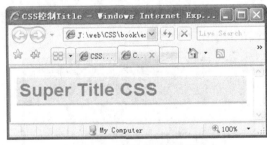

图3.23　简单的三维效果

以上的示例仅仅使用纯文本配合CSS，但在网页中图片永远是不可缺少的。当背景图片被
一起加入后，标题就变得更富有创造性了。用Photoshop或者其他图片编辑器，创建一个
"10px × 10px"的图片，图片的顶部有黑色的边框，渐变的灰色一直到底部，如图3.24所示。

图3.24　10px × 10px的灰色渐变图片（实际图片非常小）

　　然后用CSS把这个极小的图片平铺在<h1>的底部，如下。

```
h1 {
        font-family:Arial, sans-serif;                        /* 字体 */
        font-size:28px;                                       /* 文字大小 */
        color:#369;
        padding-bottom:10px;                                  /* 底部补白 */
        background: url(01.jpg) repeat-x bottom;              /* 底部背景 */
}
```

　　以上代码中的repeat-x会通知浏览器仅在水平方向重复背景图片（repeat-y 将在垂直方向重复）。再把图片设置在文字底部（bottom），又增加了额外的底部补白padding-bottom，可以调节平铺的图片和上面文字之间的距离，其显示效果如图3.25所示。

　　由于渐变的图形是黑白渐变，因此如果将整个页面的背景颜色设置成黑色，就又是另外一种效果，如图3.26所示。

图3.25　渐变的背景底框

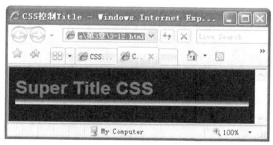

图3.26　背景色为黑色

　　标题前面加上图标是设计页面时常用的方法，可以继续使用CSS的background属性来把图标设置在文字左边，如下所示。

```
h1 {
        font-family: Arial, sans-serif;
        font-size: 28px;
        color: #369;
        padding-left:32px;                                    /* 左侧移动 */
        background: url(icon.gif) no-repeat 0 50%;            /* 背景图片 */
}
```

　　其显示效果如图3.27所示，标题前方出现了一个icon.gif图标，这样在升级网站时仅仅需要上传一个新的图标，然后修改CSS文件，即可以将所有<h1>标题前的图标更换，大大提高了工作效率。

图3.27　添加图标

另外，对于使用<img>标记作为图标的标题，同样可以通过CSS实现一些变幻的效果。例如在整个站点标题中大量使用小图标，如下。

```html
<h1><img src="bg.gif" border="0">Super Title CSS</h1>
```

用这种方法编码有两个原因。一个原因是，有各种各样的图标，它取决于标题的主题。第2个原因是，网站或许会根据当前的时间更换整个站点的配色方案。要让这些图标随着页面上其他元素一起变换颜色，并不需要每次都创建新的图标。创建一些透明的GIF图标即可，如图3.28所示。

图3.28　透明GIF图标

透过图标中透明的部分，使用CSS中的background属性设置其透出来的颜色，便可以实现风格的改变，如例3.12所示。

【例3.12】（实例文件：第3章\例3-12.html）

```html
<html>
<head>
        <title>CSS控制Title</title>
<style>
<!--
body{ background-color:#000000; }              /* 页面背景色 */
h1 {
        font-family: Arial, sans-serif;
        font-size: 28px;
        color: #369;
}
h1 img {
        background: #f22;                      /* gif背景色 */
        vertical-align: middle;
}
-->
</style>
</head>
```

```
<body>
        <h1><img src="bg.gif" border="0"> Super Title CSS</h1>
</body>
</html>
```

此时的显示效果如图3.29所示，透过GIF图标的透明部分，问号被设置成了红色，达到了调整页面整体风格的效果。

图3.29　透明的GIF图标

3.4　CSS段落文字

段落是由一个个文字组合而成的，同样是网页中十分重要的组成部分，因此前面提到的文字属性，对于段落同样适用。但CSS针对段落也提供了很多样式属性，本节将通过实例进行详细介绍。

3.4.1　段落的水平对齐方式

在CSS中段落的水平对齐是通过属性text-align来控制的，它的值可以设置为左、中、右和两端对齐等，因此控制段落文字对齐方式就像在Word中一样方便。

【例3.13】（实例文件：第3章\3-13.html）

```
<html>
<head>
        <title>水平对齐</title>
<style>
<!--
p{ font-size:12px; }
p.left{ text-align:left; }                          /* 左对齐 */
p.right{ text-align:right; }                        /* 右对齐 */
p.center{ text-align:center; }                      /* 居中对齐 */
p.justify{ text-align:justify; }                    /* 两端对齐 */
-->
</style>
</head>
```

```
<body>
        <p class="left">
        这个段落采用左对齐的方式，text-align:left，因此文字都采用左对齐。<br>
        床前明月光，疑是地上霜。<br>举头望明月，低头思故乡。<br>李白
        </p>
        <p class="right">
        这个段落采用右对齐的方式，text-align:right，因此文字都采用右对齐。<br>
        床前明月光，疑是地上霜。<br>举头望明月，低头思故乡。<br>李白
        </p>
        <p class="center">
        这个段落采用居中对齐的方式，text-align:center，因此文字都采用居中对齐。<br>
        床前明月光，疑是地上霜。<br>举头望明月，低头思故乡。<br>李白
        </p>
        <p class="justify">
        这个段落采用左对齐的方式，text-align:justify，因此文字都采用左对齐。床前明月光，疑是地
上霜。举头望明月，低头思故乡。<br>李白
        </p>
</body>
</html>
```

在例3.13中对4个段落分别使用了text-align属性的4个值，分别实现了跟Word文档类似的左对齐、右对齐、居中对齐和两端对齐，其效果如图3.30所示。

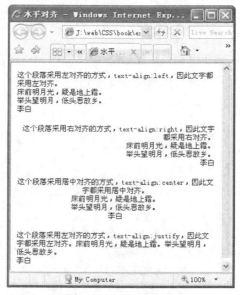

图3.30　水平对齐方式

3.4.2　段落的垂直对齐方式

在CSS中段落文字的垂直对齐方式是通过vertical-align属性来具体实现的。对于文字本身

而言，该属性对于块级元素并不起作用，例如<p>和<div>等标记。但对于表格而言，这个属性则显得十分重要，如例3.14所示。

【例3.14】（实例文件：第3章\3-14.html）

```
<html>
<head>
        <title>垂直对齐</title>
<style>
<!--
td.top{ vertical-align:top; }                    /* 顶端对齐 */
td.bottom{ vertical-align:bottom; }              /* 底端对齐 */
td.middle{ vertical-align:middle; }              /* 中间对齐 */
-->
</style>
</head>

<body>
<table cellpadding="2" cellspacing="0" border="1">
        <tr>
                <td><img src="02.jpg" border="0"></td>
                <td class="top">垂直对齐方式，top</td>
        </tr>
        <tr>
                <td><img src="02.jpg" border="0"></td>
                <td class="bottom">垂直对齐方式，bottom</td>
        </tr>
        <tr>
                <td><img src="02.jpg" border="0"></td>
                <td class="middle">垂直对齐方式，middle</td>
        </tr>
</table>
</body>
</html>
```

在例3.14中建立了一个3行2列的表格，其中左侧一列均为图片，起到将单元格高度加大的作用，同时也作为对比。右侧一列为文字，分别采用了顶端对齐、底端对齐和中间对齐的方式，对应的CSS值分别为top、bottom和middle，在浏览器中的显示效果如图3.31所示。

如果对vertical-align属性设置具体的数值，对于文字本身则可以在垂直方向上发生位移，如例3.15所示。

图3.31　垂直对齐方式

【例3.15】（实例文件：第3章\3-15.html）

```
<html>
<head>
        <title>垂直对齐</title>
<style>
<!--
span.zs{ vertical-align:10px; }
span.fs{ vertical-align:-10px; }
-->
</style>
</head>

<body>
        <p>给对齐属性设置具体<span class="zs">数值</span>，正数</p>
        <p>给对齐属性设置<span class="fs">具体</span>数值，负数</p>
</body>
</html>
```

例3.15的显示效果如图3.32所示，当值设置为正数时，文字将向上移动相应的数值，设置为负数时则向下移动。

图3.32　设置具体数值

另外需要指出，vertical-align属性还有很多其他的值，不过主要适用于图片，将在后面的章节中详细介绍。

3.4.3 行间距和字间距

在使用Word编辑文档时，可以很轻松地设置行间距，在CSS中通过line-height属性同样可以轻松地实现行距的设置。在CSS中line-height的值表示的是两行文字之间基线的距离。如果给文字加上下划线，那么下划线的位置就是文字的基线。

line-height的值跟CSS中所有设定具体数值的属性一样，可以设定为相对数值，也可以设定为绝对数值。在静态页面中，文字大小固定时常常使用绝对数值，达到统一的效果。而对于论坛和博客这些可以由用户自定义字体大小的页面，通常设定为相对数值，可以随着用户自定义的字体大小而改变相应的行距。

【例3.16】（实例文件：第3章\例3-16.html）

```
<html>
<head>
<title>行间距</title>
<style>
<!--
p.one{
        font-size:10pt;
        line-height:8pt;            /* 行间距，绝对数值，行间距小于字体大小 */
}
p.second{ font-size:18px; }
p.third{ font-size:10px; }
p.second, p.third{
        line-height: 1.5em;         /* 行间距，相对数值 */
}
-->
</style>
</head>
<body>
        <p class="one">9月23日是"秋分"，我国古籍《春秋繁露、阴阳出入上下篇》中说："秋分者，阴阳相半也，故昼夜均而寒暑平。""秋分"的意思有二：一是太阳在这时到达黄径180。一天24小时昼夜均分，各12小时；二是按我国古代以立春、立夏、立秋、立冬为四季开始的季节划分法，秋分日居秋季90天之中，平分了秋季。</p>
        <p class="second">秋分时节，我国长江流域及其以北的广大地区，均先后进入了秋季，日平均气温都降到了22℃以下。北方冷气团开始具有一定的势力，大部分地区雨季刚刚结束，凉风习习，碧空万里，风和日丽，秋高气爽，丹桂飘香，蟹肥菊黄，秋分是美好宜人的时节。</p>
        <p class="third">秋季降温快的特点，使得秋收、秋耕、秋种的"三秋"大忙显得格外紧张。秋分棉花吐絮，烟叶也由绿变黄，正是收获的大好时机。华北地区已开始播种冬麦，长江流域及南部广大地区正忙着晚稻的收割，抢晴耕翻土地，准备油菜播种。</p>
        </body>
</html>
```

其显示效果如图3.33所示，第1段文字采用了绝对数值，并且将行间距设置得比文字大小还要小，因此可以看到文字发生了部分重叠现象。第2段和第3段分别设置了不同的文字大小，但由于使用了相对数值，因此能够自动调节行间距。

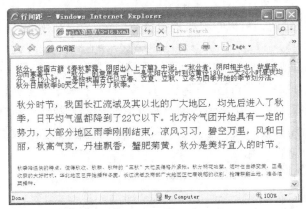

图3.33　行间距

与line-height属性的使用方法类似，CSS中通过letter-spacing属性来调整字间距。这个属性同样可以设置相对数值和绝对数值，如例3.17所示。

【例3.17】（实例文件：第3章\3-17.html）

```
<html>
<head>
<title>字间距</title>
<style>
<!--
p.one{
        font-size:10pt;
        letter-spacing:-2pt;          /* 字间距，绝对数值，负数 */
}
p.second{ font-size:18px; }
p.third{ font-size:11px; }
p.second, p.third{
        letter-spacing: .5em;          /* 字间距，相对数值 */
}
-->
</style>
</head>
<body>
        <p class="one">文字间距1，负数</p>
        <p class="second">文字间距2，相对数值</p>
        <p class="third">文字间距3，相对数值</p>
</body>
</html>
```

其效果如图3.34所示，可以看到文字间距属性letter-spacing除了可以使用相对数值和绝对数值外，还可以使用负数来实现文字重叠的效果。

3.4.4 首字放大

在许多报刊和杂志的文章中，开篇第1个字都很大，这种首字放大的效果往往能在第一时间就吸引到顾客的眼球。在CSS中首字放大的效果是通过对第1个字进行单独设置样式来实现的，具体方法如例3.18所示。

图3.34 字间距

【例3.18】（实例文件：第3章\3-18.html）

```
<html>
<head>
<title>首字放大</title>
<style>
<!--
body{
        background-color:black;         /* 背景色 */
}
p{
        font-size:15px;                 /* 文字大小 */
        color:white;                    /* 文字颜色 */
}
p span{
        font-size:60px;                 /* 首字大小 */
        float:left;                     /* 首字下沉 */
        padding-right:5px;              /* 与右边的间隔 */
        font-weight:bold;               /* 粗体字 */
        font-family:黑体;               /* 黑体字 */
        color:yellow;                   /* 字体颜色 */
}
-->
</style>
</head>
<body>
        <p><span>中</span>秋节是远古天象崇拜——敬月习俗的遗痕。据《周礼·春官》记载，周代
已有"中秋夜迎寒"、"中秋献良裘"、"秋分夕月（拜月）"的活动；汉代，又在中秋或立秋之日敬老、
养老，赐以雄粗饼。晋时亦有中秋赏月之举，不过不太普遍；直到唐代将中秋与嫦娥奔月、吴刚伐桂、
玉兔捣药、杨贵妃变月神、唐明皇游月宫等神话故事结合起，使之充满浪漫色彩，玩月之风方才大兴。
        </p>
        <p>北宋，正式定八月十五为中秋节，并出现"小饼如嚼月，中有酥和饴"的节令食品。孟元
老《东京梦华录》说："中秋夜，贵家结饰台榭，民间争占酒楼玩月"；而且"弦重鼎沸，近内延居民，
深夜逢闻笙竽之声，宛如云外。间里儿童，连宵婚戏；夜市骈阗，至于通晓。"吴自牧《梦梁录》说：
```

"此际金风荐爽，玉露生凉，丹桂香飘，银蟾光满。王孙公子，富家巨室，莫不登危楼，临轩玩月，或开广榭，玳筵罗列，琴瑟铿锵，酌酒高歌，以卜竟夕之欢。</p>
</body>
</html>

例3.18中主要是通过float语句对首字下沉进行控制，并且用<span>标记，对首字设置单独的样式，达到突出显示的目的。其显示效果如图3.35所示。至于float语句的具体用法，将在后续章节中详细介绍。

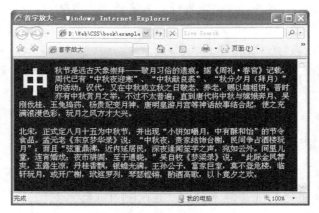

图3.35　首字放大

技术背景：

在CSS中还可以通过设置伪类别"first-letter"来控制段落的第1个字母，也可以实现类似首字放大的效果。但设置了该属性的文字对一些其他的CSS样式支持得不好，所以并不推荐使用。例如将例3.18中的"p span"修改为"p:first-letter"，则显示效果如图3.36所示。

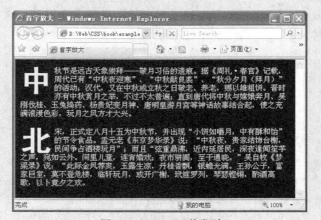

图3.36　first-letter伪类别

除了first-letter外，伪类别first-line可以设置元素内第1行的样式风格，给例3.18加上如下代码，其显示效果如图3.37所示。

```
p:first-line{
        text-decoration:underline;              /* 首行下划线 */
}
```

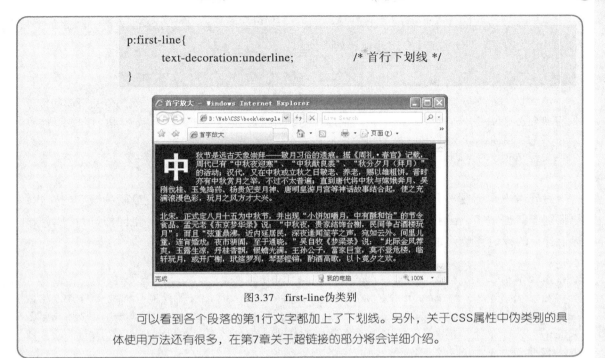

图3.37　first-line伪类别

可以看到各个段落的第1行文字都加上了下划线。另外，关于CSS属性中伪类别的具体使用方法还有很多，在第7章关于超链接的部分将会详细介绍。

3.5　段落实例：百度搜索

搜索引擎一直都是在网上冲浪必不可少的工具，而搜索引擎在显示搜索结果时如何能让用户一目了然地找到关键字，是每一个搜索网站在排版时都必须认真对待的，而各种搜索结果恰恰都是以文字段落为主。作为国内搜索引擎霸主之一的百度一直保持着友好的用户界面，如图3.38所示。本节通过具体实例，模拟Baidu搜索的显示结果，进一步讲述CSS文字和段落的排版方法。

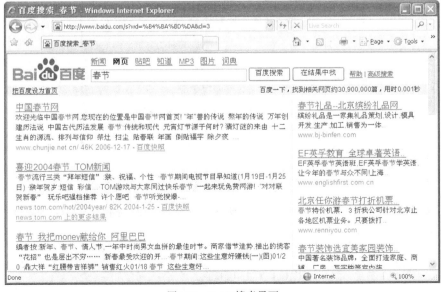

图3.38　Baidu搜索界面

首先建立段落的HTML结构，考虑到标题、正文和百度快照分别在不同的行，因此每个显示结果分为3段，并分别加上CSS标记，如下所示：

```
<p class="title">中国春节网</p>
<p class="content">欢迎光临中国春节网,您现在的位置是中国春节网首页！"年"兽的传说 熬年的传说 万年创建历法说 中国古代历法发展 春节:传统和现代 元宵灯节源于何时？猜灯谜的来由 十二生肖的源流、排列与信仰 祭灶 扫尘 贴春联 年画 倒贴福字 除夕夜…</p>
<p class="link">www.chunjie.net.cn/ 46K 2006-12-18 - 百度快照</p>
```

另外考虑到标题部分有链接，因此需要HTML语言的<a>标记，并且显示关键字的样式必须区别于其他文字，因此"春节"单独用<span>标记分离，"百度快照"也同样进行分离，并标上各自的标记类型，如下所示：

```
<p class="title"><a href="#">中国<span class="search">春节</span>网</a></p>
<p class="content">欢迎光临中国<span class="search">春节</span>网,您现在的位置是中国<span class="search">春节</span>网首页！"年"兽的传说 熬年的传说 万年创建历法说 中国古代历法发展 <span class="search">春节</span>:传统和现代 元宵灯节源于何时？猜灯谜的来由 十二生肖的源流、排列与信仰 祭灶 扫尘 贴春联 年画 倒贴福字 除夕夜…</p>
<p class="link">www.chunjie.net.cn/ 46K 2006-12-18 - <span class="quick">百度快照</span></p>
```

此时的显示效果如图3.39所示，仅仅区分出了各个段落，并没有友好的界面，下面陆续加入CSS对各个段落进行样式控制。

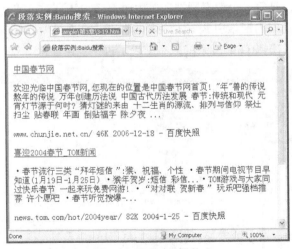

图3.39 段落基本结构

首先定义各个段落的字体和文字大小、段落与段落间的距离和标题与内容之间的距离等，代码如下所示。

```
p{
    margin:0px;
```

```
        font-family:Arial;              /* 定义所有字体 */
}
p.title{
        padding-bottom:0px;
        font-size:16px;
}
p.content{
        padding-top:3px;                /* 标题与内容的距离 */
        font-size:13px;                 /* 内容的字体大小 */
        line-height:18px;
}
p.link{
        font-size:13px;
        padding-bottom:25px;
}
```

在以上代码中，第1个p标记定义了所有段落的字体以及各个段落之间的距离（margin）为0像素，接着用不同的类别分别定义了标题、内容和百度快照的字体大小、间距等样式风格，其显示效果如图3.40所示。

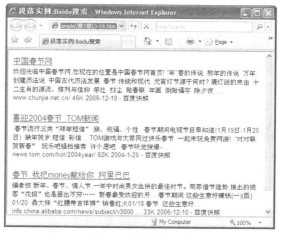

图3.40　各段落调整

在调整好段落内部的结构以及段落与段落之间的距离后，下面设置文字的颜色，主要是关键字的颜色与网址链接的颜色，另外还需要给"百度快照"单独设置颜色和下划线，如下所示：

```
p.link{
        font-size:13px;
        color:#008000;                  /* 网址颜色 */
        padding-bottom:25px;
}
span.search{
```

```
        color:#c60a00;                              /* 关键字颜色 */
}
span.quick{
        color:#666666;                              /* 快照颜色 */
        text-decoration:underline;                  /* 快照下划线 */

}
```

其显示效果如图3.41所示，基本上已经跟Baidu的真实页面很接近了。

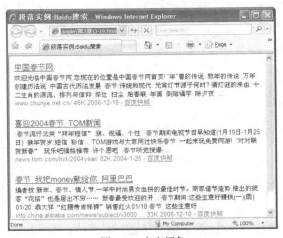

图3.41　文字颜色

这时再仔细观察，标题处关键字的下划线颜色还是蓝色，而不是真实Baidu页面中与关键字相同的红色，这主要是由于超链接<a>标记导致，因此再对标题处的关键字单独设置下划线，直接采用CSS嵌套，如下所示。此时的显示效果则与Baidu页面完全相同，如图3.42所示。

```
p.title span.search{
        text-decoration:underline;                  /* 标题处关键字的下划线 */

}
```

图3.42　标题处关键字的下划线

通过以上实例对纯文字进行了相应的设置，实现了搜索引擎的相应效果，如果配合后台动态数据库，便可以自己构建搜索引擎网站了！实例的完整代码如例3.19所示。

【例3.19】（实例文件：第3章\3-19.html）

```
<html>
<head>
<title>段落实例:Baidu搜索</title>
<style>
<!--
p{
        margin:0px;
        font-family:Arial;                        /* 定义所有字体 */
}
p.title{
        padding-bottom:0px;
        font-size:16px;
}
p.content{
        padding-top:3px;                          /* 标题与内容的距离 */
        font-size:13px;                           /* 内容的字体大小 */
        line-height:18px;
}
p.link{
        font-size:13px;
        color:#008000;                            /* 网址颜色 */
        padding-bottom:25px;
}
span.search{
        color:#c60a00;                            /* 关键字颜色 */
}
span.quick{
        color:#666666;                            /* 快照颜色 */
        text-decoration:underline;                /* 快照下划线 */
}
p.title span.search{
        text-decoration:underline;                /* 标题处关键字的下划线 */
}
-->
</style>
</head>
<body>
    <p class="title"><a href="#">中国<span class="search">春节</span>网</a></p>
    <p class="content">欢迎光临中国<span class="search">春节</span>网,您现在的位置是中国
```

```
<span class="search">春节</span>网首页！"年"兽的传说 熬年的传说 万年创建历法说 中国古代历法
发展 <span class="search">春节</span>:传统和现代 元宵灯节源于何时？猜灯谜的来由 十二生肖的源
流、排列与信仰 祭灶 扫尘 贴春联 年画 倒贴福字 除夕夜…</p>
        <p class="link">www.chunjie.net.cn/ 46K 2006-12-18 - <span class="quick">百度快照
</span></p>


        <p class="title"><a href="#">喜迎2004<span class="search">春节</span>_TOM新闻</a></p>
        <p class="content"> · <span class="search">春节</span>流行三类"拜年短信":猴、祝福、个
性  · <span class="search">春节</span>期间电视节目早知道(1月19日-1月25日) ·猴年贺岁:短信 彩信
… · TOM游戏与大家同过快乐<span class="search">春节</span> 一起来玩免费网游！· "对对联 贺新
春" 玩乐吧强档推荐 许个愿吧  · <span class="search">春节</span>听觉搜爆-…</p>
        <p class="link">news.tom.com/hot/2004year/ 82K 2004-1-25 - <span class="quick">百度快照
</span></p>


        <p class="title"><a href="#"><span class="search">春节</span> 我把money献给你_阿里巴巴
</a></p>
        <p class="content">编者按:新年、<span class="search">春节</span>、情人节,一年中时尚男女
血拼的最佳时节。商家借节造势,推出的揽客"花招"也是层出不穷…… 新春最受欢迎的开… · <span
class="search">春节</span>期间:这些生意好赚钱(一)(图)01/20 ·鼎大祥"红腰带吉祥裤"销售红火
01/18 <span class="search">春节</span> 这些生意好…</p>
        <p class="link">info.china.alibaba.com/news/subject/v3000 … 33K 2006-12-10 - <span
class="quick">百度快照</span></p>
</body>
</html>
```

精通

CSS+DIV 网页样式与布局

第 4 章

用CSS设置图片效果

在五彩缤纷的网络世界中，各种各样的图片组成了丰富多彩的页面，能够让人更直观地感受网页所要传达给用户的信息。本章介绍CSS设置图片风格样式的方法，包括图片的边框、对齐方式和图文混排等，并通过实例综合文字和图片的各种运用。

4.1 图片样式

作为单独的图片本身，它的很多属性可以直接在HTML中进行调整，但是通过CSS统一管理，不但可以更加精确地调整图片的各种属性，还可以实现很多特殊的效果。本节主要讲解用CSS设置图片基本属性的方法，为进一步深入探讨打下基础。

4.1.1 图片边框

在HTML中可以直接通过<img>标记的border属性值为图片添加边框，从而控制边框的粗细，当设置该值为0时，则显示为没有边框，如下所示：

```
<img src="boluo.jpg" border="0">
<img src="boluo.jpg" border="1">
<img src="boluo.jpg" border="2">
<img src="boluo.jpg" border="3">
```

其显示效果如图4.1所示，可以看到所有边框都是黑色，而且风格十分单一，都是实线，仅仅只是在边框粗细上能够进行调整。

在CSS中可以通过border属性为图片添加各式各样的边框，border-style定义边框的样式，如虚线、实线或点划线等，在Dreamweaver中通过语法提示功能，便可轻松获得各种边框样式的值，如图4.2所示。

图4.1 HTML控制边框

图4.2 语法提示

对于边框样式各种风格的详细说明，在后面的章节中还会详细介绍，读者可以先自己尝试不同的风格，选择自己喜爱的样式。另外，还可以通过border-color定义边框的颜色，通过border-width定义边框的粗细。

【例4.1】（实例文件：第4章\4-1.html）

```
<html>
<head>
<title>边框</title>
<style>
<!--
img.test1{
        border-style:dotted;            /* 点划线 */
        border-color:#FF9900;           /* 边框颜色 */
        border-width:5px;               /* 边框粗细 */
}
img.test2{
        border-style:dashed;            /* 虚线 */
        border-color:blue;              /* 边框颜色 */
        border-width:2px;               /* 边框粗细 */
}
-->
</style>
</head>
<body>
    <img src="banana.jpg" class="test1">
    <img src="banana.jpg" class="test2">
</body>
</html>
```

其显示效果如图4.3所示，第1幅图片设置的是金黄色、5像素宽的点划线，第2幅图片设置的是蓝色、2像素宽的虚线。

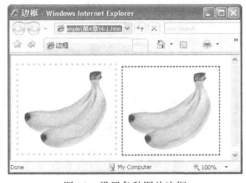

图4.3　设置各种图片边框

在CSS中还可以分别设置4个边框的不同样式，即分别设定border-left、border-right、border-top和border-bottom的样式，如例4.2所示。

【例4.2】（实例文件：第4章\4-2.html）

```
<html>
```

```
<head>
<title>分别设置4边框</title>
<style>
<!--
img{
        border-left-style:dotted;              /* 左点划线 */
        border-left-color:#FF9900;             /* 左边框颜色 */
        border-left-width:5px;                 /* 左边框粗细 */
        border-right-style:dashed;
        border-right-color:#33CC33;
        border-right-width:2px;
        border-top-style:solid;                /* 上实线 */
        border-top-color:#CC00FF;              /* 上边框颜色 */
        border-top-width:10px;                 /* 上边框粗细 */
        border-bottom-style:groove;
        border-bottom-color:#666666;
        border-bottom-width:15px;
}
-->
</style>
</head>
<body>
        <img src="grape.jpg">
</body>
</html>
```

其显示效果如图4.4所示，图片的4个边框被分别设置了不同的风格样式。这种方法在很多其他HTML元素中也常被使用，后续章节会陆续提到。

图4.4 分别设置4个边框

在使用熟练后，border属性还可以将各个值写到同一语句中，用空格分离，这样可大大简化CSS代码的长度，如例4.3所示。

【例4.3】（实例文件：第4章\4-3.html）

```
<html>
<head>
<title>合并各CSS值</title>
<style>
<!--
img.test1{
        border:5px double #FF00FF;                    /* 将各个值合并 */
}
img.test2{
        border-right:5px double #FF00FF;
        border-left:8px solid #0033FF;
}
-->
</style>
</head>
<body>
        <img src="peach.jpg" class="test1">
        <img src="peach.jpg" class="test2">
</body>
</html>
```

其显示效果如图4.5所示，可以看到CSS的代码长度明显减少，这样不但加快了网页的下载速度，而且更加清晰易读。

图4.5　合并各CSS值

经验之谈：
　　除了border属性可以将各个属性值写到一起，CSS的很多其他属性也可以进行类似的操作，例如font以及后面的章节要提到的margin和padding等属性都可以统一，如下所示：

```
p{
font:italic bold 30px Arial, Helvetica, sans-serif;
padding:0px 5px 0px 3px;
}
```

4.1.2 图片缩放

CSS控制图片的大小与HTML一样，也是通过width和height两个属性来实现的。所不同的是CSS中可以使用更多的值，如上一章中"文字大小"一节提到的相对值和绝对值等。例如当设置width的值为50％时，图片的宽度将调整为父元素宽度的一半，如例4.4所示。

【例4.4】（实例文件：第4章\4-4.html）

```
<html>
<head>
<title>图片缩放</title>
<style>
<!--
img.test1{
        width:50%;                    /* 相对宽度 */
}
-->
</style>
</head>
<body>
        <img src="pear.jpg" class="test1">
</body>
</html>
```

其显示效果如图4.6所示，因为设定的是相对大小（这里即相对于body的宽度），因此当拖动浏览器窗口改变其宽度时，图片的大小也会相应地发生变化。

图4.6　图片的宽度相对变化

这里需要指出的是，当仅仅设置了图片的width属性，而没有设置height属性时，图片本身会自动等纵横比例缩放，如果只设定height属性也是一样的道理。只有当同时设定width和

height属性时才会不等比例缩放，如例4.5所示。

【例4.5】（实例文件：第4章\4-5.html）

```
<html>
<head>
<title>不等比例缩放</title>
<style>
<!--
img.test1{
        width:70%;                /* 相对宽度 */
        height:110px;             /* 绝对高度 */
}
-->
</style>
</head>
<body>
        <img src="cup.jpg" class="test1">
</body>
</html>
```

其显示效果如图4.7所示，可以看到图片的高度固定了，当浏览器窗口变化时，高度并没有随着图片宽度的变化而改变。

图4.7　不等比例缩放

经验之谈：

这种伸缩图片的方法在实际制作网页时常常被使用，即先固定图片一边的长短，再单独调整另外一边。

4.2　图片的对齐

当图片与文字同时出现在页面上的时候，图片的对齐方式就显得尤其的重要。如何能够合

理地将图片对齐到理想的位置，成为页面是否整体协调、统一的重要因素。本节从图片水平对齐和竖直对齐两方面出发，分别介绍CSS设置图片对齐方式的方法。

4.2.1　横向对齐方式

图片水平对齐的方式与上一章中文字水平对齐的方式基本相同，分为左、中、右3种。不同的是图片的水平对齐通常不能直接通过设置图片的text-align属性，而是通过设置其父元素的该属性来实现的，如例4.6所示。

【例4.6】（实例文件：第4章\4-6.html）

```
<html>
<head>
<title>水平对齐</title>
</head>
<body>
<table width="100%" border="1">
    <tr><td style="text-align:left;"><img src="building.jpg"></td></tr>
    <tr><td style="text-align:center;"><img src="building.jpg"></td></tr>
    <tr><td style="text-align:right;"><img src="building.jpg"></td></tr>
</table>
</body>
</html>
```

其显示效果如图4.8所示，可以看到图片在表格中分别以左、中、右的方式对齐。而如果直接在图片上面设置水平对齐方式，则达不到想要的效果，读者可以自己试验。

图4.8　水平对齐

4.2.2　纵向对齐方式

图片竖直方向上的对齐方式主要体现在与文字搭配的情况下，尤其当图片的高度与文字本身不一致时。在CSS中同样是通过vertical-align属性来实现各种效果的。

属性vertical-align的值很多，首先看下面的实例。另外需要指出的是vertical-align属性在IE 7与Firefox中的显示结果在某些值上还略有区别。

【例4.7】（实例文件：第4章\4-7.html）

```
<html>
<head>
<title>竖直对齐</title>
<style type="text/css">
<!--
p{ font-size:15px; }
img{ border: 1px solid #000055; }
-->
</style>
</head>
<body>
    <p>竖直对齐<img src="donkey.jpg" style="vertical-align:baseline;">方式:baseline<img
src="miki.jpg" style="vertical-align:baseline;">方式</p>
    <p>竖直对齐<img src="donkey.jpg" style="vertical-align:bottom;">方式:bottom<img
src="miki.jpg" style="vertical-align:bottom;">方式</p>
    <p>竖直对齐<img src="donkey.jpg" style="vertical-align:middle;">方式:middle<img
src="miki.jpg" style="vertical-align:middle;">方式</p>
    <p>竖 直 对 齐 <img src="donkey.jpg" style="vertical-align:sub;">方 式 :sub<img
src="miki.jpg"style="vertical-align:sub;">方式</p>
    <p>竖直对齐<img src="donkey.jpg" style="vertical-align:super;">方式:super<img src="miki.jpg"
style="vertical-align:super;">方式</p>
    <p>竖直对齐<img src="donkey.jpg" style="vertical-align:text-bottom;">方式:text-bottom<img
src="miki.jpg" style="vertical-align:text-bottom;">方式</p>
    <p>竖直对齐<img src="donkey.jpg" style="vertical-align:text-top;">方式:text-top<img
src="miki.jpg" style="vertical-align:text-top;">方式</p>
    <p>竖直对齐<img src="donkey.jpg" style="vertical-align:top">方式:top<img src="miki.jpg"
style="vertical-align:top">方式</p>
</body>
</html>
```

例4.7在IE与Firefox中的显示效果分别如图4.9所示。其中图片donkey.jpg的高度比文字大，而miki.jpg的高度则小于文字的高度（15px）。

当vertical-align的值为baseline时，两幅图片的下端都落在文字的基线上，即如果给文字添加了下划线，就是下划线的位置。对于其他的值，都能从显示结果和值本身的名称直观地得到结果，这里就不一一介绍了，具体还需要通过实际的制作，才能真正用好。

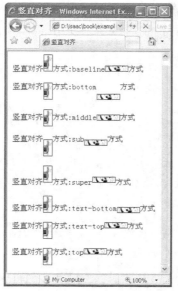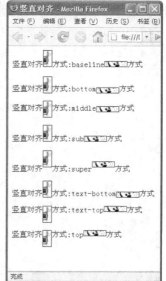

图4.9　竖直对齐方式

经验之谈：
　　从图4.9的显示结果来看，当vertical-align的值为bottom或者sub时，IE与Firefox的显示结果是不一样的，它们无所谓谁对谁错，这里只是建议尽量少地使用浏览器间显示效果不一样的属性值。

与文字的竖直对齐方式类似，图片的竖直对齐也可以用具体的数值来调整，正数和负数都可以使用，如例4.8所示。

【例4.8】（实例文件：第4章\4-8.html）

```
<html>
<head>
<title>竖直对齐，具体数值</title>
<style type="text/css">
<!--
p{ font-size:15px; }
img{ border: 1px solid #000055; }
-->
</style>
</head>
<body>
        <p>竖直对齐<img src="donkey.jpg" style="vertical-align:5px;">方式: 5px</p>
        <p>竖直对齐<img src="miki.jpg" style="vertical-align:-10px;">方式: -10px</p>
</body>
</html>
```

其显示效果如图4.10所示，类比文字竖直对齐方式中具体数值的用法，图片的竖直对齐方式的效果是基本相同的，而且无论图片本身的高度是多少。

图4.10 具体数值

4.3 图文混排

Word中文字与图片有很多排版的方式，在网页中同样可以通过CSS设置实现各种图文混排的效果。本节在上一章文字排版和上几节图片对齐等的基础上，介绍CSS图文混排的具体方法。

4.3.1 文字环绕

文字环绕图片的方式在实际页面中的应用非常广泛，如果再配合内容、背景等多种手段便可以达到各种绚丽的效果。在CSS中主要是通过给图片设置float属性来实现文字环绕的，如例4.9所示。

【例4.9】（实例文件：第4章\4-9.html）

```
<html>
<head>
<title>图文混排</title>
<style type="text/css">
<!--
body{
        background-color:bb0102;            /* 页面背景颜色 */
        margin:0px;
        padding:0px;
}
img{ float: left; }                         /* 文字环绕图片 */
p{
        color:#FFFF00;                      /* 文字颜色 */
        margin:0px;
        padding-top:10px;
        padding-left:5px;
        padding-right:5px;
}
span{
        float:left;
        font-size:85px;                     /* 首字放大 */
```

```
        font-family:黑体;
        margin:0px;
        padding-right:5px;
}
-->
</style>
</head>
<body>
        <img src="chunjie.jpg" border="0">
        <p><span>春</span>节古时叫"元旦"。"元"者始也,"旦"者晨也,"元旦"即一年的第一个
早晨。《尔雅》,对"年"的注解是:"夏曰岁,商曰祀,周曰年。"自殷商起,把月圆缺一次为一月,
初一为朔,十五为望。每年的开始从正月朔日子夜算起,叫"元旦"或"元日"。到了汉武帝时,由于
"观象授时"的经验越来越丰富,司马迁创造了《太初历》,确定了正月为岁首,正月初一为新年。此
后,农历年的习俗就一直流传下来。</p>
        <p>据《诗经》记载,每到农历新年,农民喝"春酒",祝"改岁",尽情欢乐,庆祝一年的丰
收。到了晋朝,还增添了放爆竹的节目,即燃起堆堆烈火,将竹子放在火里烧,发出噼噼啪啪的爆竹
声,使节日气氛更浓。到了清朝,放爆竹,张灯结彩,送旧迎新的活动更加热闹了。清代潘荣升《帝
京岁时记胜》中记载:"除夕之次,夜子初交,门外宝炬争辉,玉珂竞响。……闻爆竹声如击浪轰雷,
遍于朝野,彻夜无停。"</p>
        <p>在我国古代的不同历史时期,春节,有着不同的含义。在汉代,人们把二十四节气中的
"立春"这一天定为春节。南北朝时,人们则将整个春季称为春节。1911年,辛亥革命推翻了清朝统治,
为了"行夏历,所以顺农时,从西历,所以便统计",各省都督府代表在南京召开会议,决定使用公历。
这样就把农历正月初一定为春节。至今,人们仍沿用春节这一习惯称呼。</p>
</body>
</html>
```

在例4.9中除了运用"float:left"使得文字环绕图片以外,还运用了上一章中的首字放大的
方法。可以看到图片环绕与首字放大的方式是几乎完全相同的,只不过对象分别是图片和文字
本身,显示效果如图4.11所示。

图4.11 文字环绕

如果将float的值设置为right，图片将会移动至页面的右边，从而文字在左边环绕，读者可以自己试验。

4.3.2 设置图片与文字间距

在例4.9中文字紧紧环绕在图片周围，如果希望图片本身与文字有一定的距离，只需要给img标记添加padding属性即可，如下所示。至于margin属性的详细用法，后面的章节还会陆续提到。

```
img{
        float:left;                          /* 文字环绕图片 */
        margin-right:50px;                   /* 右侧距离 */
        margin-bottom:25px;                  /* 下端距离 */
}
```

其显示效果如图4.12所示，可以看到文字距离图片明显变远了，如果把margin的值设定为负数，那文字将移动到图片上方，读者可以自己试验。

图4.12　图片与文字的距离

4.4 图文实例：八仙过海

本节通过具体实例，进一步巩固图文混排方法的使用，并把该方法运用到实际的网站制作中。该例以介绍中国传统的八仙为题材，充分利用CSS图文混排的方法，实现页面的效果。实例的最终效果如图4.13所示。

首先选取一些相关的图片和文字介绍，将总体的描述和图片放在页面的最上端，同样采用首字放大的方法。

图4.13　八仙过海

```
<img src="baall.jpg" class="pic2">
<p><span class="first">八</span>仙在蓬莱阁上聚会饮酒，酒至酣时，铁拐李提议乘兴到海上一游。众
仙齐声附合，并言定各凭道法渡海，不得乘舟。
汉钟离率先把大芭蕉扇往海里一扔，坦胸露腹仰躺在扇子上，向远处漂去。何仙姑将荷花往水中一抛，
顿时红光万道，何仙姑伫立荷花之上，随波漂游。随后，吕洞宾、张果老、曹国舅、铁拐李、韩湘子、
蓝采和也纷纷将各自宝物抛入水中，借助宝物大显神通，遨游东海。</p>
```

　　为整个页面选取一个合适的背景颜色，然后用图文混排的方式将图片靠右，并适当地调整
文字与图片的距离，CSS部分的代码如下所示。

```
body{
        background-color:#d8c7b4;                  /* 页面背景色 */
}
p{
        font-size:13px;                            /* 段落文字大小 */
}
img{
        border:1px solid #664a2c;                  /* 图片边框 */
}
span.first{                                        /* 首字放大 */
        font-size:60px;
        font-family:黑体;
        float:left;
        font-weight:bold;
        color:#59340a;                             /* 首字颜色 */
}
```

此时的显示效果如图4.14示。考虑到"八仙"的具体排版，这里采用一左一右的方式，并且全部应用图文混排，因此图文混排的CSS分左右两段，分别定义为img.pic1和img.pic2。

图4.14　首字放大

.pic1和.pic2都采用图文混排，不同的在于一个用于图片在左侧，另一个用于图片在右侧的情况，具体代码如下：

```
img.pic1{
        float:left;                          /* 左侧图片混排 */
        margin-right:10px;                   /* 图片右端与文字的距离 */
        margin-bottom:5px;
}
img.pic2{
        float:right;                         /* 右侧图片混排 */
        margin-left:10px;                    /* 图片左端与文字的距离 */
        margin-bottom:5px;
}
```

当图片分别处于左右两边后，正文的文字并不需要做太大的调整，而每一个小段的标题则需要根据图片的位置做相应的变化。因此八仙名称的小标题也需要定义两个CSS标记，分别为p.title1和p.title2，具体代码如下：

```
p.title1{                                    /* 左侧标题 */
        text-decoration:underline;           /* 下划线 */
        font-size:18px;
        font-weight:bold;                    /* 粗体*/
        text-align:left;                     /* 左对齐 */
        color:#59340a;                       /* 标题颜色 */
}
p.title2{                                    /* 右侧标题 */
        text-decoration:underline;
        font-size:18px;
        font-weight:bold;
```

```
        text-align:right;
        color:#59340a;
}
p.content{                                    /* 正文内容 */
        line-height:1.2em;                    /* 正文行间距 */
        margin:0px;
}
```

从代码中可以看到，两段标题代码的主要不同就在于文字的对齐方式，当图片使用img.pic1而位于左侧时，标题则使用p.title1，相应的也在左侧。同样的道理，当图片使用img.pic2而位于右侧时，标题则使用p.title2，相应的也移动到右侧。

对于整个页面中HTML分别介绍八仙的部分，文字和图片都一一交错地使用两种不同的对齐和混排方式，即分别采用两组不同的CSS类型标记，达到一左一右的显示效果，HTML部分示例如下所示。

```
    ……
    <p class="title1">汉钟离</p>
    <img src="ba1.jpg" class="pic1">
    <p class="content">元代全真教奉为"正阳祖师"，北五祖之一。其说始于五代、宋初。相传姓钟离
名权，号"正阳子"，又号"云房先生"。……</p>
    <p class="title2">张果老</p>
    <img src="ba2.jpg" class="pic2">
    <p class="content">亦作张果。据《唐书》记载，确有其人，本是民间的江湖术士，因民间相传逐
为神仙。居山西中条山，自言生于尧时，有长生不老之法。唐太宗和唐高宗（武则天的丈夫）不时征
召他，都被他婉拒了。……</p>
    ……
```

通过图文混排后，文字能够很好地使用空间，就像在Word中使用图文混排一样，十分的方便且美观。本例中间部分的一个截图如图4.15所示，充分体现出CSS图文混排的效果和作用。

最终的所有代码这里不再复述，读者可参考光盘中的"第4章\4-10.html"文件。本例主要通过图文混排的技巧，合理地将文字和图片融为一体，并结合上一章文字设置的各种方法，实现了常见的介绍性页面。这种方法在实际运用中使用很广，读者可以参考这种方法来设计自己的页面。

图4.15　图文混排

精通

CSS+DIV 网页样式与布局

第 5 章

用CSS设置网页中的背景

任何一个网上的页面，它背景的颜色和基调往往是给用户的第一印象，因此在页面中控制背景通常是网站设计时一个很重要的步骤。本章在合理运用文字和图片等的基础上，重点介绍CSS控制背景颜色和图片等的方法。

5.1 背景颜色

"256×256×256"种RGB色彩组成了整个绚丽多姿的网络，任何一个页面都有它的背景色来突出其基调，微软的蓝色、Google的白色、世纪坛的墨绿、圣诞网站的火红等都给人们留下很深刻的印象。本节主要通过实例，介绍CSS设置页面背景颜色的方法。

5.1.1 页面背景色

在CSS中页面的背景颜色通过设置body标记的background-color属性来实现，这在前些章节的例子中也反复用到。具体的颜色值的设定方法与文字颜色值的设定方法一样，可以采用十六进制、RGB各分量和颜色的英文单词等。在实际应用中，背景色主要突出页面的主题，跟前景的文字颜色相配合。

【例5.1】（实例文件：第5章\5-1.html）

```
<html>
<head>
<title>背景颜色</title>
<style>
<!--
body{
        background-color:#5b8a00;          /* 设置页面背景颜色 */
        margin:0px;
        padding:0px;
        color:#c4f762;                      /* 设置页面文字颜色 */
}
p{
        font-size:15px;                     /* 正文文字大小 */
        padding-left:10px;
        padding-top:8px;
        line-height:120%;
}
span{                                       /* 首字放大 */
        font-size:80px;
        font-family:黑体;
        float:left;
        padding-right:5px;
        padding-left:10px;
        padding-top:8px;
```

```
}
-->
</style>
</head>
<body>
        <img src="mainroad.jpg" style="float:right;">
        <span>春</span>
        <p>季，地球的北半球开始倾向太阳，受到越来越多的太阳光直射，因而气温开始升高。随着
冰雪消融，河流水位上涨。春季植物开始发芽生长，许多鲜花开放。冬眠的动物苏醒，许多以卵过冬
的动物孵化，鸟类开始迁徙，离开越冬地向繁殖地进发。许多动物在这段时间里发情，因此中国也将
春季称为"万物复苏"的季节。春季气温和生物界的变化对人的心理和生理也有影响。</p>
        <p>对农民来说，春季是播种许多农作物的季节。在春季，地球的北半球开始倾向太阳，受到
越来越多的太阳光直射，因而气温开始升高。随着冰雪消融，河流水位上涨。春季植物开始发芽生长，
许多鲜花开放。冬眠的动物苏醒，许多以卵过冬的动物孵化，鸟类开始迁徙，离开越冬地向繁殖地进
发。许多动物在这段时间里发情，因此中国也将春季称为"万物复苏"的季节。</p>
</body>
</html>
```

其显示效果如图5.1所示，背景颜色为深绿色，而文字的颜色为亮绿色，再加上图片以及
文字内容本身，将春天的万物复苏烘托了出来。

图5.1　设置背景颜色

5.1.2　用背景色给页面分块

background-color属性不仅仅可以设置页面的背景颜色，几乎所有HTML元素的背景色都可
以通过它来设定。因此很多网页都通过设定不同HTML元素的各种背景色来实现分块的目的。

【例5.2】（实例文件：第5章\5-2.html）

```
<html>
<head>
<title>利用背景颜色分块</title>
<style>
<!--
body{
        padding:0px;
        margin:0px;
        background-color:#ffebe5;              /* 页面背景色 */
}
.topbanner{
        background-color:#fbc9ba;              /* 顶端banner的背景色 */
}
.leftbanner{
        width:22%; height:330px;
        vertical-align:top;
        background-color:#6d1700;              /* 左侧导航条的背景色 */
        color:#FFFFFF;
        text-align:left;
        padding-left:40px;
        font-size:14px;
}
.mainpart{
        text-align:center;
}
-->
</style>
</head>
<body>
<table cellpadding="0" cellspacing="1" width="100%" border="0">
        <tr>
                <td colspan="2" class="topbanner"><img src="banner1.jpg" border="0"></td>
        </tr>
        <tr>
                <td class="leftbanner">
                        <br><br>首页<br><br>分类讨论
                        <br><br>谈天说地<br><br>精华区
                        <br><br>我的信箱<br><br>休闲娱乐
                        <br><br>立即注册<br><br>离开本站
                </td>
                <td class="mainpart">正文内容...</td>
        </tr>
</table>
```

```
</body>
</html>
```

在例5.2中将顶端的Banner、左侧的导航条和中间的正文部分分别运用了3种不同的背景颜色，实现了页面分块的目的，显示效果如图5.2所示。这种分块的方法在网页制作中经常使用，简单方便。

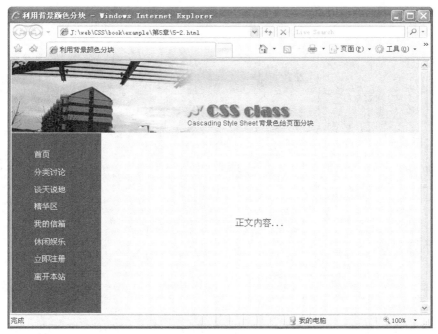

图5.2　背景色给页面分块

经验之谈：
在例5.2中顶端的Banner图片是一幅从左到右颜色渐变的图片，颜色由本身的图片过渡到页面的背景颜色，因此显得十分自然。这种效果在Photoshop中很容易实现，也是制作网页的常用方法。

5.2　背景图片

网页背景除了使用各种颜色，同样也可以使用各种图片。而通过CSS可以对背景图片进行很精确的控制，包括位置和重复方式等。本节围绕背景图片的使用，对CSS的编写方法作进一步介绍。

5.2.1 页面的背景图

在CSS中给页面添加背景图片的方法就是使用background-image属性，直接定义其url值，浏览器就会自动将图片覆盖整个页面。例如如图5.3所示的图案（03.jpg）。

如果给页面的body标记添加"background-image:url(3.jpg);"，那么页面中的所有地方，都会以该图片作为背景。其中url里的值可以用网站的绝对路径，也可以使用相对路径，如例5.3所示，其显示效果如图5.4所示。

图5.3 背景图案

【例5.3】（实例文件：第5章\5-3.html）

```
<html>
<head>
<title>背景图片</title>
<style>
<!--
body{
        background-image:url(03.jpg);        /* 页面背景图片 */
}
-->
</style>
</head>
<body>
</body>
</html>
```

如果背景图片使用的是透明的GIF格式图片（03.gif），这时候如果再同时设置背景颜色background-color，则背景颜色会透过图片的透明部分，与图片同时生效，如例5.4所示。

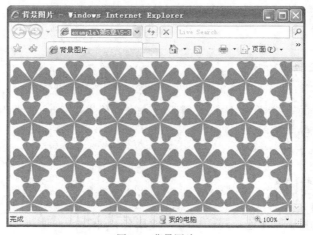
图5.4 背景图片

【例5.4】（实例文件：第5章\5-4.html）

```
<html>
<head>
<title>背景图片、背景颜色同时</title>
<style>
<!--
body{
        background-image:url(03.gif);          /* 页面背景图片 */
        background-color:#FFFF00;              /* 页面背景颜色 */
}
-->
</style>
</head>
<body>
</body>
</html>
```

其显示效果如图5.5所示。可以看到背景的黄色跟背景图片同时覆盖了整个页面，这种方法在第3章的实例"制作页面的五彩标题"中就有使用。

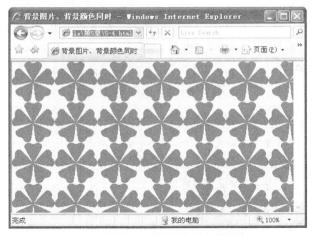

图5.5 同时设置背景颜色和背景图片

5.2.2 背景图的重复

在上节的两个例子中，背景图案都是直接重复地铺满整个页面，这种方式并不适用于大多数页面，在CSS中可以通过background-repeat属性设置图片的重复方式，包括水平重复、竖直重复以及不重复等，以竖直方向重复为例，如例5.5所示。

【例5.5】（实例文件：第5章\5-5.html）

```
<html>
<head>
<title>背景重复</title>
```

```
<style>
<!--
body{
        padding:0px;
        margin:0px;
        background-image:url(bg1.jpg);          /* 背景图片 */
        background-repeat:repeat-y;              /* 垂直方向重复 */
        background-color:#0066FF;                /* 背景颜色 */
}
-->
</style>
</head>
<body>
</body>
</html>
```

其显示效果如图5.6所示，背景图片没有像例5.4中那样铺满整个页面，而只是在竖直方向上进行了简单的重复显示。

如果将background-repeat的值设置为"repeat-x"，则背景图片将在水平方向上重复显示，读者可以自己试验，这里不再详细介绍，下面具体举一个实际运用的示例，如例5.6所示。

如图5.7所示是一幅本身在水平方向重复的图片（其宽度还可以再小，直到1px，这里为了看得清楚，因此将其拉宽了），如果将它作为背景图片，并设置成水平重复，再配上右侧渐变到这个图案的固定图片，则可以达到页面Banner的效果。

图5.6　竖直方向上重复　　　　　　　　图5.7　水平方向重复的图片

【例5.6】（实例文件：第5章\5-6.html）

```
<html>
<head>
```

```
<title>背景水平重复</title>
<style>
<!--
body{
        padding:0px;
        margin:0px;
}
.topbanner{
        background-image:url(bg2.jpg);                  /* 背景图片 */
        background-repeat:repeat-x;                     /* 水平方向重复 */
}
-->
</style>
</head>
<body>
<table cellpadding="0" cellspacing="1" width="100%" border="0">
        <tr>
                <td class="topbanner"><img src="banner2.jpg" border="0"></td>
                <!-- 配上Banner图片 -->
        </tr>
</table>
</body>
</html>
```

例5.6的显示效果如图5.8所示，随意将浏览器的宽度加大，由于背景图案的水平重复，因此不会影响到Banner的效果。再加上左侧的Banner图片的右端与背景图片很好的过渡，使得整个Banner显得十分自然。

图5.8　背景图片水平重复

这里简单介绍例5.6中左侧的固定图片与背景图片过渡的Photoshop制作方法。

（1）首先选取一幅自己喜欢的Banner图片，如图5.9所示。

（2）将背景图片在Photoshop中也水平重复，长度最好比选取的Banner图片长一些，如图5.10所示，然后将这两幅图片都导入Photoshop中，并使它们分别处于两个不同的图层。

（3）在Photoshop中将前景图片置于上层，背景图片置于下层，并将上层的前景图片移动到图层的最左端，如图5.11所示。

图5.9　选取图片

图5.10　水平重复背景

图5.11　上下两个图层

（4）然后单击图层面板的遮罩按钮，为前景图层添加遮罩，如图5.12所示。

（5）这时用渐变工具为遮罩添加由黑到白的渐变效果，从而使得前景到背景顺利过渡。最后再添加需要的文字和小图标，最终的图层面板如图5.13所示。

图5.12　添加遮罩

图5.13　图层面板

（6）最后将PSD文件输出为JPG图片，这样左端最终的图片就制作完成了，如图5.14所示。再配合CSS的背景水平重复就得到了Banner的效果。

图5.14　最终Banner的左端图片

除了水平方向和竖直方向重复以外，background-repeat属性还可以设置为"no-repeat"，即仅仅作为单一的背景图片显示。这种情况往往用于大幅的背景图片，或者文字、标题前的小图标，简单实例如例5.7所示。

【例5.7】（实例文件：第5章\5-7.html）

```
<html>
<head>
<title>背景不重复</title>
<style>
<!--
body{
        padding:0px;
        margin:0px;
        background-image:url(bg3.jpg);              /* 背景图片 */
        background-repeat:no-repeat;                /* 不重复 */
}
-->
</style>
</head>
<body>
        <div style="padding-left:60px; padding-top:100px;">
        小兔子</div>
</body>
</html>
```

其显示效果如图5.15所示，兔子背景仅仅显示了一次，并通过div标记的CSS属性调整了文字的位置，使其位于兔子的身体上。

5.2.3 背景图片的位置

默认情况下背景图片都是从设置了background属性的标记（例如body标记）的左上角开始出现的，但实际制作时设计者往往希望背景图片出现在指定的位置。在CSS中可以通过background-position属性轻松地调整背景图片的位置。

例如当希望背景图片出现在页面的右下角时，可以将background-position的值设定为"bottom right"，如例5.8所示。

图5.15　背景不重复

【例5.8】（实例文件：第5章\5-8.html）

```
<html>
<head>
<title>背景的位置</title>
<style>
<!--
body{
        padding:0px;
        margin:0px;
        background-image:url(bg4.jpg);              /* 背景图片 */
```

```
            background-repeat:no-repeat;              /* 不重复 */
            background-position:bottom right;         /* 背景位置, 右下 */
            background-color:#eeeee8;
    }
    span{                                             /* 首字放大 */
            font-size:70px;
            float:left;
            font-family:黑体;
            font-weight:bold;
    }
    p{
            margin:0px; font-size:14px;
            padding-top:10px;
            padding-left:6px; padding-right:8px;
    }
    -->
    </style>
    </head>
    <body>
            <p><span>雪</span>是大气固态降水中的一种最广泛、最普遍、最主要的形式。大气固态降水
    是多种多样的, 除了美丽的雪花以外, 还包括能造成很大危害的冰雹, 还有我们不经常见到的雪霰和
    冰粒。</p>
            <p>由于天空中气象条件和生长环境的差异, 造成了形形色色的大气固态降水。这些大气固态
    降水的叫法因地而异, 因人而异, 名目繁多, 极不统一……</p>
            <p>
            立冬 太阳位于黄经225°  , 11月7~8日交节<br>
            小雪 太阳位于黄经240°  , 11月22~23日交节<br>
            大雪 太阳位于黄经255°  , 12月6~8日交节<br>
            冬至 太阳位于黄经270°  , 12月21~23日交节<br>
            小寒 太阳位于黄经285°  , 1月5~7日交节<br>
            大寒 太阳位于黄经300°  , 1月20~21日交节</p>
    </body>
    </html>
```

例5.8的显示效果如图5.16所示, 通过CSS的设置, 使得背景图片位于页面的右下方, 很好地切合了图片本身的特点。

除了例5.8中提到的"bottom right"外, background-position的值还可以设置为top left、top center、top right、center left、center center、center right、bottom left和bottom center等, 读者可以自己试验, 这里就不一一介绍了。

背景图片的位置不仅可以设置为上中下、左中右的模式, CSS还可以给背景图片的位置定义具体的百分比, 实现精确定位, 如例5.9所示。

图5.16 调整背景图片的位置

【例5.9】（实例文件：第5章\5-9.html）

```
<html>
<head>
<title>背景的位置</title>
<style>
<!--
body{
        padding:0px; margin:0px;
        background-image:url(bg5.jpg);              /* 背景图片 */
        background-repeat:no-repeat;               /* 不重复 */
        background-position:30% 70%;               /* 背景位置，百分比 */
}
p{
        padding:10px; margin:5px;
        line-height:1.5em;
}
-->
</style>
</head>
<body>
        <p>CSS（Cascading Style Sheet），中文译为层叠样式表，是用于控制网页样式并允许将样式信
息与网页内容分离的一种标记性语言……</p>
</body>
</html>
```

　　其显示效果如图5.17所示。通过代码"background-position:30% 70%;"的设置，使得背景
图片的中心点在水平方向上处于30%的位置，在竖直方向上则位于70%的位置。此时如果改变
浏览器窗口的大小，会发现背景图片会进行相应的调整，但始终处于水平方向上30%和竖直方
向上70%的位置上。

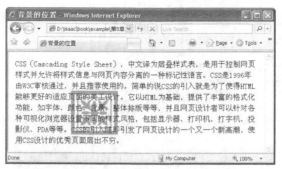

图5.17　背景图片百分比的位置

除了上面提到的百分数定位，还可以给background-position设置具体的数值，分别定义水平位置和数值方向的位置，如将例5.9中的相关语句修改为如下：

```
background-position: 300px 25px;          /* 背景位置，具体数值 */
```

则显示效果如图5.18所示，背景图片的左上角处距离页面左侧300像素，距离页面上端25像素。这个绝对位置不随着浏览器的大小而改变，当浏览器的宽度本身小于300像素时，背景图片就会显示不全，如图5.19所示。

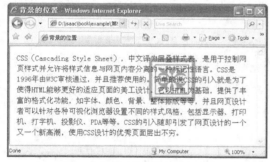

图5.18　背景图片具体数值的位置

图5.19　背景图片显示不全

经验之谈：
　　同样还可以将背景图片的具体位置设置为负数，这种方法在具体使用中也经常用来调整模块背景的位置，这里先不单独介绍了，后续章节的一些实例中都有体现，读者可以先自己试验。

5.2.4　固定背景图片

对于大幅的背景图片，当浏览器出现滚动条时，通常不希望图片随着文字的移动而移动，而是固定在一个位置上。在CSS中可以通过设置background-attachment的值为fixed来轻松实现这个效果，如例5.10所示。

【例5.10】（实例文件：第5章\5-10.html）

```
<html>
<head>
<title>固定背景图片</title>
<style>
<!--
body{
        padding:0px; margin:0px;
        background-image:url(bg6.jpg);              /* 背景图片 */
        background-repeat:no-repeat;                /* 不重复 */
        background-attachment:fixed;                /* 固定背景图片 */
}
p{
        padding:10px; margin:5px;
        line-height:1.5em;
        color:#FFFFFF; font-size:22px;
}
-->
</style>
</head>
<body>
        <p>对于一个网页设计者来说，对HTML语言一定不会感到陌生，因为它是所有网页制作的基
础。但是如果希望网页能够美观、大方……</p>
        <p>CSS（Cascading Style Sheet），中文译为层叠样式表，是用于控制网页样式并允许将样式信
息与网页内容分离的一种标记性语言……</p>
</body>
</html>
```

其显示效果如图5.20所示，可以看到当拖动浏览器的滚动条时，仅仅只是文字往上移动了，
而背景图片没有发生任何移动，依旧在原来的位置上。

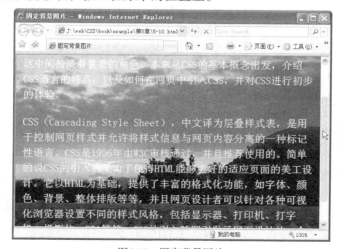

图5.20 固定背景图片

5.2.5 添加多个背景图片

很多时候希望给页面添加多个背景，而在CSS中一个标记只能用一次background属性，因此只有给多个标记添加不同背景来实现类似的效果，如在body标记设置了背景图片的基础上，再添加table和div等标记，来设置其他的背景图。

【例5.11】（实例文件：第5章\5-11.html）

```
<html>
<head>
<title>多个背景图片</title>
<style>
<!--
body{
        background-image:url(bg7.jpg);              /* 页面大背景 */
        background-repeat:no-repeat;
        padding:0px; margin:0px;
        background-attachment:fixed;
}
div{
        background-image:url(bg8.gif);              /* 左侧小图标背景 */
        background-repeat:repeat-y;                 /* 竖直方向重复 */
        background-position:5px 0px;
        padding-left:110px; padding-top:10px;
        padding-right:10px; padding-bottom:15px;
}
h1{
        font-family:黑体;
        text-decoration:underline;
}
-->
</style>
</head>
<body>
        <div>
        <h1>银杏的优点</h1>
        1. 叶色秀雅，花色清淡。<br>
        2. 树体高大，寿命绵长，树粗可达4米，寿命可达3000年之多。固长与古老寺庙相配伍，以名
山大川、风景名胜为伴。<br>
        3. 树干光洁，愈伤力强，轻微的损伤很快便可愈合。<br>
        4. 发芽晚落叶早，有利于早春和晚秋树下能及时得到和暖的阳光。<br>
        ……
        </div>
</body>
</html>
```

例5.11的显示效果如图5.21所示，<body>标记设置了大的背景图片，而正文的<div>标记设置了在竖直方向上重复的小图片。

图5.21　设置多个背景

除了<body>和<div>标记，几乎HTML页面中所有的标记都可以设置背景，很多网页的各种效果都是通过设置不同标记的不同背景来实现的。

5.2.6　背景样式综合设置

与border和font属性一样，background也可以将各种关于背景的设置集成到一个语句上，这样不仅可以节省大量代码，而且加快了网络下载页面的速度。例如：

```
background-color:blue;
background-image:url(bg7.jpg);
background-repeat:no-repeat;
background-attachment:fixed;
background-position:5px 10px;
```

以上代码可以统一用一句background属性代替，如下：

```
background:blue url(bg7.jpg) no-repeat fixed 5px 10px;
```

两种属性声明的方法在显示效果上是完全一样的，第1种方法虽然代码长一些，但可读性强于第2种方法，读者可以根据自己的喜好选择使用。

5.3　背景综合一：我的个人主页

个人主页是网络上记录和展现自己的一种很好的形式，很多用户在网上都拥有自己的主页。个人主页可以作为宣传自己的方式，也可以用来写网络日记，汇总学习心得，记录每天生活的点点滴滴。

本节通过制作个人主页，进一步学习CSS控制网页背景在实际中的运用方法，本例的最终效果如图5.22所示。

图5.22　个人主页

（1）首先选择自己喜欢的一幅图片作为Banner，在Photoshop中将图片稍加修改，添加上"个人主页"等必要的文字信息，如图5.23所示。

图5.23　Banner图片

（2）选取与Banner图片风格配套的背景星星，作为整个页面的背景图片，通过CSS添加到<body>标记中，如下所示：

```
body{
    background:url(bg9.gif);    /* 页面背景图片 */
```

```
margin:0px; padding:0px;
}
```

再将Banner图片用<table>标记居中排列，添加在页面的最上方，HTML代码如下所示，此时页面显示效果如图5.24所示。

```
<table align="center" cellpadding="1" cellspacing="0">
    <tr><td><img src="banner3.jpg" border="0"></td></tr>
</table>
```

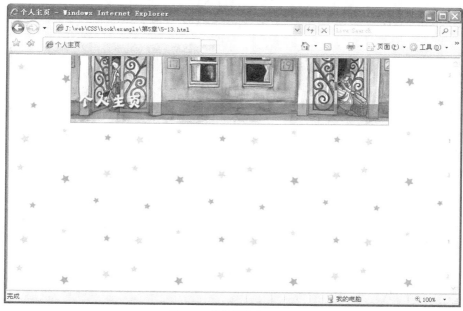

图5.24　背景图片和Banner

按照自己的喜好将个人主页分类，制作导航条。测量出Banner的长度为600px，因此导航条也为600px，同样采用表格排版，单元格中的文本采用居中的模式，并配上合适的背景颜色。其中CSS部分和HTML部分分别如下所示，此时的页面效果如图5.25所示。

```
/* CSS部分 */
.chara1{
        font-size:12px;
        background-color:#90bcff;  /* 导航条的背景颜色 */
}
.chara1 td{
        text-align:center;
}

<!-- HTML部分 -->
```

```
<table width="600px" cellpadding="2" cellspacing="2" class="chara1" align="center">
    <tr><td>首页</td><td>心情日记</td><td>Free</td><td>一起走到</td><td>从明天起</td><td>
纸飞机</td><td>下一站</td></tr>
</table>
```

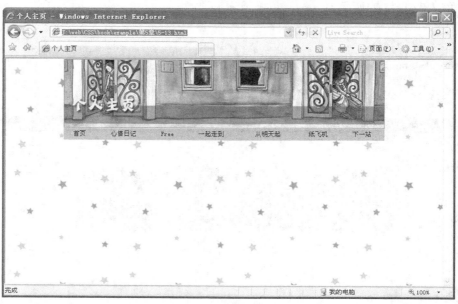

图5.25　加入导航条

　　页面主体用表格分成左右两块，左边用稍稍深一点的背景颜色进行分割，右边则采用颜色相对淡一些的背景图片置于右下方，如图5.26所示。

图5.26　正文背景

　　主体部分采用背景图片后，必须将背景颜色设置为跟该图片的背景色相同的颜色，在Photoshop中直接用吸管工具可以获得该颜色的十六进制的值。其CSS和HTML框架代码分别如下所示：

```
.chara2{
    background-color:#d2e7ff;
    text-align:center;
```

```
        font-size:12px;
        vertical-align:top;
}
.chara3{
        /* 主体部分的背景图片 */
        background:#e9fbff url(self.jpg) no-repeat bottom right;
        vertical-align:top;
        padding-top:15px; padding-left:30px;
        font-size:12px; padding-right:15px;
}

<table width="600px" align="center" cellpadding="0" cellspacing="1">
        <tr>
                <td width="150px" class="chara2">
                </td>
                <td class="chara3">
                </td>
        </tr>
</table>
```

　　最后再选择合适的图片和内容分别添加到页面的两个块中，并且设置相应的文字和图片的风格，这样就得到了最终的页面效果，如图5.27所示。

图5.27　最终效果

本例的最终代码在实例文件5-12.html中，这里不一一介绍每个细节，读者可以参考具体的源码并设计自己的个人主页。

5.4 背景综合二：古词《念奴娇·赤壁怀古》

通过添加各种标记，可以让页面拥有多个背景，如果运用得当还可以得到各种效果。本节以古词为例，进一步巩固页面背景的使用方法。本例的最终效果如图5.28所示。

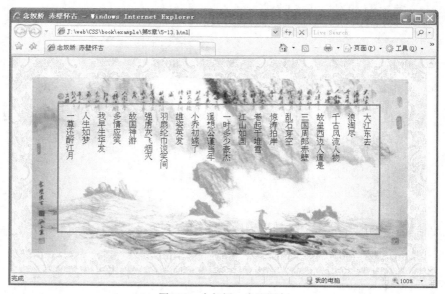

图5.28 念奴娇·赤壁怀古

首先为页面选择好的背景图片，如图5.29所示，并将文字加入到页面中，页面整体使用居中排版，其CSS如下所示。

图5.29 页面背景

```
body{
    background:url(bg9.jpg) no-repeat center top;          /* 页面背景 */
```

118

```
    margin:0px; padding:0px;
    text-align:center;
}
```

　　此时的页面效果如图5.30所示。可以看到文字居中排列在页面上，与背景混杂在一起，没有任何突出的效果。

图5.30　添加背景

　　将文字用块元素<div>调整位置、块大小、行间距和边框等，并添加竖直排版的CSS属性，如下所示。

```
div.content{
    height:260px;
    writing-mode:tb-rl;                           /* 竖排版文字 */
    width:620px;
    text-align:left;
    border:3px solid #666666;
    line-height:30px;
    padding-top:15px; padding-right:8px;
}

<div class="content">
    大江东去<br>浪淘尽<br>千古风流人物<br>
    故垒西边人道是<br>三国周郎赤壁<br>
    乱石穿空<br>惊涛拍岸<br>卷起千堆雪<br>
    江山如画<br>一时多少豪杰<br>
    遥想公谨当年<br>小乔初嫁了<br>雄姿英发<br>
    羽扇纶巾谈笑间<br>强虏灰飞烟灭<br>
```

故国神游
多情应笑
我早生华发
人生如梦
一尊还酹江月
</div>

此时页面的显示效果如图5.31所示，文字完全按照要求排到了页面中央，并且从上到下、从右到左地排列着。只是文字部分由于背景图片的原因，并不是很清晰。

图5.31　调整文字

这时如果给文字部分直接加上背景颜色，则将覆盖住页面本身的背景，从而失去了背景图片的意义，如图5.32所示。

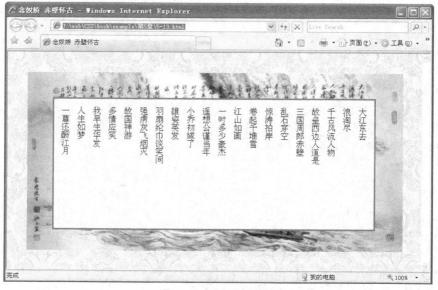

图5.32　直接添加背景色

因此可以先将HTML中的文字内容删掉，得到文字部分的区域背景，如图5.33所示。然后将这部分的背景取出，用Photoshop调整到合适的亮度和颜色，如图5.34所示。

图5.33　取出文字部分的背景

图5.34　文字部分的背景图片

最后再将文字部分的背景图片添加到文字块中，便得到了最终文字部分背景颜色变淡了的效果，如图5.35所示。

本例是针对CSS对于背景图片不能很好地设置透明度的情况，巧妙地采用了两个背景图片，实现了"背景透明"的效果。这种方法在很多实际网站中都有运用，读者可以举一反三。本例最终CSS部分的代码如下（完整代码参考实例文件5-13.html）：

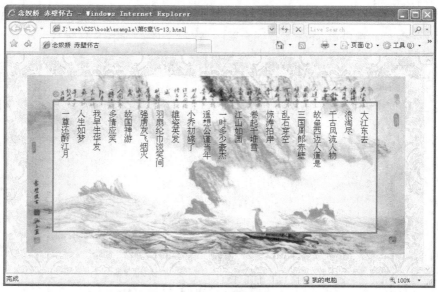

图5.35　最终效果

```
body{
        background:url(bg9.jpg) no-repeat center top;        /* 页面背景 */
        margin:0px; padding:0px;
        text-align:center;
}
div.content{
        height:260px;
        writing-mode:tb-rl;                                   /* 竖排版文字 */
        width:620px;
        text-align:left;
        border:3px solid #666666;
        line-height:30px;
        padding-top:15px; padding-right:8px;
        background: url(bg10.jpg) no-repeat;                  /* 文字部分背景 */
}
```

　　另外需要特别指出，对于竖排版语句"writing-mode:tb-rl;"只有IE浏览器才支持，
Firefox浏览器并不支持该CSS属性，因此如果希望在其他浏览器中也达到同样的排版效果，则
只能手动排版所有的文字。

精通

CSS+DIV 网页样式与布局

第 6 章

用CSS设置表格
与表单的样式

表格与表单是网页上最常见的元素，表格除了显示数据外，还常常被用来排版。而表单则作为与用户交互的窗口，时刻都扮演着信息获取和反馈的角色。本章围绕表格和表单介绍CSS设置其样式的方法，以及利用CSS实现各种特效的技巧。

6.1 控制表格

表格作为传统的HTML元素，一直受到网页设计者们的青睐。使用表格来表示数据、制作调查表等在网络中屡见不鲜。同时因为表格框架的简单、明了，使用没有边框的表格来排版，也受到很多设计者的喜爱。本节主要介绍CSS控制表格的方法，包括表格的颜色、标题、边框和背景等。

6.1.1 表格中的标记

表格（<table>标记）在最初HTML设计时，仅仅是用于存放各种数据的，包括班里的同学名单、公司里月末的结算、书店架上书本的目录和地铁线路的班次等。因此表格有很多与数据相关的标记，十分的方便。图6.1是一个没有经过任何CSS修饰的表格，主要用于说明其中的标记。

该表格的源码如例6.1所示。

【例6.1】（实例文件：第6章\6-1.html）

图6.1 表格中的标记

```
<html>
<head>
<title>年度收入</title>
<style>
<!--
-->
</style>
</head>
<body>
<table summary="This table shows the yearly income for years 2004 through 2007" border="1">
        <caption>年度收入 2004 - 2007</caption>
        <tr>
                <th></th>
                <th scope="col">2004</th>
                <th scope="col">2005</th>
                <th scope="col">2006</th>
                <th scope="col">2007</th>
        </tr>
        <tr>
                <th scope="row">拨款</th>
```

```
                <td>11,980</td>
                <td>12,650</td>
                <td>9,700</td>
                <td>10,600</td>
        </tr>
        <tr>

                <th scope="row">捐款</th>
                <td>4,780</td>
                <td>4,989</td>
                <td>6,700</td>
                <td>6,590</td>
        </tr>
        <tr>

                <th scope="row">投资</th>
                <td>8,000</td>
                <td>8,100</td>
                <td>8,760</td>
                <td>8,490</td>
        </tr>
        <tr>

                <th scope="row">募捐</th>
                <td>3,200</td>
                <td>3,120</td>
                <td>3,700</td>
                <td>4,210</td>
        </tr>
        <tr>

                <th scope="row">销售</th>
                <td>28,400</td>
                <td>27,100</td>
                <td>27,950</td>
                <td>29,050</td>
        </tr>
        <tr>

                <th scope="row">杂费</th>
                <td>2,100</td>
                <td>1,900</td>
                <td>1,300</td>
                <td>1,760</td>
        </tr>
        <tr>

                <th scope="row">总计</th>
                <td>58,460</td>
```

```
                <td>57,859</td>
                <td>58,110</td>
                <td>60,700</td>
            </tr>
        </table>
    </body>
</html>
```

在<table>标记中除了使用了border属性勾勒出表格的边框外，还使用了summary属性。该属性的值用于概括整个表格的内容，在用浏览器浏览页面时，它的效果是不可见的，但对搜索引擎等则十分重要。

<caption>标记的作用跟它的名称一样，就是表格的大标题，该标记可以出现在<table>与</table>之间的任意位置，不过通常习惯放在表格的第1行，即紧接着<table>标记。设计者同样可以使用一个普通的行来显示表格的标题，但<caption>标记无论是对于好的编码习惯，还是搜索引擎而言，都是占有绝对优势的。

另外，如果希望调整表格标题的位置，只要添加各种CSS属性就可以轻松实现。除了这些CSS属性外，<caption>标记还有专用的属性caption-side，用于调整表格标题的位置，如下所示。但是该属性只在Firefox下有效，IE对它的支持并不理想，如图6.2所示。

```
table{
        caption-side:bottom;
}
```

<th>标记在表格中主要用于行或者列的名称，本例中行和列都使用了各自的名称，如行的"2004"、"2006"等，列中的"投资"、"销售"等。因此<th>标记中的scope属性就是专门用来区分行名称和列名称的，分别设置scope的值为row或者col，即可分别指定名称为行的名称或者列的名称。

图6.2　caption-side属性

在表格中正确地使用各种标记非常的重要，对于CSS而言，给表格添加类别（例如.datalist）后，如果表格的各种标记运用得当，可以轻松地设置各种样式。例如表格标题的".datalist caption"，表格行的".datalist tr"，等等。

经验之谈：
在HTML页面中构建表格框架时应该尽量遵循表格的标准标记，养成良好的编写习惯，并适当地利用tab、空格和空行来提高代码的可读性，从而降低后期维护的成本。

6.1.2　表格的颜色

　　表格颜色的设置十分简单，与文字颜色的设置完全一样，通过color属性设置表格中文字的颜色，通过background属性设置表格的背景颜色，等等。例6.1中的表格没有做任何CSS的修饰，这里仅仅加上最简单的颜色、背景色，其CSS部分如例6.2所示。

　　【例6.2】（实例文件：第6章\6-2.html）

```
<style>
<!--
body{
        background-color:#ebf5ff;               /* 页面背景色 */
        margin:0px;
        padding:4px;
        text-align:center;                      /* 居中对齐（IE有效） */
}
.datalist{
        color:#0046a6;                          /* 表格文字颜色 */
        background-color:#d2e8ff;               /* 表格背景色 */
        font-family:Arial;                      /* 表格字体 */
}
.datalist caption{
        font-size:18px;                         /* 标题文字大小 */
        font-weight:bold;                       /* 标题文字粗体 */
}
.datalist th{
        color:#003e7e;                          /* 行、列名称颜色 */
        background-color:#7bb3ff;               /* 行、列名称的背景色 */
}
-->
</style>
```

　　此时表格的效果如图6.3所示，可以看到页面的背景色、表格背景色、行列的名称颜色、字体等都进行了相应的变化。而这些设置与文字本身的CSS设置完全相同，与页面背景的设置也完全一样。

6.1.3　表格的边框

　　边框作为表格的分界在显示时往往必不可少，在HTML的<table>标记中，也有很多关于表格边框的属性。border属性是最常用的属性之一，它设置表格边框的粗细，当设置其值为0时，表明表格没有边框，如图6.4所示为设置"<table border="5">"时，分别在IE和Firefox中的显示效果。

图6.3　表格的颜色

图6.4　border属性

<table>标记中的bordercolor属性可以用来设置表格边框的颜色，它的值跟普通颜色的设置一样，采用十六进制的颜色RGB模式，当设置为如下语句时：

```
<table border="5" bordercolor="#007eff">
```

IE与Firefox的显示效果分别如图6.5所示，可以发现两个浏览器对于该属性的支持有着很明显的区别。考虑到不同的用户可能使用不同的浏览器，因此不推荐使用这种方法来设置边框的颜色。

相比直接采用HTML标记，使用CSS设置表格边框显得更为明智。在CSS中设置边框同样是通过border属性，设置方法跟图片的边框完全一样，只不过在表格中需要特别注意单元格之间的关系。当代码如下，仅仅设置表格的边框时，单元格并不会有任何的边线，如图6.6所示。

图6.5　bordercolor属性

```
.datalist{
    border:1px solid #007eff;    /* 表格边框 */
    font-family:Arial;
}
```

图6.6　表格边框

因此采用CSS设置表格边框时，需要为单元格也单独设置相应的边框，代码如下所示，显示效果如图6.7所示。

```
.datalist th, .datalist td{
        border:1px solid #429fff;    /* 单元格边框 */
}
```

图6.7　单元格也需要设置边框

读者会发现，按刚才的方法完成设置后，单元格的边框之间会有空隙，这时候就需要设置CSS中整个表格的border-collapse属性，使得边框重叠在一起，具体的CSS如下，显示效果如图6.8所示。

```
.datalist{
        border:1px solid #007eff;    /* 表格边框 */
        font-family:Arial;
        border-collapse:collapse;    /* 边框重叠 */
}
```

最后综合调整文字字体、文字大小和背景颜色等的设置，得到最终的表格效果如图6.9所示，此时的表格相对于纯HTML设置的表格要绚丽得多。

图6.8　边框重叠

图6.9　综合各方面设置

其最终的CSS部分代码如例6.3所示，读者可以根据自己的需要定制不同的CSS样式来配合不同的网站和数据需求。

【例6.3】（实例文件：第6章\6-3.html）

```
.datalist{
        border:1px solid #429fff;    /* 表格边框 */
        font-family:Arial;
        border-collapse:collapse;    /* 边框重叠 */
}
.datalist caption{
        padding-top:3px;
        padding-bottom:2px;
        font:bold 1.1em;
        background-color:#f0f7ff;
        border:1px solid #429fff;    /* 表格标题边框 */
}
.datalist th{
        border:1px solid #429fff;    /* 行、列名称边框 */
        background-color:#d2e8ff;
        font-weight:bold;
        padding-top:4px; padding-bottom:4px;
        padding-left:10px; padding-right:10px;
        text-align:center;
}
.datalist td{
        border:1px solid #429fff;    /* 单元格边框 */
        text-align:right;
        padding:4px;
}
```

6.2   表格实例一：隔行变色

当表格的行和列都很多，并且数据量很大的时候，单元格如果采用相同的背景色，用户在实际使用时会感到凌乱。通常的解决办法就是采用隔行变色，使得奇数行和偶数行的背景颜色不一样，达到数据一目了然的目的。实例的最终效果如图6.10所示。

在CSS中实现隔行变色十分简单，主要在于给偶数行的<tr>标记都添加上相应的类型，如下所示。

Name	Class	Birthday	Constellation	Mobile
isaac	W13	Jun 24th	Cancer	1118159
girlwing	W210	Sep 16th	Virgo	1307994
tastestory	W15	Nov 29th	Sagittarius	1095245
lovehate	W47	Sep 5th	Virgo	6098017
slepox	W19	Nov 18th	Scorpio	0658635
smartlau	W19	Dec 30th	Capricorn	0006621
whaler	W19	Jan 18th	Capricorn	1851918
shenhuanyan	W25	Jan 31th	Aquarius	0621827
tuonene	W210	Nov 26th	Sagittarius	0091704

图6.10   隔行变色

```
<tr class="altrow">
```

然后在CSS样式表中对偶数行进行单独的样式设置，主要是在配合整体设计协调的基础上，加深背景颜色等，部分代码如例6.4所示。

【例6.4】（实例文件：第6章\6-4.html）

```
.datalist{
        border:1px solid #0058a3;   /* 表格边框 */
        font-family:Arial;
        border-collapse:collapse;   /* 边框重叠 */
        background-color:#eaf5ff;   /* 表格背景色 */
        font-size:14px;
}
.datalist tr.altrow{
        background-color:#c7e5ff;  /* 隔行变色 */
}

<tr>                                        <!-- 奇数行 -->
        <td>isaac</td>
        <td>W13</td>
        <td>Jun 24th</td>
        <td>Cancer</td>
        <td>1118159</td>
</tr>
<tr class="altrow">                    <!-- 偶数行 -->
        <td>lovehate</td>
        <td>W47</td>
        <td>Sep 5th</td>
        <td>Virgo</td>
        <td>6098017</td>
</tr>
```

然后将所有的数据都按照奇数行和偶数行分类，最终得到隔行换颜色的效果，如图6.11所示。这种显示方法使得数据的表述尤其清晰，特别是在数据列很多的时候，该方法非常的实用。

经验之谈：

在实际网页中，这种隔行变色的效果通常是配合服务器动态生成的，在服务器上读取数据的时候做判断，读第1个数据的时候输出"<tr>"，读第2个数据的时候输出"<tr class="altrow">"，然后依次循环。

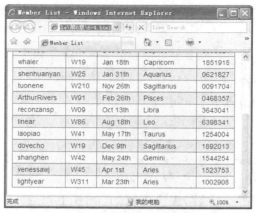

图6.11　隔行变色

6.3　表格实例二：鼠标经过时变色的表格

对于长时间审核大量数据和浏览表格的用户来说，即使是隔行变色的表格，阅读时间长了仍然会感到疲劳。如果数据行能够动态地根据鼠标来变色，就会使页面充满生机，并最大程度地减少用户疲倦。实例的最终效果如图6.12所示。

首先建立好整个表格，所有行的颜色不单独设置，统一采用表格本身的背景色。对于Firefox浏览器而言，仅仅通过CSS便可以实现该效果，为<tr>标记添加如下代码：

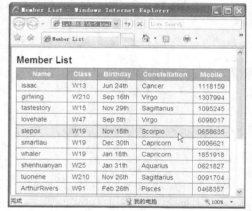

图6.12　动态变色

```
.datalist tr:hover, {
        background-color:#c4e4ff;  /* 动态变色 */
}
```

即直接调用<tr>标记的伪类别（Anchor Pseudo Classes）hover来实现动态的变色效果，如图6.13所示。关于伪类别在以后的章节中还将详细说明，这里读者可以先记住其用法。

而IE浏览器并不支持<tr>标记的伪类别，因此必须采用JavaScript动态的配合，为<tr>标记添加CSS类型如下：

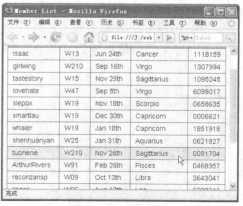

图6.13　Firefox直接使用伪类别

```
.datalist tr:hover, .datalist tr.altrow{
        background-color:#c4e4ff;  /* 动态变色 */
}
```

　　然后在</table>后添加JavaScript代码，以提取表格中的<tr>标记，并用函数判断鼠标指针是否移动到了某行上，如果移动到了某行上，则调用新的CSS属性使该行背景变色，核心部分代码如例6.5所示。

　　【例6.5】（实例文件：第6章\6-5.html）

```
<style>
<!--
.datalist{
        border:1px solid #0058a3;  /* 表格边框 */
        font-family:Arial;
        border-collapse:collapse;    /* 边框重叠 */
        background-color:#eaf5ff;  /* 表格背景色 */
        font-size:14px;
}
.datalist th{
        border:1px solid #0058a3;  /* 行名称边框 */
        background-color:#4bacff;  /* 行名称背景色 */
        color:#FFFFFF;              /* 行名称颜色 */
        font-weight:bold;
        padding-top:4px; padding-bottom:4px;
        padding-left:12px; padding-right:12px;
        text-align:center;
}
.datalist td{
        border:1px solid #0058a3;  /* 单元格边框 */
        text-align:left;
        padding-top:4px; padding-bottom:4px;
        padding-left:10px; padding-right:10px;
}
.datalist tr:hover, .datalist tr.altrow{
        background-color:#c4e4ff;  /* 动态变色 */
}
-->
</style>

<table class="datalist" summary="list of members in EE Studay">
        <tr>
                <td>isaac</td>
                <td>W13</td>
```

```
            <td>Jun 24th</td>
            <td>Cancer</td>
            <td>1118159</td>
        </tr>
</table>
<script language="javascript">
var rows = document.getElementsByTagName('tr');
for (var i=0;i<rows.length;i++){
        rows[i].onmouseover = function(){              //鼠标指针在行上面的时候
                this.className += 'altrow';
        }
        rows[i].onmouseout = function(){               //鼠标指针离开时
                this.className = this.className.replace('altrow','');
        }
}
</script>
</body>
</html>
```

本实例巧妙地采用JavaScript读取鼠标的状态，从而改变<tr>行的CSS属性，来实现背景颜色的动态变化，最终效果如图6.14所示。

smartlau	W19	Dec 30th	Capricorn	0006621
whaler	W19	Jan 18th	Capricorn	1851918
shenhuanyan	W25	Jan 31th	Aquarius	0621827
tuonene	W210	Nov 26th	Sagittarius	0091704
ArthurRivers	W91	Feb 26th	Pisces	0468357
reconzansp	W09	Oct 13th	Libra	3643041
linear	W86	Aug 18th	Leo	6398341
laopiao	W41	May 17th	Taurus	1254004
dovecho	W19	Dec 9th	Sagittarius	1892013
shanghen	W42	May 24th	Gemini	1544254
venessawj	W45	Apr 1st	Aries	1523753
lightyear	W311	Mar 23th	Aries	1002908

图6.14　动态变色

6.4　表格实例三：日历

日历是日常生活中必不可少的，而作为备忘录的日历在桌面和网络上都越来越流行。通过CSS设定表格的属性，可以很轻松地实现各种日历的效果。本节通过简单的实例，进一步掌握CSS控制表格的各种方法。实例的最终效果如图6.15所示，代码如例6.6所示。

首先按照传统的方法建立最简单的表格，包括建立表格的标题<caption>，以及利用<th>表示星期一到星期日，并给表格定义CSS类别，如下所示。

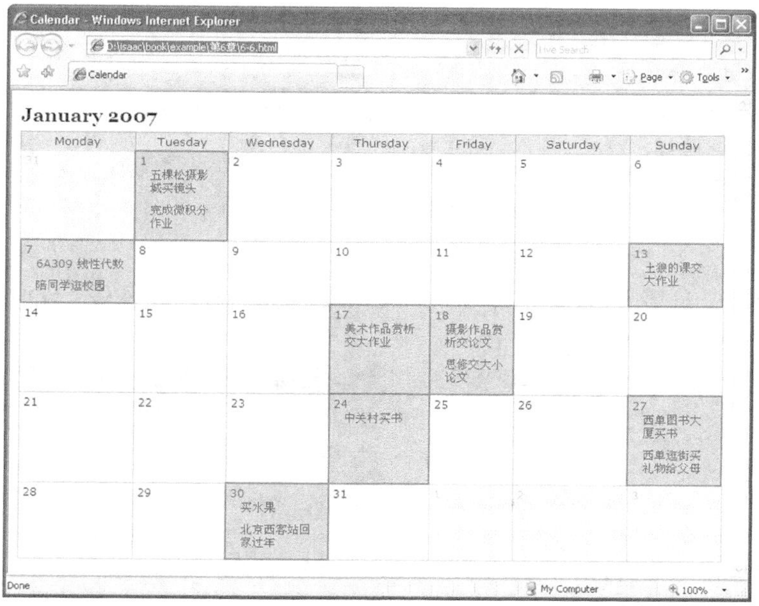

图6.15 日历

【例6.6】（实例文件：第6章\html）

```
<table class="clmonth" summary="Calendar for January 2007">
        <caption>January 2007</caption>
        <tr>
                <th scope="col">Monday</th>
                <th scope="col">Tuesday</th>
                <th scope="col">Wednesday</th>
                <th scope="col">Thursday</th>
                <th scope="col">Friday</th>
                <th scope="col">Saturday</th>
                <th scope="col">Sunday</th>
        </tr>
```

    每天的日程放在具体的单元格中，并且定义各种CSS类型，previous和next分别表示上个月和下个月的日期，active用来表示有具体安排的日子，以便后期用CSS高亮显示，示例代码如下：

```
    <tr>
                <td class="previous">31</td>
                <td class="active">1
        <ul>
                <li>五棵松摄影城买镜头</li>
                <li>完成微积分作业</li>
        </ul>
        </td>
```

135

```
        <td>2</td>
        <td>3</td>
        <td>4</td>
        <td>5</td>
        <td>6</td>
    </tr>
```

依次建立好整个日历表格后，便开始加入CSS属性控制其样式风格。此时还没有CSS控制的日历如图6.16所示。

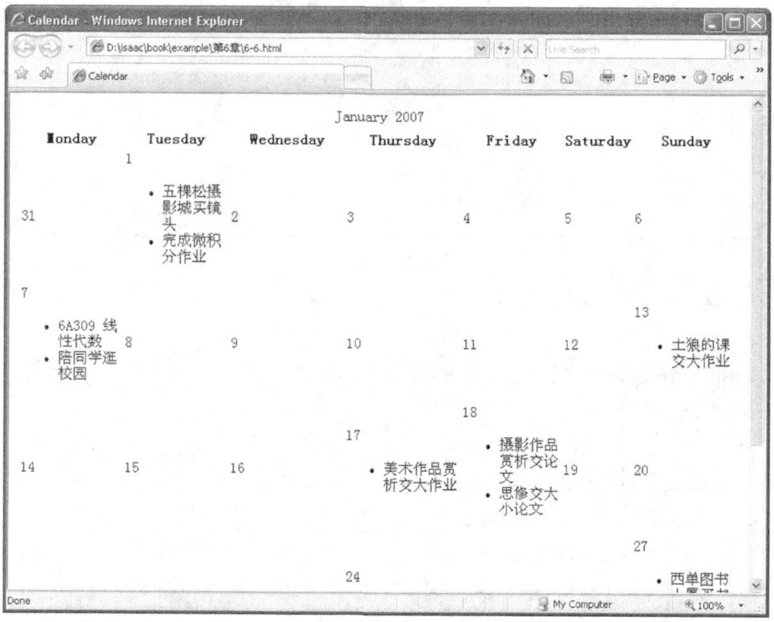

图6.16 未添加CSS的表格

在建立好表格的框架结构后，便开始编写CSS样式。首先添加对整个表格的控制，以及相应的<caption>、<th>和<td>，如下所示：

```
.clmonth {
        border-collapse: collapse;
        width: 780px;
}
.clmonth caption {
        text-align: left;
        font: bold 130% Georgia, "Times New Roman";
        padding-bottom: 6px;
}
.clmonth th {
        border: 1px solid #999999;
        border-bottom: none;
```

```
        padding: 2px 8px 2px 8px;
        background-color: #D3D2A0;
        color: #2F2F2F;
        font: 80% Verdana, Geneva, Arial, Helvetica, sans-serif;
        width: 110px;
}
.clmonth td {
        border: 1px solid #AFAFAF;
        font: 80% Verdana, Geneva, Arial, Helvetica, sans-serif;
        padding: 2px 4px 2px 4px;
        vertical-align: top;
}
```

此时的表格已经初见效果，表格和单元格的边框，以及列名称中各个星期的样式都不再显得单调，如图6.17所示。

图6.17 控制标题、单元格等

然后对日程安排中的事情列表进行CSS控制，清除每个事件前面的小圆点，事件与事件之间添加一些空隙，如下所示：

```
.clmonth ul {
        list-style-type: none;
        margin: 0;
        padding-left: 12px;
        padding-right: 6px;
}
.clmonth li {
```

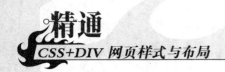

```
    margin-bottom: 8px;
}
```

此时表格的样式结构已经基本定型，如图6.18所示。除了事件部分的单元格不够突出，以及上月的日期和下个月的日期没有单独标注出来外，整个日历的风格已经基本统一、协调。

图6.18　设定事件列表

最后为上个月的日期previous、下个月的日期next和有日程安排的日期active等3个特殊的类别添加CSS样式，目的在于给整个日历添彩，如下所示：

```
.clmonth td.previous, .clmonth td.next {
    background-color: #F5F4E6;
    color: #A6A6A6;
}
.clmonth td.active {
    background-color: #B1CBE1;
    color: #2B5070;
    border: 2px solid #4682B4;
}
```

非本月的日期以及有日程安排的高亮单元格如图6.19所示，于是整个日历设计完毕，各类日期之间得到了很好的区分，最终效果如图6.20所示。

本实例的完整代码在光盘的"第6章\6-6.html"文件中，读者可以自己参考，这里不全部列举了。读者也可以根据自己的风格和喜好，或者根据网站本身的需要定制自己的CSS样式，来实现各种日历效果。

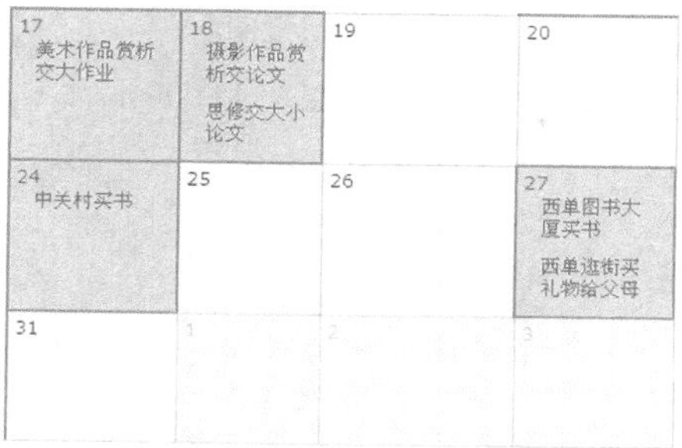

図6.19　特殊的单元格

图6.20　最终的日历效果

6.5　CSS与表单

表单是网页与用户交互所不可缺少的元素，在传统的HTML中对表单元素的样式控制很少，仅仅局限于功能上的实现。本节围绕CSS控制表单进行详细介绍，包括表单中各个元素的控制，与表格配合制作各种效果，等等。

6.5.1　表单中的元素

表单中的元素很多，包括常用的输入框、文本框、单选项、复选框、下拉菜单和按钮等，图6.21是一个没有经过任何修饰的表单，包括最简单的输入框、下拉菜单、单选项、复选框、文本框和按钮等。

该表单的源码如下所示，主要包括<form>、<input>、<textarea>、<select>和<option>等几个标记，没有经过任何CSS修饰。

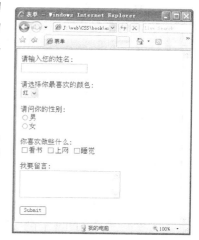

图6.21　普通表单

```
<form method="post">
<p>请输入您的姓名:<br><input type="text" name="name" id="name"></p>
<p>请选择你最喜欢的颜色:<br>
<select name="color" id="color">
        <option value="red">红</option>
        <option value="green">绿</option>
        <option value="blue">蓝</option>
        <option value="yellow">黄</option>
        <option value="cyan">青</option>
        <option value="purple">紫</option>
</select></p>
<p>请问你的性别:<br>
        <input type="radio" name="sex" id="male" value="male">男<br>
        <input type="radio" name="sex" id="female" value="female">女</p>
<p>你喜欢做些什么:<br>
        <input type="checkbox" name="hobby" id="book" value="book">看书
        <input type="checkbox" name="hobby" id="net" value="net">上网
        <input type="checkbox" name="hobby" id="sleep" value="sleep">睡觉</p>
<p>我要留言:<br><textarea name="comments" id="comments" cols="30" rows="4"></textarea></p>
<p><input type="submit" name="btnSubmit" id="btnSubmit" value="Submit"></p>
</form>
```

下面直接利用CSS对标记的控制，对整个表单添加简单的样式风格，包括边框、背景色、宽度和高度等，如例6.7所示。

【例6.7】（实例文件：第6章\6-7.html）

```
form {
        border: 1px dotted #AAAAAA;
        padding: 3px 6px 3px 6px;
        margin:0px;
        font:14px Arial;
}
input {
        color: #00008B;
        background-color: #ADD8E6;
        border: 1px solid #00008B;
}
select {
        width: 80px;
        color: #00008B;
        background-color: #ADD8E6;
        border: 1px solid #00008B;
```

```
}
textarea {
        width: 200px;
        height: 40px;
        color: #00008B;
        background-color: #ADD8E6;
        border: 1px solid #00008B;
}
```

此时表单看上去就不那么单调了。不过仔细观察会发现单选项和复选框对于边框的显示效果，在浏览器IE和Firefox中有明显的区别，如图6.22所示。

图6.23中显示的在两种浏览器中的显示区别，主要在于在IE中的单选项和复选框都有边框，而在Firefox中则没有，因此在设计表单时通常的方法还是给具体的各项添加类别属性，进行单独的设置，如例6.8所示。

【例6.8】（实例文件：第6章\6-8.html）

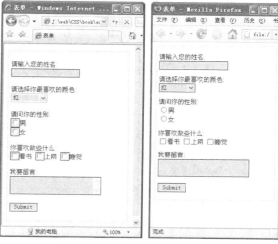

图6.22　简单的CSS样式风格

```
form{
        border: 1px dotted #AAAAAA;
        padding: 1px 6px 1px 6px;
        margin:0px;
        font:14px Arial;
}
input{                                        /* 所有input标记 */
        color: #00008B;
}
input.txt{                                    /* 文本框单独设置 */
        border: 1px inset #00008B;
        background-color: #ADD8E6;
}
input.btn{                                    /* 按钮单独设置 */
        color: #00008B;
        background-color: #ADD8E6;
        border: 1px outset #00008B;
        padding: 1px 2px 1px 2px;
}
```

```
<form method="post">
<p>请输入您的姓名:<br><input type="text" name="name" id="name" class="txt"></p>
......
<p>我 要 留 言 :<br><textarea name="comments" id="comments" cols="30" rows="4"
class="txtarea"></textarea></p>
<p><input type="submit" name="btnSubmit" id="btnSubmit" value="Submit" class="btn"></p>
```

经过单独的CSS类型设置,两个浏览器的显示效果已经基本一致了,如图6.23所示。这种方法在实际设计中经常使用,读者可以举一反三。

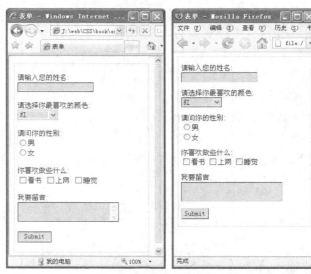

图6.23 单独设置各个元素

经验之谈:
各个浏览器之间显示的差异通常都是因为各浏览器对部分CSS属性的默认值不同导致的,通常的解决办法就是指定该值,而不让浏览器使用默认值。

6.5.2 像文字一样的按钮

按钮之所以被称之为"按钮",并不是因为它的形状,而是因为它的功能。通过CSS设置,可以将按钮变成跟普通文字一样。这种效果在网页上也随处可见,如图6.24所示。

首先跟普通的表单一样,定义<form>、<input>等标记,并设置相应的类型,以便通过CSS控制其样式,如下所示:

图6.24 像文字一样的按钮

```
<body>
<form method="post">
    请输入您的信息: <input type="text" name="name" id="name" class="txt">
    <input type="submit" name="btnSubmit" id="btnSubmit" value="Submit>>" class="btn">
</form>
</body>
```

此时页面的效果如图6.25所示，与普通的表单完全一样，一个待输入的输入框加上一个提交的按钮。

然后给表单的元素添加CSS样式，关键在于将按钮的背景颜色设置为透明"transparent"，这样无论页面body的背景颜色如何修改，按钮的背景色都会发生相应的变化。接下来再将按钮的边框设置为0，CSS部分代码如例6.9所示。

图6.25　普通表单

【例6.9】（实例文件：第6章\6-9.html）

```
<style>
<!--
body{
        background-color:#daeeff;                    /* 页面背景色 */
}
form{
        margin:0px; padding:0px;
        font:14px;
}
input{
        font:14px Arial;
}
.txt{
        border-bottom:1px solid #005aa7;             /* 下划线效果 */
        color:#005aa7;
        border-top:0px; border-left:0px;
        border-right:0px;
        background-color:transparent;                /* 背景色透明 */
}
.btn{
        background-color:transparent;                /* 背景色透明 */
        border:0px;                                  /* 边框取消 */
}
-->
</style>
```

在设置按钮和文本框的背景色为透明之后，两者都会将自己的背景色调整为跟页面背景色相一致，再配合文本框的下划线效果，按钮就显得十分自然了，如图6.26所示。

图6.26　最终效果

经验之谈：

　　这种将按钮边框隐藏的思想与采用<table>标记对页面排版的思路是类似的，都是将元素的边框隐藏，从而直接利用其内容的特性。类似这样的运用还有很多，读者可以举一反三，多多实践。

6.5.3　七彩的下拉菜单

CSS不仅可以控制下拉菜单的整体字体和边框等，对于下拉菜单中的每一个选项同样可以设置背景色和文字颜色。对于下拉选项很多必须加以进一步分类的时候，这种方法十分的奏效，对于选择颜色更是得心应手。用户甚至可以不需要懂得很多有关颜色的英文单词，就能通过视觉直接在国外网站上进行选择。实例效果如图6.27所示。

图6.27　七彩的下拉菜单

首先建立相关的HTML部分，包括表单、下拉菜单、各个选项和按钮等，并且为每一个下拉选项指定一个相应的CSS类型，如下所示。

```
<form method="post">
        <p><label for="color">Select your favorite color:</label>
        <select name="color" id="color">
                <option value="">Select One</option>
                <option value="blue" class="blue">blue</option>
                <option value="red" class="red">red</option>
                <option value="green" class="green">green</option>
                <option value="yellow" class="yellow">yellow</option>
                <option value="cyan" class="cyan">cyan</option>
```

```
                <option value="purple" class="purple">purple</option>
        </select></p>
        <p><input type="submit" name="btnSubmit" id="btnSubmit" value="Send!"></p>
</form>
```

此时下拉菜单与普通的下拉菜单一样，所有下拉选项显示相同的颜色风格，如图6.28所示，对于英文不熟练的用户则很难做出正确选择。

图6.28　普通下拉菜单

然后给每一个下拉选项都添加相应的CSS样式，主要是文字颜色和背景颜色的设置，CSS部分如例6.10所示。

【例6.10】（实例文件：第6章\6-10.html）

```
.blue{
        background-color:#7598FB;
        color: #000000;
}
.red{
        background-color:#E20A0A;
        color: #ffffff;
}
.green{
        background-color:#3CB371;
        color: #ffffff;
}
.yellow{
        background-color:#FFFF6F;
        color: #000000;
}
.cyan{
        background-color:00FFFF;
        color:#000000;
}
.purple{
```

```
    background-color:800080;
    color:#FFFFFF;
}
```

通过为每一个下拉选项都设置CSS样式之后，各个选项的背景颜色都变成了其文字所描述的颜色本身，而文字颜色则选取了与背景色有一定反差的色彩，以便浏览。实例的最终效果如图6.29所示。

图6.29　最终效果

6.6　综合实例一：直接输入的Excel表格

作为企事业单位的各种年度报表，数据量往往都很大，如果也都像普通表单一样逐项填写，势必造成网页的冗长。而在本地机器操作时采用Excel表格一直广受好评，通过CSS控制，结合表格和表单，便能轻松实现类似的效果，如图6.30所示。

图6.30　直接输入的Excel表格

首先将整个表单用表格进行排版，行和列分别一一对应，每一个单元格都有一个<input>输入框，示例代码如下所示。相当于建立了一个8行5列的表格，其中除了行和列的名称所占的单元格之外，其余的单元格均用于输入，此时的效果如图6.31所示。

```
<form method="post">
<table class="formdata">
<caption>公司销售统计表 2004~2007</caption>
<tr>
<th></th>
<th scope="col">2004</th>
<th scope="col">2005</th>
<th scope="col">2006</th>
<th scope="col">2007</th>
</tr>
<tr>
<th scope="row">硬盘(Hard Disk)</th>
        <td><input type="text" name="harddisk2004" id="harddisk2004"></td>
        <td><input type="text" name="harddisk2005" id="harddisk2005"></td>
        <td><input type="text" name="harddisk2006" id="harddisk2006"></td>
        <td><input type="text" name="harddisk2007" id="harddisk2007"></td>
</tr>
……
</table>
<p><input type="submit" name="btnSubmit" id="btnSubmit" value="Add Data" class="btn">
<input type="reset" value="Reset All" class="btn"></p>
</form>
```

图6.31 输入表格

建立好整个表格后开始为表格和表单分别设置CSS样式，总体的思路在于整个表格的风格用<table>及其相关标记体现，而将表单中的输入框设置为"不可见"。首先设置表格的样式，如下所示（6-11.html）：

```
table.formdata{
        border:1px solid #5F6F7E;
        border-collapse:collapse;
```

```
        font-family:Arial;
}
table.formdata caption{
        text-align:left;
        padding-bottom:6px;
}
table.formdata th{
        border:1px solid #5F6F7E;
        background-color:#E2E2E2;
        color:#000000px;
        text-align:left;
        font-weight:normal;
        padding:2px 8px 2px 6px;
        margin:0px;
}
table.formdata td{
        margin:0px;
        padding:0px;
        border:1px solid #ABABAB;          /* 单元格边框 */
}
```

此时的显示效果如图6.32所示，整个表格的风格除了单元格中的输入框外，其余部分已经非常接近Excel表格了。

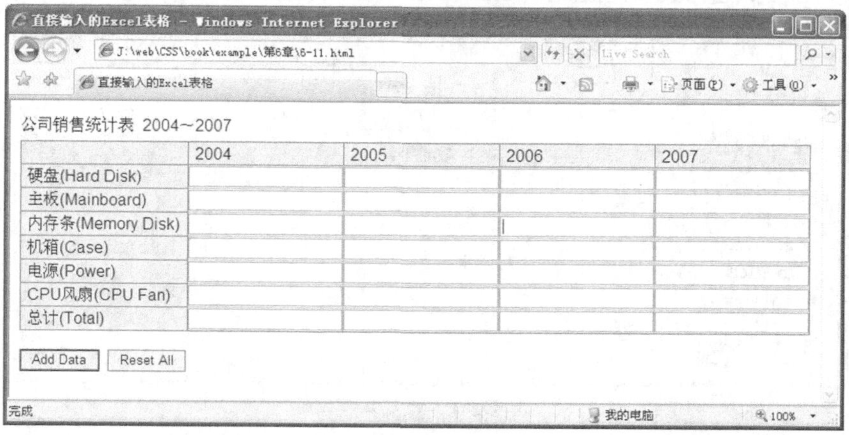

图6.32　表格的样式风格

接下来设置表单的样式，主要在于将各个单元格中的输入框隐藏起来，因此设置输入框的边框为"none"，如下所示：

```
table.formdata input{
        width:100px;
        padding:1px 3px 1px 3px;
```

```
        margin:0px;
        border:none;                          /* 输入框不要边框 */
        font-family:Arial;
}
.btn{
        border:1px solid #0083f2;
        font-family:Arial;
}
```

此时整个统计表看上去便跟Excel表格基本一致，而且在网上可以直接输入数据并提交，如图6.33所示。

图6.33 最终效果

6.7 综合实例二：模仿新浪网民调查问卷

门户网站上的新闻和事实往往都伴随着各种各样的调查问卷，包括事实的评论、舆论的反馈和事态的预测等。这些调查问卷都离不开表格与表单的配合使用。本例通过简单模拟新浪的调查问卷，进一步熟练CSS控制表格和表单的方法。

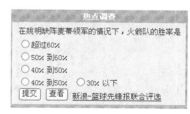

图6.34所示的是新浪网上关于姚明的热点调查，本例通过简单的表格和表单的配合，模拟该调查问卷的效果。

图6.34 新浪网的调查问卷

跟其他实例的方法类似，首先建立HTML框架结构。考虑到该调查问卷分为内外两层，外层为橘红色，内层为新浪的标志色黄色，因此采用表格的相互嵌套，如下所示。

```
<body>
<table class="outside">
        <tr><td class="title">热点调查</td></tr>
        <tr><td class="tdoutside">
```

```
                    <form method="post">
                    <table class="inside" cellspacing="0">
                              <tr>
                                        <td class="tdinside">
                                        在姚明缺阵麦蒂领军的情况下，火箭队的胜率是<br>
                                        <input type="radio" name="q_498" value="2749">超过60%<br>
                                        <input type="radio" name="q_498" value="2750">50%到60%<br>
                                        <input type="radio" name="q_498" value="2751">40%到50%<br>
                                        <input type="radio" name="q_498" value="2752">40%到50%
                                        <input type="radio" name="q_498" value="2753">30%以下<br>
                                        <input type="submit" value="提交">
                                        <input type="button" name="viewresult" value="查看"> <a href="#">
新浪-篮球先锋报联合评选</a>
                                        </td>
                              </tr>
                    </table>
                    </form>
          </td></tr>
</table>
</body>
```

在外层表格中设置标题"热点调查"，内层表格则是具体的表单，同时给内外表格以及单元格都设置CSS类别，此时的效果如图6.35所示。

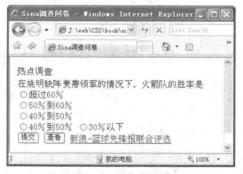

图6.35　调查表框架

为外层表格添加CSS样式，包括橘黄色的背景图片、文字大小和标题样式等，如下所示（6-12.html），此时的效果如图6.36所示。

```
table.outside{                                          /* 外层表格 */
       background:url(bg1.jpg);
       font-size:12px;
       padding:0px;
}
```

```
td.title{                                    /* 表格标题 */
        color:#FFFFFF;
        font-weight:bold;
        text-align:center;
        padding-top:3px;
        padding-bottom:0px;
}
td.tdoutside{
        padding:0px 1px 4px 1px;
}
```

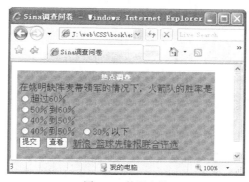

图6.36　外层表格

　　然后再调整内存表格的样式，包括文字样式、背景颜色、表单的按钮和单选项等，代码如下，效果如图6.37所示。

```
table.inside{                                /* 内层表格 */
        width:269px;
        font-size:12px;
        padding:0px;
        margin:0px;
}
td.tdinside{
        padding:7px 0px 7px 10px;
        background-color:#FFD455;
}
form{
        margin:0px; padding:0px;
}
input{
        font-size:12px;
}
```

图6.37　内层表格

最后再调整"查看"按钮后面的超链接的样式属性，代码如下所示：

```
a{
    color:#000000;
    text-decoration:underline;
}
```

这样一个新浪网站上的调查问卷便制作完毕了，最终效果如图6.38所示。像这种调查问卷在网上屡见不鲜，读者可以根据需求举一反三，制作自己的问卷。

图6.38　最终效果

精通

CSS+DIV 网页样式与布局

第 7 章

用CSS设置页面
和浏览器的元素

网页中除了上面章节中提到的文字、图片、表格和表单等元素之外还有许多其他元素，例如超链接、鼠标和滚动条等。这些元素无疑使得整个网络更加丰富多彩。本章主要介绍网页中这些元素的CSS效果，配合前面章节的内容，使得网页更吸引人。

7.1 丰富的超链接特效

超链接是网页上最普通不过的元素，通过超链接能够实现页面的跳转、功能的激活等，因此超链接也是与用户打交道最多的元素之一。本节主要介绍超链接的各种效果，包括超链接的各种状态、伪属性和按钮特效等。

7.1.1 动态超链接

在HTML语言中，超链接是通过标记<a>来实现的，链接的具体地址则是利用<a>标记的href属性，如下所示：

```
<a href="http://isaac.thuee.net">isaac的博客</a>
```

在默认的浏览器浏览方式下，超链接统一为蓝色并且有下划线，被点击过的超链接则为紫色并且也有下划线，如图7.1所示。

图7.1 普通的超链接

显然这种传统的超链接样式完全无法满足广大用户的需求。通过CSS可以设置超链接的各种属性，包括前面章节提到的字体、颜色和背景等，而且通过伪类别还可以制作很多动态效果，首先用最简单的方法去掉超链接的下划线，如下所示：

```
a{                        /* 超链接的样式 */
    text-decoration:none;    /* 去掉下划线 */
}
```

此时的页面效果如图7.2所示，无论是超链接本身，还是点击过的超链接，下划线都被去掉了，除了颜色以外，与普通的文字没有多大区别。

图7.2　没有下划线的超链接

仅仅如上面所述的，通过设置标记<a>的样式来改变超链接，并没有太多动态的效果，下面来介绍利用CSS的伪类别（Anchor Pseudo Classes）来制作动态效果的方法，具体属性设置如表7.1所示。

表7.1　　　　　　　　　　可制作动态效果的CSS伪类别属性

属　　性	说　　明
a:link	超链接的普通样式，即正常浏览状态的样式
a:visited	被点击过的超链接的样式
a:hover	鼠标指针经过超链接上时的样式
a:active	在超链接上单击时，即"当前激活"时，超链接的样式

CSS就是通过以上4个伪类别，再配合各种属性风格制作出千变万化的动态超链接。首先以5.3节中的"个人主页"为例，介绍其制作方法。加入CSS动态超链接的效果如图7.3所示。

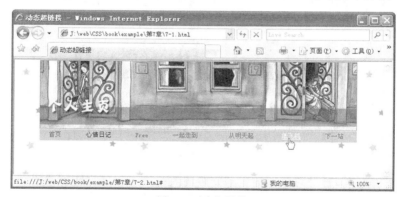

图7.3　动态超链接

其中CSS控制超链接的部分代码如例7.1所示，包括了对超链接本身、被访问过的超链接，以及鼠标指针经过时的超链接进行了样式的修饰。

【例7.1】（实例文件：第7章\7-1.html）

```
a:link{                              /* 超链接正常状态下的样式 */
        color:#005799;               /* 深蓝 */
        text-decoration:none;        /* 无下划线 */
}
a:visited{                           /* 访问过的超链接 */
        color:#000000;               /* 黑色 */
        text-decoration:none;        /* 无下划线 */
```

```
}
a:hover{                                         /* 鼠标指针经过时的超链接 */
        color:#FFFF00;                           /* 黄色 */
        text-decoration:underline;               /* 下划线 */
}

<table width="600px" cellpadding="2" cellspacing="2" class="chara1" align="center">
        <tr>
                <td><a href="#">首页</a></td>
                <td><a href="#">心情日记</a></td>
                <td><a href="#">Free</a></td>
                <td><a href="#">一起走到</a></td>
                <td><a href="#">从明天起</a></td>
                <td><a href="#">纸飞机</a></td>
                <td><a href="#">下一站</a></td>
        </tr>
</table>
```

从例7.1的显示效果也可以看出，超链接本身都变成了深蓝色，且没有下划线。而点击过的超链接变成了黑色，同样没有下划线。当鼠标指针经过时，超链接则变成了黄色，而且出现了下划线，如图7.4所示。

图7.4 超链接的各个状态

不单是文字的效果，各种背景、边框和排版的效果都可以随意加入到超链接的几个伪属性中，从而得到各式各样的效果。

技术背景：
　　当前激活状态"a:active"一般被显示的情况非常少，因此很少使用。因为当用户单击一个超链接之后，焦点很容易就会从这个链接上转移到其他地方，例如新打开的窗口等，此时该超链接就不再是"当前激活"状态了。

7.1.2　按钮式超链接

很多网页上的超链接都制作成各种按钮的效果，这些效果大都采用了各种图片。本节仅仅通过CSS的普通属性来模拟按钮的效果，如图7.5所示。

图7.5 按钮式超链接

首先跟所有HTML页面一样，建立最简单的菜单结构，本例直接采用<a>标记排列的形式，代码如下所示：

```
<body>
        <a href="#">首页</a>
        <a href="#">心情日记</a>
        <a href="#">学习心得</a>
        <a href="#">工作笔记</a>
        <a href="#">生活琐碎</a>
        <a href="#">其他</a>
</body>
```

此时页面的效果如图7.6所示，仅是几个普通的超链接堆砌。

图7.6 普通超链接

然后对<a>标记进行整体控制，同时加入CSS的3个伪属性。对于普通超链接和点击过的超链接采用同样的样式，并且利用边框的样式模拟按钮效果。而对于鼠标指针经过时的超链接，相应地改变文字颜色、背景色、位置和边框，从而模拟出按钮"按下去"的特效，如例7.2所示。

【例7.2】（实例文件：第7章\7-2.html）

```
<style>
<!--
a{                                              /* 统一设置所有样式 */
        font-family: Arial;
        font-size: .8em;
        text-align:center;
        margin:3px;
}
a:link, a:visited{                              /* 超链接正常状态、被访问过的样式 */
        color: #A62020;
```

```
        padding:4px 10px 4px 10px;
        background-color: #ecd8db;
        text-decoration: none;
        border-top: 1px solid #EEEEEE;              /* 边框实现阴影效果 */
        border-left: 1px solid #EEEEEE;
        border-bottom: 1px solid #717171;
        border-right: 1px solid #717171;
}
a:hover{                                            /* 鼠标经过时的超链接 */
        color:#821818;                              /* 改变文字颜色 */
        padding:5px 8px 3px 12px;                   /* 改变文字位置 */
        background-color:#e2c4c9;                   /* 改变背景色 */
        border-top: 1px solid #717171;              /* 边框变换，实现"按下去"的效果 */
        border-left: 1px solid #717171;
        border-bottom: 1px solid #EEEEEE;
        border-right: 1px solid #EEEEEE;
}
-->
</style>
```

在例7.2中首先设置了<a>属性的整体样式，即超链接所有状态下通用的样式，然后通过对3个伪属性的颜色、背景色和边框的修改，从而模拟了按钮的特效，最终显示效果如图7.7所示。

图7.7　最终效果

7.1.3　浮雕式超链接

除了背景颜色和边框等传统CSS样式，如果将背景图片也加入到超链接的伪属性中，就可以制作出更多绚丽的效果。本例即通过超链接背景图片的变换，实现浮雕的效果，如图7.8所示。

图7.8　浮雕式超链接

158

（1）首先用<table>标记搭建整个HTML框架，加入Banner图片、页面背景颜色和超链接的排列等，并且为两个表格添加CSS类别，以便设置样式，代码如下所示。

```
body{
        padding:0px;
        margin:0px;
        background-color:#f5eee1;
}

<body>
<table cellpadding="0" cellspacing="0" class="banner">
        <tr><td><img src="banner1_left.jpg" border="0"></td></tr>
</table>
<table cellpadding="0" cellspacing="0" class="links">
        <tr><td><a href="#">首页导读</a><a href="#">在线用户</a><a href="#">查询网友</a><a
href="#">在线好友</a><a href="#">好友名单</a><a href="#">查看讯息</a><a href="#">发送讯息
</a></td></tr>
</table>
</body>
```

（2）按照例5.6中的方法，制作背景渐变的Banner图片，如图7.9所示，并给Banner所在的<table>标记添加水平方向重复的背景，代码如下所示。

```
table.banner{
        background:url(banner1_bg.jpg) repeat-x;
        width:100%;
}
```

图7.9　Banner图片

（3）制作浮雕的背景（宽度可以是1px），作为超链接所在行的背景（制作方法稍后讲解），如图7.10所示。同样设置为水平方向重复，代码如下所示。

```
table.links{
        background:url(button1_bg.jpg) repeat-x;
        font-size:12px;
```

```
        width:100%
}
```

图7.10　浮雕背景

（4）制作一个宽度固定的按钮图片（这里为80px，button1.jpg），与图7.9完全一样，但是最左边有一道白色的竖线，作为按钮的背景图片，并添加到统一设置的<a>属性样式中，代码如下所示。

```
a{
        width:80px; height:32px;
        padding-top:10px;
        text-decoration:none;
        text-align:center;
        background:url(button1.jpg) no-repeat;          /* 超链接背景图片 */
}
```

以上代码设置了超链接的高度和宽度等统一参数，此时页面的超链接部分如图7.11所示，可以看到作为按钮背景图片的button1.jpg，其左边的白竖线实现了按钮分割的效果。

图7.11　添加按钮背景

（5）用同样的方法再制作一个宽度跟button1.jpg一样，但是背景为深色浮雕的图片button2.jpg，图片最左边同样有竖直的白线，将其作为鼠标指针经过超链接时的背景，如图7.12所示，并且给超链接添加CSS伪类别，修改相应的文字颜色，如例7.3所示。

【例7.3】（实例文件：第7章\7-3.html）

```
a{
        width:80px; height:32px;
        padding-top:10px;
        text-decoration:none;
        text-align:center;
        background:url(button1.jpg) no-repeat;              /* 超链接背景图片 */
}
a:link{color:#654300;}
a:visited{color:#654300;}
a:hover{
```

```
        color:#FFFFFF;
        text-decoration:none;
        background:url(button2.jpg) no-repeat;              /* 变换背景图片 */
}
```

图7.12　变换背景图片

（6）通过变换鼠标指针经过超链接时的背景图片，就实现了超链接浮雕的效果，如图7.13所示。读者还可以根据自己的需要，制作各式的背景图片，从而实现各种不同的效果。

图7.13　最终效果

另外需要指出，在本例中所采用的方法在Firefox中的显示效果并不理想，如图7.14所示。原因在于Firefox不支持直接设置<a>标记的高度和宽度。如果希望能在所有的浏览器中都显示同样的浮雕效果，必须采用<ul>和<li>等项目列表的标记，这在第8章中将会详细介绍，本例的侧重点在于变换背景图片的设计思路。

图7.14　Firefox中支持得不理想

下面简单讲解如图7.10所示的浮雕背景的制作方法。

（1）首先在Photoshop中画一个"80×32"大小的矩形，然后选择一种合适的前景颜色（#f5c875）进行填充，填充使用快捷键"Alt+Delete"，效果如图7.15所示。

（2）新建一个图层，并将其命名为"白色光"，用矩形选择工具在矩形上端选择出一个横条的区域，用白色进行填充，如图7.16所示。

 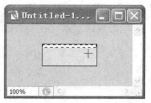

图7.15 填充背景颜色　　　　图7.16 用白色填充上端

（3）在任意位置单击以取消选区，然后选择菜单栏的"滤镜→模糊→高斯模糊"命令，给该图层添加高斯模糊滤镜，设置半径为"5.0"，如图7.17所示。

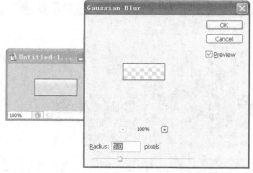

图7.17 添加高斯模糊

（4）单击"OK"按钮确认后，在图层面板中将该"白色光"图层的透明度设置为"90%"，如图7.18所示。

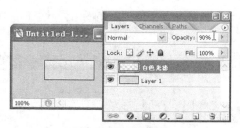

图7.18 设置透明度

（5）用同样的方法再新建一个图层，并将其命名为"深色影"。用矩形选择工具在矩形下端选择出一个横条的区域，用深色（这里选择# b57500，读者可自己调整）进行填充，如图7.19所示。

图7.19 用深色填充下端

162

（6）在任意位置单击以取消选区，然后选择菜单栏的"滤镜→模糊 →高斯模糊"命令，给该图层也添加高斯模糊滤镜，设置半径为"5.0"，如图7.20所示。

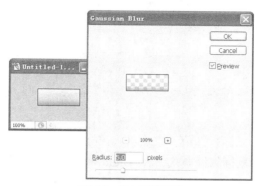

图7.20　添加高斯滤镜

经验之谈：
再次添加高斯滤镜时，如果之前没有使用过其他滤镜，可以直接利用快捷键"Ctrl+F"，重复运用上一个滤镜效果。

（7）单击"OK"按钮确认高斯模糊后，在图层面板将该"深色影"图层的透明度设置为"90％"，如图7.21所示。

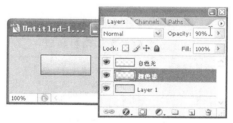

图7.21　设置透明度

这样整个浮雕效果的按钮就制作完成了，按钮效果如图7.22所示，读者可参考光盘中的PSD文件"第7章\button.psd"。

图7.22　浮雕效果

7.2　鼠标特效

通常在浏览网页时，看到的鼠标指针的形状有箭头、手形和I字形，而通常在Windows环境下实际看到的鼠标指针种类要比这个多得多。CSS弥补了HTML语言在这方面的不足，通过cursor属性可以设置各式各样的鼠标指针样式。

7.2.1 CSS控制鼠标箭头

CSS控制鼠标主要是通过cursor属性来实现的，该属性可以在任何标记里使用，从而可以改变各种页面元素的鼠标效果，如下所示：

```
body{
        cursor:pointer;
}
```

pointer是一个很特殊的鼠标指针值，它表示将鼠标设置为被激活的状态，即鼠标指针经过超链接时，该浏览器默认的鼠标指针样式，在Windows中通常显示为手的形状。在例7.1中如果添加了以上语句，页面中任何位置的鼠标指针都将呈现手的形状，如图7.23所示。

图7.23 鼠标指针变幻

上例中由于给<body>标记设置了cursor属性，因此鼠标指针即使位于页面的空白处，都变成了手的形状。除了pointer之外，cursor还有很多定制好了的鼠标指针效果，如表7.2所示。

表7.2   cursor定制的鼠标指针效果

属性值	指针说明	属性值	指针说明
auto	浏览器的默认值	nw-resize	↖
crosshair	＋	se-resize	↖
default	↖	s-resize	↕
e-resize	↔	sw-resize	↗
help	↖?	text	I
move	✥	wait	⧗
ne-resize	↗	w-resize	↔
n-resize	↕	hand	☝
all-scroll	✛	col-resize	‖
no-drop	☝	not-allowed	⊘
progress	↖⧗	row-resize	╪
vertical-text	⊢⊣		

以上列表中的鼠标指针样式，仅以Windows XP SP2中的IE 7为例，不同的机器或者操作系统可能存在差异，读者可以根据需要适当选用。

技术背景：

　　很多时候，浏览器调用的鼠标是操作系统的鼠标效果，因此同一用户浏览器之间的差别很小，但不同操作系统的用户之间还是存在差异的。

7.2.2　鼠标变幻的超链接

学习了7.1节和7.2.1小节的内容，便可以轻松制作出鼠标指针样式变幻的超链接效果，下面来做一个综合实例，最终效果如图7.24所示，当鼠标指针经过"帮助"超链接时，就变成了箭头加问号的效果。

图7.24　鼠标指针变幻的超链接

首先与例7.3一样，制作类似的浮雕式超链接效果，如图7.25所示，具体方法这里不再重复，读者可自己参考光盘中的"第7章\7-4.html"实例。

图7.25　浮雕式超链接

为"帮助"按钮单独添加CSS类别，以便单独控制其CSS样式，HTML的相应代码如下所示：

```
<table cellpadding="0" cellspacing="0" class="links">
    <tr><td><a href="#">首页导读</a><a href="#">推荐版面</a><a href="#">推荐文章</a><a href="#">收藏夹</a><a href="#">我的信箱</a><a href="#">休闲娱乐</a><a href="#" class="help">帮助</a></td></tr>
</table>
```

可以看到为"帮助"链接的\<a>标记单独添加了""class="help""的CSS类别。接着设置超链接的CSS伪类别，并单独设置"帮助"按钮当鼠标指针经过时的样式，如例7.4所示。

【例7.4】（实例文件：第7章\7-4.html）

```
a{
        width:80px; height:32px;
        padding-top:10px;
        text-decoration:none;
        text-align:center;
        background:url(button3.jpg) no-repeat;          /* 超链接背景图片 */
}
a:link, a visited{color:#2d2d26;}
a:hover{
        color:#FFFFFF;
        text-decoration:none;
        background:url(button4.jpg) no-repeat;          /* 变换背景图片 */
}
a.help:hover{                                           /* "帮助"按钮的样式 */
        cursor:help;                                    /* 变幻鼠标形状 */
}
```

通过单独设置"帮助"按钮的hover伪类别，便实现了当鼠标指针经过该按钮时，变成了箭头加问号的特殊效果，如图7.26所示。

图7.26 鼠标特效

7.3 页面滚动条

当页面的内容比较多，浏览器中的窗口或者子窗口在一屏内显示不完全时，就会出现滚动条，供读者翻页。对于IE浏览器，可以单独设置滚动条的样式，从而使其更加符合网站的整体设计。本节重点讲解滚动条的组成，以及相关的CSS属性。

滚动条主要由3dlight、highlight、face、arrow、shadow和darkshadow几个部分组成，如图7.27所示。其中3dlight和highlight均为高亮部分，都只有1个像素宽，3dlight在外，highlight在里，形成了立体效果。shadow和darkshadow也是同样的道理，shadow在里，darkshadow在外。而hightlight和face在没有箭头或者拖动块的部分是交错的。

在CSS中可以分别设置以上各个块的颜色，具体如例7.5中的各个CSS属性所示。读者如果

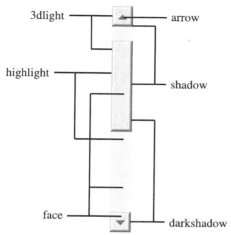

图7.27　滚动条的组成

对上述块的具体位置还不是很清楚，可以通过将某部分的颜色设置得特别突出，然后仔细观察浏览器来获得。

另外需要单独指出的是属性"scrollbar-base-color"，它设置的是滚动条的默认基调颜色，即当其他任何一项属性没有被设置时，那一项所默认显示的颜色。本例中特意将<body>标记的滚动条基调颜色设置成了红色，读者可以删除其他一些模块的设置，便一目了然。本实例的最终效果如图7.28所示。

【例7.5】（实例文件：第7章\7-5.html）

```
<html>
<head>
<title>页面滚动条</title>
<style>
<!--
body{                                         /* 页面滚动条 */
       background-color:#efe5e2;
       scrollbar-3dlight-color: #B0C4DE;
       scrollbar-arrow-color: #34547E;
       scrollbar-base-color: #FF0000;         /* 基调颜色 */
       scrollbar-darkshadow-color: #1D4272;
       scrollbar-face-color: #CFDFF4;
       scrollbar-highlight-color: #FFFFFF;
       scrollbar-shadow-color: #5380BA;
}
.largetext {                                  /* 文本框滚动条 */
       scrollbar-3dlight-color: #B0C4DE;
       scrollbar-arrow-color: #FFFFFF;
       scrollbar-base-color: #8BA9CF;
       scrollbar-darkshadow-color: #436DA3;
       scrollbar-face-color: #34547E;
```

```
        scrollbar-highlight-color: #E6ECF4;
        scrollbar-shadow-color: #000000;
}
-->
</style>
</head>
<body>
<textarea rows="6" cols="50" class="largetext">
.largetext {
        scrollbar-3dlight-color: #B0C4DE;
        scrollbar-arrow-color: #FFFFFF;
        scrollbar-base-color: #8BA9CF;
        scrollbar-darkshadow-color: #436DA3;
        scrollbar-face-color: #34547E;
        scrollbar-highlight-color: #E6ECF4;
        scrollbar-shadow-color: #000000;
}
</textarea>
<p>CSS（Cascading Style Sheet），中文译为层叠样式表，是用于控制网页样式并允许将样式信息……
</p>
</body>
</html>
```

另外需要注意，页面滚动条的效果仅仅适用于IE浏览器，对于Firefox等其他浏览器，依然会显示当前操作系统的默认风格，如图7.29所示。

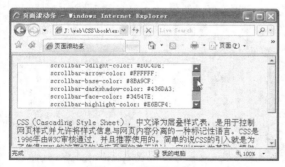

图7.28　页面滚动条

图7.29　其他浏览器不支持

精通

CSS+DIV 网页样式与布局

第 8 章

用CSS制作实用的菜单

作为一个成功的网站，导航菜单是永远不可缺少的。导航菜单的风格往往也决定了整个网站的风格，因此很多设计者都会投入很多时间和精力来制作各式各样的导航条，从而体现网站的整体构架。本章围绕菜单的制作，介绍相关的项目列表、菜单变幻和导航栏等的内容。

8.1　项目列表

传统的HTML语言提供了项目列表的基本功能，包括顺序式列表的<ol>标记和无顺序列表的<ul>标记等。当引入CSS后，项目列表被赋予了很多新的属性，甚至超越了它最初设计时的功能。本节主要围绕项目列表的基本CSS属性进行相关介绍，包括项目列表的编号、缩进和位置等。

8.1.1　列表的符号

通常的项目列表主要采用<ul>或者<ol>标记，然后配合<li>标记罗列各个项目，简单的列表如例8.1所示，其显示效果如图8.1所示。

【例8.1】（实例文件：第8章\8-1.html）

```
<html>
<head>
<title>项目列表</title>
<style>
<!--
body{
        background-color:#c1daff;
}
ul{
        font-size:0.9em;
        color:#00458c;
}
-->
</style>
</head>
<body>
<p>水上运动</p>
<ul>
        <li>freestyle 自由泳</li>
        <li>backstroke 仰泳</li>
        <li>breaststroke 蛙泳</li>
        <li>butterfly 蝶泳</li>
        <li>individual medley 个人混合泳</li>
        <li>freestyle relay 自由泳接力</li>
</ul>
```

```
</body>
</html>
```

图8.1　普通项目列表

在CSS中项目列表的编号是通过属性list-style-type来修改的，无论是<ul>标记还是<ol>标记，都可以使用相同的属性值，而且效果是完全相同的。例如在例8.1中修改<ul>标记的样式为：

```
ul{
        font-size:0.9em;
        color:#00458c;
        list-style-type:decimal;              /* 项目编号 */
}
```

此时项目列表将按照十进制编号显示，这本身是<ol>标记的功能。换句话说，在CSS中<ul>标记与<ol>标记的分界线并不明显，只要利用list-style-type属性，二者就可以通用，显示效果如图8.2所示。

图8.2　项目编号

当给<ul>或者<ol>标记设置list-style-type属性时，在它们中间的所有<li>标记都将采用该设置，而如果对<li>标记单独设置list-style-type属性，则仅仅作用在该条项目上，如例8.2所示。

【例8.2】（实例文件：第8章\8-2.html）

```
<style>
<!--
ul{
        font-size:0.9em;
```

```
        color:#00458c;
        list-style-type:decimal;              /* 项目编号 */
}
li.special{
        list-style-type:circle;               /* 单独设置 */
}
-->
</style>

<ul>
        <li>freestyle 自由泳</li>
        <li>backstroke 仰泳</li>
        <li class="special">breaststroke 蛙泳</li>
        <li>butterfly 蝶泳</li>
        <li>individual medley 个人混合泳</li>
        <li>freestyle relay 自由泳接力</li>
</ul>
```

此时的显示效果如图8.3所示，可以看到"蛙泳"的项目编号变成了空心圆，但是并没有影响其他编号，例如"蝶泳"的编号依然是数目字"4"。

图8.3　单独设置<li>标记

通常使用的list-style-type属性的值除了上面看到的十进制编号和空心圆以外还有很多，常用的如表8.1所示。

表8.1　　　　　　　　　　　list-style-type属性值及其显示效果

关 键 字	显 示 效 果
disc	实心圆
circle	空心圆
square	正方形
decimal	1，2，3，4，5，6，…
upper-alpha	A，B，C，D，E，F，…
lower-alpha	a，b，c，d，e，f，…
upper-roman	I，II，III，IV，V，VI，VII，…
lower-roman	i，ii，iii，iv，v，vi，vii，…
none	不显示任何符号

技术背景:

除了表8.1中列出的这些项目符号的形式外，list-style-type属性还有很多其他的值，例如cjk-ideographic和lower-greek等。IE浏览器对这些值的支持并不理想，Firefox却支持得很好，如图8.4所示。考虑到页面的通用性，因此不推荐使用。

图8.4 其他的属性值

8.1.2 图片符号

除了传统的各种项目符号外，CSS还提供了属性list-style-image，可以将项目符号显示为任意的图片，如例8.3所示。

【例8.3】（实例文件：第8章\8-3.html）

```
<html>
<head>
<title>图片符号</title>
<style>
<!--
body{
        background-color:#c1daff;
}
ul{
        font-family:Arial;
        font-size:13px;
        color:#00458c;
        list-style-image:url(icon1.jpg);        /* 图片符号 */
}
-->
</style>
</head>
<body>
<p>自行车</p>
<ul>
```

```
        <li>Road cycling 公路自行车赛</li>
        <li>Track cycling 场地自行车赛</li>
        <li>sprint   追逐赛</li>
        <li>time trial 计时赛</li>
        <li>points race   计分赛</li>
        <li>pursuit   争先赛</li>
        <li>Mountain bike 山地自行车赛</li>
    </ul>
    </body>
    </html>
```

例8.3在IE 7和Firefox中的显示效果如图8.5所示，每个项目的符号都显示成了一个小图标，即icon1.jpg。

如果仔细观察图片符号在两个浏览器中的显示效果，就会发现图标与文字之间的距离有着明显的区别，因此这种设置图片符号的方法并不推荐。如果希望项目符号采用图片的方式，则建议将list-style-type属性的值设置为none，然后修改<li>标记的背景属性background来实现，如例8.4所示。

图8.5　图片符号

【例8.4】（实例文件：第8章\8-4.html）

```
<html>
<head>
<title>图片符号</title>
<style>
<!--
body{
        background-color:#c1daff;
}
ul{
        font-family:Arial;
        font-size:13px;
        color:#00458c;
        list-style-type:none;                          /* 不显示项目符号 */
}
li{
        background:url(icon1.jpg) no-repeat;            /* 添加为背景图片 */
        padding-left:25px;                              /* 设置图标与文字的间隔 */
}
```

```
    -->
    </style>
    </head>
    <body>
    <p>自行车</p>
    <ul>
            <li>Road cycling 公路自行车赛</li>
            <li>Track cycling 场地自行车赛</li>
            <li>sprint    追逐赛</li>
            <li>time trial 计时赛</li>
            <li>points race    计分赛</li>
            <li>pursuit    争先赛</li>
            <li>Mountain bike 山地自行车赛</li>
    </ul>
    </body>
    </html>
```

这样通过隐藏<ul>标记中的项目列表，然后再设置<li>标记的样式，统一定制文字与图标之间的距离，从而实现了各个浏览器之间的效果一致，如图8.6所示。

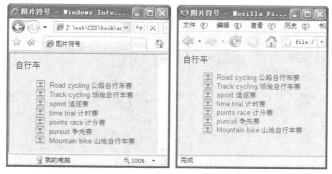

图8.6　图片符号

经验之谈：

用例8.4中的方法可以很灵活地替换项目列表前的图标，因此在实际网页中常常被使用，读者可以举一反三，设置自己的项目列表。

8.2　无需表格的菜单

当项目列表的项目符号可以通过设置list-style-type属性值为"none"时，制作各式各样的菜单和导航条便成了项目列表的最大用处之一，通过各种CSS属性变幻可以达到很多意想不到的导航效果。首先看一个实例，其效果如图8.7所示。

图8.7 无需表格的菜单

首先建立HTML相关结构，将菜单的各个项用项目列表<ul>表示，同时设置页面的背景颜色，如例8.5所示。

【例8.5】（实例文件：第8章\8-5.html）

```
body{
        background-color:#ffdee0;
}

<body>
<div id="navigation">
        <ul>
                <li><a href="#">Home</a></li>
                <li><a href="#">My Blog</a></li>
                <li><a href="#">Friends</a></li>
                <li><a href="#">Next Station</a></li>
                <li><a href="#">Contact Me</a></li>
        </ul>
</div>
</body>
```

此时页面的效果如图8.8所示，仅仅是最普通的项目列表。

图8.8 项目列表

设置整个<div>块的宽度为固定像素，并设置文字的字体。设置项目列表<ul>的属性，将项目符号设置为不显示。

```
#navigation {
        width:200px;
        font-family:Arial;
}
#navigation ul {
        list-style-type:none;                              /* 不显示项目符号 */
        margin:0px;
        padding:0px;
}
```

通过以上设置后，项目列表便显示为普通的超链接列表，如图8.9所示。

图8.9　超链接列表

接下来为\<li\>标记添加下划线，以分割各个超链接，并且对超链接\<a\>标记进行整体设置，如下所示。

```
#navigation li {
        border-bottom:1px solid #ED9F9F;                   /* 添加下划线 */
}
#navigation li a{
        display:block;                                     /* 区块显示 */
        padding:5px 5px 5px 0.5em;
        text-decoration:none;
        border-left:12px solid #711515;                    /* 左边的粗红边 */
        border-right:1px solid #711515;                    /* 右侧阴影 */
}
```

以上代码中需要特别说明的是"display:block;"语句，通过该语句，超链接被设置成了块元素，当鼠标进入该块的任何部分时都会被激活，而不是仅仅在文字上方时才被激活。此时的显示效果如图8.10所示。

最后设置超链接的3个伪属性，以实现动态菜单的效果，代码如下所示。

图8.10　区块设置

```
#navigation li a:link, #navigation li a:visited{
        background-color:#c11136;
        color:#FFFFFF;
}
#navigation li a:hover{                          /* 鼠标指针经过时 */
        background-color:#990020;                /* 改变背景色 */
        color:#ffff00;                           /* 改变文字颜色 */
}
```

代码的具体含义都在注释中一一说明，这里不再重复，此时导航菜单便制作完成了，最终的效果如图8.11所示，在IE与Firefox两种浏览器中的显示效果一致。

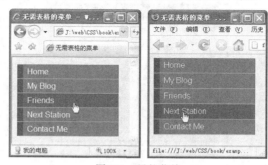

图8.11　导航菜单

8.3　菜单的横竖转换

导航条不只是竖直排列，很多时候要求页面的菜单能够在水平方向显示。通过CSS属性的控制，可以轻松实现项目列表导航条的横竖转换，实例的效果如图8.12所示。

首先建立与例8.5完全相同的HTML项目列表结构，将菜单的各个项用项目列表<ul>表示，同时设置页面的背景颜色。接着设置项目列表<ul>的属性，将项目符号设置为不显示，并在<div>标记中设置字体，与例8.5不同的是，这里不设置块的宽度，如例8.6所示。

图8.12　水平菜单

【例8.6】（实例文件：第8章\8-6.html）

```
body{
        background-color:#ffdee0;
}
#navigation {
        font-family:Arial;
}
```

```
#navigation ul {
        list-style-type:none;                                    /* 不显示项目符号 */
        margin:0px;
        padding:0px;
}


<body>
<div id="navigation">
        <ul>
                <li><a href="#">Home</a></li>
                <li><a href="#">My Blog</a></li>
                <li><a href="#">Friends</a></li>
                <li><a href="#">Next Station</a></li>
                <li><a href="#">Contact Me</a></li>
        </ul>
</div>
</body>
```

此时的页面效果如图8.13所示，依旧是普通的项目列表，只是取消了其中的项目符号。

图8.13　项目列表

设置<li>的float属性，使得各个项目都水平显示，并且跟例8.5一样，设置<a>的相关属性，如下所示。

```
#navigation li {
        float:left;                                              /* 水平显示各个项目 */
}
#navigation li a{
        display:block;                                           /* 区块显示 */
        padding:3px 6px 3px 6px;
        text-decoration:none;
        border:1px solid #711515;
        margin:2px;
}
```

通过设置<li>的浮动属性float后，项目按水平方向排列到了一起，如图8.14所示。

图8.14　水平排列各项目

最后按照同样的方法设置超链接<a>的伪类别属性，与例8.5中相应的设置完全一样，便得到了最终的水平菜单效果，其在浏览器IE 7与Firefox中的显示效果分别如图8.15和图8.16所示，可以看到二者的显示效果也完全一样。

图8.15　在IE中的最终效果

图8.16　在Firefox中的最终效果

这样便实现了项目列表的菜单制作，包括纵向菜单和横向菜单。

技术背景：

　　采用项目列表制作的水平菜单时，如果没有设置<ul>标记（或者<ol>标记）的宽度width属性，那么当浏览器的宽度缩小时，菜单会自动换行，如图8.17所示。这是采用<table>标记制作的菜单所无法实现的，也被经常加以活用，实现各种变幻效果，后续章节的一些例子会进一步体现出该特点。

图8.17　自动换行

　　在例7.3制作浮雕式按钮时曾经提到，由于Firefox浏览器不支持<a>标记的width和height属性，因此该方法无法在Firefox中正常显示。此时如果利用项目列表来制作该水平导航条，便可以兼容各个浏览器，实现通行性。具体的制作方法这里不再重复，与水平导航条的方法类似，读者可参考光盘中的文件"第8章\8-7.html"，最终在两个浏览器里的效果分别如图8.18和图8.19所示。

图8.18 在IE中显示的浮雕式按钮

图8.19 在Firefox中显示的浮雕式按钮

8.4 菜单实例一：百度导航条

打开搜索引擎百度的网站，可以看到Logo下方的水平导航条，如图8.20所示。利用本章前面几节所介绍的内容和方法，便可以轻松实现该导航条。本节便通过简单的制作，模拟该效果。

图8.20 百度导航条

　　首先搭建整体的HTML框架，包括上方中央的Logo、导航的项目列表、下方的搜索输入框和按钮等，并加入简单的字体控制，如例8.7所示。

　　【例8.7】（实例文件：第8章\8-8.html）

```
<style type="text/css">
td,p{font-size:12px;}
p{width:600px; margin:0px; padding:0px;}
.ff{font-family:Verdana; font-size:16px;}
</style>


<body>
<center><br><img src="http://www.baidu.com/img/logo.gif"><br><br><br><br>
<div id="navigation">
<ul>
        <li id="h"></li>
        <li><a href="#">资 讯</a></li>
        <li class="current">网 页</li>
        <li><a href="#">贴 吧</a></li>
        <li><a href="#">知 道</a></li>
        <li><a href="#">MP3</a></li>
        <li><a href="#">图 片</a></li>
        <li id="more"><a href="#">更 多 &gt;&gt;</a></li>
</ul>
</div>
<p style="height:44px;"> </p>
<table width="600" border="0" cellpadding="0" cellspacing="0">
        <tr>
        <td width="92"></td>
        <td><form><input type="text" name="wd" class="ff" size="35">
        <input type="submit" value="百度搜索"></form></td>
        <td width="92" valign="top"><a href="#">搜索帮助</a><br><a href="#">高级搜索</a></td>
        </tr>
</table>
</center>
</body>
```

　　以上的导航部分跟本章其他实例完全类似，都采用最简单的项目列表，此时的页面效果如图8.21所示，初步的框架已经出来。

　　修改项目列表的相关样式，使得所有的项目按水平方向排列，同时设定整个#navigation块的属性，以及固定宽度和下划线等，如下所示。

图8.21 页面框架

```
#navigation{
        margin:0px auto;
        font-size:12px;
        padding:0px;
        border-bottom:1px solid #00c;
        background:#eee;
        width:600px;height:18px;
}
#navigation li{
        float:left;                              /* 水平菜单 */
        list-style-type:none;                    /* 不显示项目符号 */
        margin:0px;padding:0px;
        width:67px;
}
```

此时页面的显示效果如图8.22所示，页面的整体效果已经出来了，只在个别细节上还需要进一步修改。

图8.22 导航项水平排列

最后添加超链接<a>标记的3个伪属性，并且设置当前页面"网页"的样式，以及最前端的空间和最后一项"更多"的长度，如下所示。

```
#navigation li a{
        display:block;                                      /* 块显示 */
        text-decoration:none;
        padding:4px 0px 0px 0px;
        margin:0px;
}
#navigation li a:link, #navigation li a:visited{
        color:#0000CC;
}
#navigation li a:hover{                                      /* 鼠标指针经过时 */
        text-decoration:underline;
        background:#FFF;
        padding:4px 0px 0px 0px;
        margin:0px;
}
#navigation li#h{width:56px;height:18px;}                   /* 左侧空间 */
#navigation li#more{width:85px;height:18px;}               /* "更多" 按钮 */
#navigation .current{                                        /* 当前页面所在 */
        background:#00C;
        color:#FFF;
        padding:4px 0px 0px 0px;
        margin:0px;
        font-weight:bold;
}
```

这样百度的整个首页便制作完成了，所采用的方法与本章前面几节提到的完全一样，最终效果如图8.23所示。

图8.23　最终效果

8.5 菜单实例二：流行的Tab菜单

Tab风格的菜单导航一直受到广大网站制作者的青睐，网上随处可见各式各样的Tab菜单，图8.24和图8.25所示的分别是网易和雅虎网站上的一个Tab菜单。本节通过对导航菜单CSS属性的进一步控制，实现Tab菜单的效果。

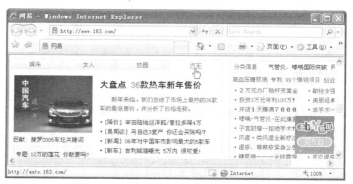

图8.24　网易网站上的Tab菜单

Tab菜单的制作方法与前面几节提到的菜单制作方法完全类似，不同之处在于需要设置一些特殊的CSS效果来实现"Tab"的样式。菜单本身仍然是项目列表的扩展，本例的最终效果如图8.26所示。

图8.25　雅虎网站上的Tab菜单

首先跟所有的菜单一样建立相应的项目列表，所不同的是因为有多个页面，所以需要给每个项目都定义一个CSS类型，并为<body>标记也分配各自的id，如例8.8所示。

图8.26　流行的Tab菜单

【例8.8】（实例文件：第8章\8-9_home.html）

```html
<body id="home">
<ul id="tabnav">
        <li class="home"><a href="8-9_home.html">首页</a></li>
        <li class="news"><a href="8-9_news.html">新闻</a></li>
        <li class="sports"><a href="8-9_sports.html">体育</a></li>
        <li class="music"><a href="8-9_music.html">音乐</a></li>
        <li class="nextstation"><a href="8-9_nextstation.html">下一站</a></li>
```

```
                <li class="blog"><a href="8-9_blog.html">博客</a></li>
</ul>
<div id="content">
        ……（页面具体内容）
</div>
</body>
```

除了每个页面的具体内容，即 "<div id="content">"" 中包含的部分以外，所有页面的整体框架是完全相同的。每个页面都采用<link>语句调用相同的CSS外部文件，而页面的具体内容所采用的CSS，则放在页面内用<style>标记控制，如下所示：

```
<link href="8-9.css" type="text/css" rel="stylesheet">
<style type="text/css">
<!--
/* 页面具体内容所使用的CSS */
-->
</style>
```

在外部的8-9.css文件中定义各个CSS属性。首先给正文的内容 "#content" 添加蓝色的边框，但是只添加左侧、右侧和下端，空出上端，此时的页面效果如图8.27所示。

```
body{
        margin:10px;
}
#content{                                      /* 具体内容 */
        border-left:1px solid #11a3ff;          /* 左边框 */
        border-right:1px solid #11a3ff;         /* 右边框 */
        border-bottom:1px solid #11a3ff;        /* 下边框 */
        padding:15px;
        font-size:12px;
}
```

图8.27　正文边框

然后设置<ul>标记的CSS属性，除了将项目符号隐藏外，还要为其添加下边框，用来当作正文内容的上边框，如下所示。这样在<ul>标记中设置的边框便可以被稍后设置的<li>标记中的边框所覆盖，从而实现Tab的效果，此时页面的效果如图8.28所示。

```
ul#tabnav{
        list-style-type:none;
        margin:0px;
        padding-left:0px;                      /* 左侧无空隙 */
        padding-bottom:23px;
        border-bottom:1px solid #11a3ff;       /* 菜单的下边框 */
        font:bold 12px verdana, arial;
}
```

图8.28　设置<ul>样式

接着设置<li>标记的样式，将所有的列表项水平排列，并设置相应的背景颜色和边框等，并通过margin属性适当地调整其位置，代码如下所示。此时页面的效果如图8.29所示，可以看到Tab菜单已经初现雏形。

```
ul#tabnav li{
        float:left;
        height:22px;
        background-color:#a3dbff;
        margin:0px 3px 0px 0px;
        border:1px solid #11a3ff;
}
```

设置所有超链接的3个伪属性，同样将<a>设置为块元素，并配合页面的整体色调以及Tab菜单的大小等，代码如下所示，此时页面的效果如图8.30所示。

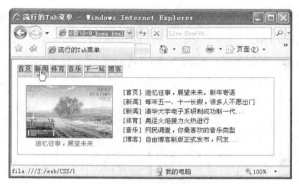

图8.29　设置<li>样式

```
ul#tabnav a:link, ul#tabnav a:visited{
        display:block;                                          /* 块元素 */
        color:#006eb3;
        text-decoration:none;
        padding:5px 10px 3px 10px;
}
ul#tabnav a:hover{
        background-color:#006eb3;
        color:#FFFFFF;
}
```

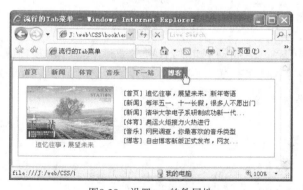

图8.30　设置<a>的伪属性

　　由于为每个页面的<body>标记都添加了惟一的id，因此可以设置当前页面的菜单项，如8-9_home.html的"首页"菜单和8-9_nextstation.html的"下一站"菜单等。代码如下所示，关键在于给当前页面的菜单项添加白色的下边框，从而覆盖了<ul>标记中设置的蓝色下边框，实现了Tab菜单的效果，此时页面的效果如图8.31所示。

```
body#home li.home, body#news li.news,        /* 当前页面的菜单项 */
body#sports li.sports, body#music li.music,
body#nextstation li.nextstation,
body#blog li.blog{
```

```
    border-bottom:1px solid #FFFFFF;    /* 白色下边框，覆盖<ul>中的蓝色下边框 */
    color:#000000;
    background-color:#FFFFFF;
}
```

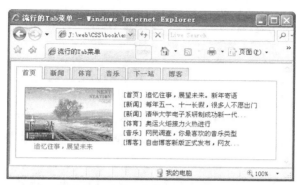

图8.31　设置当前页面的<li>项

　　以上便已经完成了Tab菜单的核心部分，下面为当前页面的菜单项添加单独的超链接效果，以区别于其他页面，代码如下所示。此时页面的效果如图8.32所示。

```
body#home li.home a:link,                    /* 当前页面的菜单项的超链接 */
body#home li.home a:visited,
body#news li.news a:link, body#news li.news a:visited,
body#sports li.sports a:link, body#sports li.sports a:visited,
body#music li.music a:link, body#music li.music a:visited,
body#nextstation li.nextstation a:link,
body#nextstation li.nextstation a:visited,
body#blog li.blog a:link, body#blog li.blog a:visited{
        color:#000000;
        background-color:#FFFFFF;
}
body#home li.home a:hover, body#news li.news a:hover,
body#sports li.sports a:hover, body#music li.music a:hover,
body#nextstation li.nextstation a:hover,
body#blog li.blog a:hover{
        color:#006eb3;
        text-decoration:underline;
}
```

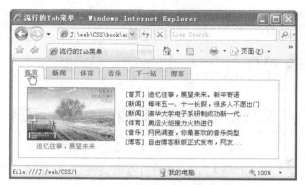

图8.32　当前页面菜单项的超链接

最后再为每个页面添加相应的内容，内容部分使用的CSS与公共的8-9.css分别存放，可以是<style>嵌入到页面中，也可以单独制作CSS文件等。这样整个Tab菜单模块便制作完成了，最终效果如图8.33所示。

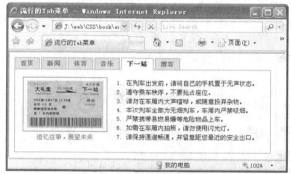

图8.33　最终效果

精通

CSS+DIV 网页样式与布局

第 9 章

CSS滤镜的应用

CSS滤镜并不是浏览器的插件，也不符合CSS标准，而是微软公司为增强浏览器功能而特意开发的并整合在IE浏览器中的一类功能的集合。由于IE浏览器有着很广的使用范围，因此CSS滤镜也被广大设计者所喜爱。本章主要介绍CSS各个滤镜的使用方法，包括定义滤镜、加载滤镜和实例解析等。

9.1 滤镜概述

CSS滤镜的标识符是"filter"，总体上跟其他CSS语句一样，都十分简单，语法如下：

```
filter:filtername(parameters);
```

也就是说，进行滤镜操作必须先定义filter；filtername是滤镜属性名，包括alpha、blur和chroma等多种属性；parameters是表示各个滤镜属性的参数，也正是这些参数决定了滤镜将以怎样的效果显示。

滤镜分基本滤镜和高级滤镜两种，基本滤镜通常指可以直接作用在对象上，便能立即生效的滤镜，主要有以下滤镜：

（1）Alpha通道；

（2）模糊效果（Blur）；

（3）移动模糊（Motion Blur）；

（4）透明色（Chroma）；

（5）下落阴影（Drop Shadow）；

（6）对称变换（Flip）；

（7）光晕（Glow）；

（8）灰度（Grayscale）；

（9）反色（Invert）；

（10）遮罩（Mask）；

（11）阴影（Shadow）；

（12）X光效果（X-ray）；

（13）浮雕（Emboss、Engrave）；

（14）波浪（Wave）。

高级滤镜指需要配合JavaScript等脚本语言，能产生更多变幻效果的滤镜，主要包括BlendTrans（渐隐变换）、RevealTrans（变换）和Light（灯光）等。

本章主要介绍CSS的基本滤镜，高级滤镜将在"CSS与JavaScript的综合应用"一章中继续介绍。

9.2 通道（Alpha）

Alpha滤镜是用来设置透明度的，首先看它的表达式：

```
filter:alpha(opacity=opcity,finishopacity=finishopacity,style=style,startX=
startX,startY=startY,finishX=finishX,finishY=finishY);
```

其中opacity代表透明度等级，可选值从0~100，0代表完全透明，100代表完全不透明。
Style参数指定了透明区域的形状特征。其中0代表统一形状；1代表线形；2代表圆形放射渐
变；3代表矩形放射渐变。当style为2或者3的时候，startX和startY等坐标参数便没有意义，都
是以图片中心为起始，四周为结束。

首先看一个最简单的实例，为了更好地说明Alpha滤镜的效果，将页面设置为黑色的星空
背景，代码如例9.1所示，效果如图9.1所示。

【例9.1】（实例文件：第9章\9-1.html）

```
body{
        background:url(bg1.jpg);     /* 星空背景 */
        margin:20px;
}
```

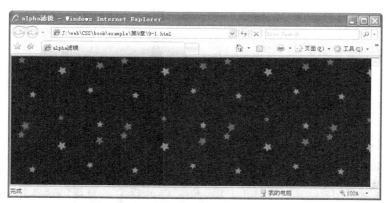

图9.1　星空背景

然后将图片加入到页面中，为了进一步对比使用滤镜前后的情况，加入两幅完全相同的图
片，并设置相同的边框，代码如下，效果如图9.2所示。

```
<style>
<!--
img{
        border:1px solid #d58000;
}
-->
</style>

<body>
<img src="building1.jpg"border="0">  
```

```
<img src="building1.jpg"border="0"class="alpha">
</body>
```

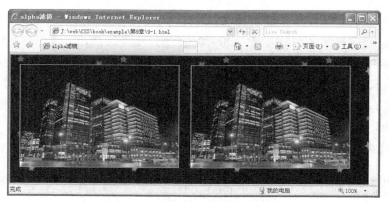

图9.2 加入两幅相同图片

最后为第2幅图片添加Alpha滤镜效果，将透明度设置为50％，代码如下所示。可以看到图片上出现了背景星空的效果，并且图片的边框也相应的变暗了，如图9.3所示。

```
.alpha{
        filter:alpha(opacity=50);
}
```

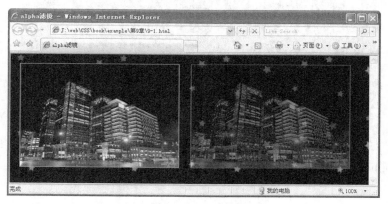

图9.3 Alpha滤镜

下面进一步设置滤镜的其他参数。当滤镜的style设置为1时，表示线性变换。finishopacity是一个可选项，用来设置结束时的透明度，从而达到一种渐变效果，它的值也是从0~100。StartX和StartY代表渐变透明效果的开始坐标，finishX和finishY代表渐变透明效果的结束坐标，并且这4个坐标值都是百分比，取值范围0~100。图片的左上角坐标为(0,0)，右下角坐标为(100,100)，两点的连线作为线性变换的方向，如例9.2所示。

【例9.2】(实例文件：第9章\9-2.html)

```
<head>
```

```
<title>alpha滤镜</title>
<style>
<!--
body{
        background:url(bg1.jpg);
        margin:20px;
}
img{
        border:1px solid #d58000;
}
.alpha{
        filter:alpha(opacity=0,finishopacity=100,style=1,startx=0,starty=0,finishx=0,finishy=100);
        /* 从上到下渐变 */
}
-->
</style>
</head>
<body>
<img src="building2.jpg"border="0">  
<img src="building2.jpg"border="0"class="alpha">
</body>
```

在例9.2中设置了第1幅图片从上到下的渐变效果，透明度由0渐变到100，效果如图9.4所示。读者可以改变各个参数的值，举一反三。

图9.4 线性变换渐变效果

下面介绍将style设置为2或者3时的情况。同样设置一幅原图片进行对比，例9.3是当style为2时的情况，显示效果如图9.5所示。

【例9.3】（实例文件：第9章\9-3.html）

```
<head>
<title>alpha滤镜</title>
<style>
```

```
<!--
body{
        background:url(bg1.jpg);
        margin:10px;
}
.alpha1{
        filter:alpha(opacity=100,finishopacity=0,style=2);
        /* 圆形渐变，中间不透明，四周透明 */
}
.alpha2{
        filter:alpha(opacity=0,finishopacity=80,style=2);
}
-->
</style>
</head>
<body>
<center>
<img src="building3.jpg"><br><br>
<img src="building3.jpg"class="alpha1">
<img src="building3.jpg"class="alpha2">
</center>
</body>
```

图9.5   "style=2"的圆形渐变效果

用同样的方法设置style为3时的情况，此时透明方式为矩形渐变，代码如例9.4所示，效果
如图9.6所示。

196

【例9.4】（实例文件：第9章\9-4.html）

```
<head>
<title>alpha滤镜</title>
<style>
<!--
body{
        background:url(bg1.jpg);
        margin:10px;
}
.alpha1{
        filter:alpha(opacity=100,finishopacity=0,style=3);
        /* 矩形渐变，中间不透明，四周透明 */
}
.alpha2{
        filter:alpha(opacity=0,finishopacity=100,style=3);
        /* 反之 */
}
-->
</style>
</head>
<body>
<center>
<img src="strawberry.jpg">
<img src="strawberry.jpg"class="alpha1">
<img src="strawberry.jpg"class="alpha2">
</center>
</body>
```

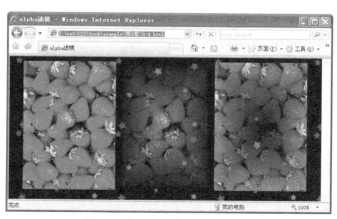

图9.6 "style=3"的矩形渐变效果

经验之谈：

不光是CSS滤镜，在学习CSS以及各种其他网页效果时，采用当前效果与原图对比的方式，都能对效果本身有较直观的认识。

9.3　模糊（Blur）

图片的模糊效果往往给人朦胧和神秘的感觉，CSS中的Blur滤镜便可以实现模糊的效果，它的语法如下所示：

```
filter:progid:DXImageTransform.Microsoft.Blur(makeshadow=makeshadow,pixelradius=pixelradius,shadowopacity= shadowopacity);
```

其中makeshadow设置对象的内容是否被处理为阴影，pixelradius设置模糊效果的作用深度，shadowopacity设置使用makeshadow制作成的阴影的透明度。

【例9.5】（光盘文件：第9章\9-5.html）

```
<html>
<head>
<title>Blur滤镜</title>
<style>
<!--
body{
        margin:10px;
}
.blur{
        filter:progid:DXImageTransform.Microsoft.blur(pixelradius=4,makeshadow=false);
}
-->
</style>
</head>
<body>
<img src="building9.jpg"> 
<img src="building9.jpg"class="blur">
</body>
</html>
```

例9.5直接将模糊滤镜作用在风景画面上，将产生阴影的参数设置为false，制造出了朦胧的效果，如图9.7所示。

图9.7 Blur模糊效果

9.4 运动模糊（Motion Blur）

运动模糊滤镜在CSS中指的是在一个方向上的运动模糊，即Photoshop中Motion Blur的效果。该滤镜的具体参数如下：

```
filter:progid:DXImageTransform.Microsoft.MotionBlur(add=add,direction=direction,strength=strength);
```

add参数有true和false两个值，用来指定是否叠加原图片。direction参数用来设置模糊的方向。模糊效果是按照顺时针方向进行的。其中0°代表垂直向上，每45°一个单位，默认值是向左的270°。strength参数值只能使用整数来指定，它代表有多少像素的宽度将受到模糊影响，默认值是5px。

【例9.6】（实例文件：第9章\9-6.html）

```
<head>
<title>MotionBlur滤镜</title>
<style>
<!--
body{
        margin:10px;
}
.motionblur{
        filter:progid:DXImageTransform.Microsoft.MotionBlur(strength=30,direction=90,add=true);
/* 水平向右 */
}
-->
</style>
```

```
</head>
<body>
<img src="liuxiang.jpg">  
<img src="liuxiang.jpg"class="motionblur">
</body>
```

在例9.6中巧妙地运用运动模糊的效果，如图9.8所示。在运动员前进的方向添加了该CSS滤镜，产生了拖尾的效果，更加体现了奔跑的速度。同样对于很多运动中的物体，也可以使用该滤镜得到速度感，读者可以自己试验。

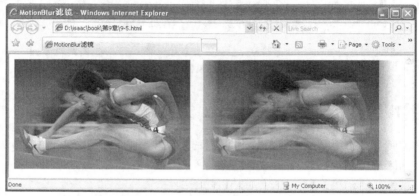

图9.8　Motion Blur模糊

9.5　透明色（Chroma）

Chroma滤镜用来设置使某一个特定颜色透明，其语法十分简单，直接设定希望透明的颜色值即可，如下所示：

```
filter:chroma(color=color);
```

【例9.7】（光盘文件：第9章\9-7.html）

```
<html>
<head>
<title>chroma滤镜</title>
<style>
<!--
body{
        margin:10px;
}
.chroma{
        filter:chroma(color=FF6800);                    /* 去掉金黄色 */
```

```
}
-->
</style>
</head>
<body>
 <img src="tiger.gif">  
<img src="tiger.gif"class="chroma">
</body>
</html>
```

在例9.7中采用了一幅带动画效果的GIF图片，将老虎的金黄色用Chroma滤镜去掉，变成了一只白虎，如图9.9所示。类似的效果读者可以举一反三。

图9.9　chroma滤镜

9.6　下落的阴影（Dropshadow）

阴影的效果在实际的文字和图片中都非常实用，Dropshadow滤镜就是为对象添加下落的阴影效果的，其语法如下：

```
filter:dropshadow(color=color,offx=offx,offy=offy,positive=positive);
```

color代表投射阴影的颜色。offx和offy分别表示x方向和y方向阴影的偏移量。偏移量必须用整数值来设置。如果设置为正整数，代表x轴的右方向和y轴的向下方向。设置为负整数则相反。positive参数有两个值：true为任何非透明像素建立可见的投影，false为透明的像素部分建立可见的投影。

【例9.8】（实例文件：第9章\9-8.html）

```
<head>
<title>DropShadow阴影效果</title>
<style>
```

```
<!--
body{
        margin:12px;
}
span{
        font-family:Arial, Helvetica, sans-serif;
        height:100px; font-size:80px;
        filter:dropshadow(color=#AAAAAA,positive=true,offx=4,offy=4);
}
-->
</style>
</head>
<body>
        <span>CSS滤镜</span>
</body>
```

图9.10　文字阴影

例9.8中给文字添加了阴影效果，如图9.10所示，可以看到文字添加阴影后如果用光标选择文字，选择框都会被加上阴影。下面为图片添加阴影效果，同样采用带动画的GIF图片，并用两种方式分别作用，如例9.9所示。

【例9.9】（实例文件：第9章\9-9.html）

```
<head>
<title>DropShadow阴影效果</title>
<style>
<!--
body{
        margin:12px;
        background:#000000;
}
.drop1{
        filter:dropshadow(color=#ffb6aa,offx=6,offy=4,positive=true);
}
.drop2{
        filter:dropshadow(color=#FFAAAA,offx=6,offy=4,positive=false);
```

```
}
-->
</style>
</head>
<body>
<img src="fishing.gif"> 
<img src="fishing.gif"class="drop1">   
<img src="fishing.gif"class="drop2">
</body>
```

在例9.9中为打鱼的小孩添加了霞光颜色的阴影，实现了傍晚的特效,如图9.11所示。可以明显看出将positive设置为不同值时的效果。而且对于gif动画，每一帧都有相应的阴影，因此阴影也随着动画而动，画面显得十分的连贯。

图9.11 图片阴影效果

9.7 翻转变换（Flip）

倘若一个页面中一幅图片的各种翻转要出现多次，那么不用CSS滤镜而用Photoshop，就需要每种翻转图片都单独成一个文件，页面容量势必增大不少，从而影响下载速度。在CSS中提供Flip翻转滤镜可以很容易地实现图片的翻转效果。

Flip滤镜的使用非常简单，没有任何参数，fliph代表水平翻转，flipv代表垂直翻转，表达式分别为：

```
filter: fliph        /* 水平翻转 */
filter: flipv        /* 竖直翻转 */
```

首先选择一幅具有一定构图的图片，如图9.12所示，然后采用Flip滤镜分别进行水平翻转、竖直翻转和水平竖直同时翻转，具体如例9.9所示。

图9.12　原图片

【例9.10】（实例文件：第9章\9-10.html）

```
<head>
<title>Flip翻转</title>
<style>
<!--
body{
        margin:12px;
        background:#000000;
}
.flip1{
        filter:fliph;           /* 水平翻转 */
}
.flip2{
        filter:flipv;           /* 竖直翻转 */
}
.flip3{
        filter:flipv fliph;    /* 水平、竖直同时翻转 */
}
-->
</style>
</head>
<body>
<img src="building4.jpg"><img src="building4.jpg"class="flip1"><br>
<img src="building4.jpg"class="flip2"><img src="building4.jpg" class="flip3">
</body>
```

此时的页面效果如图9.13所示，新生成的3幅图片都是在原图的基础上直接翻转得到的，产生了巧妙的对称效果。如果不采用CSS滤镜，则需要制作4幅图片，无形中减缓了网页的下载速度。

图9.13　对称效果

这里需要特别指出的是，例9.10中的类别flip3同时采用了fliph和flipv这两个滤镜，使得翻转效果叠加。这种多个滤镜同时配合使用的方法在后面的章节中还会运用到，它们也常常是制作各种奇妙特效的方法，读者可以自己尝试。

9.8　光晕（Glow）

文字或者物体发光的特效往往能使得该对象特别的突出，CSS中的Glow滤镜能使得文字和图片实现发光的特效，其语法如下所示：

```
filter:Glow(color=color,strength=strength);
```

其中color指定发光的颜色，strength指定发光的强度，参数值从1~255。首先看文字发光的效果，如例9.11所示，显示效果如图9.14所示。

【例9.11】（实例文件：第9章\9-11.html）

```
<head>
<title>Glow发光特效</title>
<style>
```

```
<!--
body{
        margin:12px;
        background-color:#000000;
}
span{
        font-family:Arial, Helvetica, sans-serif;
        height:100px; font-size:80px;
        color:#ff9c00;                          /* 文字金黄色 */
        filter:glow(color=#FFFF99,strength=6);  /* 发黄色光 */
}
-->
</style>
</head>
<body>
        <span>CSS发光滤镜</span>
</body>
```

图9.14　文字发光特效

接下来介绍图片发光的效果，同样选择一幅带动画效果的GIF图片。为图片添加相应的CSS滤镜，使其所有画面都能够有光晕的效果，同时用原图进行效果上的对比，如例9.12所示。最终显示效果如图9.15所示。

【例9.12】（实例文件：第9章\9-12.html）

```
<head>
<title>Glow发光特效</title>
<style>
<!--
body{
        margin:12px;
        background:#000000;
}
.glow{
        filter:glow(color=#FFFFCC,strength=5);  /* 发淡黄色的光 */
}
```

```
-->
</style>
</head>
<body>
        <img src="girl.gif">
        <img src="girl.gif"class="glow">
</body>
```

图9.15　发光效果

从上例可以看到，小女孩玩呼啦圈被加入了发光效果后，顿时增添了不少活力。而且对于GIF这样的动画图片，若采用其他软件修改图片，让每帧图片都发光，工作量势必不小。

9.9　灰度（Gray）

黑白相片能够给人怀旧、悠久和回味的感觉，使用CSS的灰度Gray滤镜能够轻松地将彩色图片变成黑白图片，语法十分简单，如下所示：

```
filter:gray;
```

与翻转Flip滤镜类似，直接将该滤镜作用于图片上即可实现相应的效果，如例9.13所示。最终效果如图9.16所示。

【例9.13】（实例文件：第9章\9-13.html）

```
<head>
<title>Gray灰度</title>
<style>
<!--
body{
        margin:12px;
}
.gray{
        filter:gray;            /* 黑白图片 */
}
```

```
-->
</style>
</head>
<body>
        <img src="building5.jpg"> 
        <img src="building5.jpg"class="gray">
</body>
```

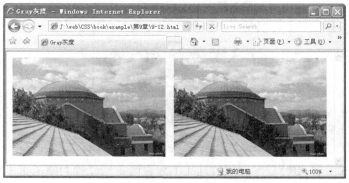

图9.16   Gray灰度滤镜

9.10   反色（Invert）

Invert滤镜用于把对象的可视化属性全部翻转，包括色彩、饱和度和亮度值等，相当于相片底片的效果，其表达式如下：

```
filter:invert;
```

与灰度滤镜一样，直接将Invert滤镜作用于图片上即可实现相应的效果，如例9.14所示。最终效果如图9.17所示。

【例9.14】（实例文件：第9章\9-14.html）

```
<head>
<title>Invert反色</title>
<style>
<!--
body{
        margin:12px;
        background:#000000;
}
.invert{
        filter:invert;          /* 底片效果 */
}
```

```
-->
</style>
</head>
<body>
        <img src="building6.jpg"> 
        <img src="building6.jpg"class="invert">
</body>
```

图9.17　invert反色滤镜

9.11　遮罩（Mask）

Mask滤镜相当于为对象建立一个覆盖在其表面的膜，实现一种颜色框架的效果。它的表达式如下：

```
filter:mask(color=color);
```

其中color参数用来指定使用什么颜色作为掩膜。同样选择一幅带动画的GIF图片作为遮罩对象，如例9.15所示。

【例9.15】（实例文件：第9章\9-15.html）

```
<head>
<title>Mask遮罩</title>
<style>
<!--
body{
        margin:12px;
        background:#000000;
}
.mask{
        filter:mask(color=#8888FF);              /* 遮罩效果 */
}
```

```
-->
</style>
</head>
<body>
        <img src="muma.gif"> 
        <img src="muma.gif"class="mask">
</body>
```

例9.15的显示效果如图9.18所示，可以看到GIF图片的所有动画都被紫色的遮罩盖住了，只有轮廓显示出来。

图9.18　遮罩效果

9.12　阴影（Shadow）

除了前面9.5节提到的下落阴影的效果外，CSS滤镜还提供了一种拖尾巴的阴影效果，Shadow滤镜。该滤镜可以在指定的方向建立物体的连续投影，它的表达式是：

```
filter: shadow(color=color,direction=direction);
```

其中color属性设置阴影的颜色，direction属性设定阴影的方向。该方向是按照顺时针方向进行的。其中0°代表垂直向上，每45°一个单位。

为了与Dropshadow滤镜进行对比，这里将原图、Shadow滤镜效果和Dropshadow滤镜效果同时作用于一幅GIF图片上，如例9.16所示，其最终效果如图9.19所示。

【例9.16】（实例文件：第9章\9-16.html）

```
<head>
<title>shadow阴影</title>
<style>
<!--
body{
        margin:12px;
        background:#000000;
}
.shadow{
```

```
        filter:shadow(color=#CCCCFF,direction=135);/* 阴影效果 */
}
.drop{
        filter:dropshadow(color=#CCCCFF,offx=5,offy=5,positive=true);
        /* 下落阴影 */
}
-->
</style>
</head>
<body>
        <img src="baby.gif"> 
        <img src="baby.gif"class="shadow"> 
        <img src="baby.gif"class="drop">
</body>
```

图9.19　阴影效果

从图9.19中不难看出，Shadow阴影的拖尾效果与Dropshadow产生阴影的下落效果还是有很大区别的，读者可以根据自己的需要选择使用。

Shadow同样可以作用于文字，产生文字的阴影效果，其方法与例9.16完全类似，读者可以自己试验。

9.13　X射线（X-ray）

Xray滤镜的效果跟它的名称一样，就是给图片添加X光照射的感觉，其表达式也相当简单，如下所示：

```
filter:xray;
```

很多用户常常把X光效果与灰度Gray效果混淆在一起，其实二者的区别还是很明显的，例9.17对两个滤镜进行对比，如下所示：

【例9.17】（实例文件：第9章\9-17.html）

```
<head>
```

```
<title>X-ray滤镜</title>
<style>
<!--
body{
        margin:12px;
        background:#000000;
}
.xray{
        filter:xray;           /* X光效果 */
}
.gray{
        filter:gray;           /* 黑白效果 */
}
-->
</style>
</head>
<body>
        <img src="building7.jpg"> 
        <img src="building7.jpg"class="xra"> 
        <img src="building7.jpg"class="gray">
</body>
```

上例中将原图、X光效果和灰度图按照从左到右的顺序放在了一起，显示效果如图9.20所示，从中可以看到Xray滤镜与Gray滤镜的明显区别。

图9.20　X光滤镜

9.14　浮雕纹理（Emboss和Engrave）

在CSS滤镜中有两个滤镜都能够提供类似浮雕的效果，它们分别是Emboss滤镜和Engrave滤镜，其语法分别如下所示：

```
filter:progid:DXImageTransform.Microsoft.emboss(enabled=enabled,bias=bias);
filter:progid:DXImageTransform.Microsoft.engrave(enabled=enabled,bias=bias);
```

其中enabled的值可以为true或false，分别对应滤镜的开启与关闭，默认值为true。bias设置添加到滤镜结果的每种颜色成分值的百分比，取值范围为–1~1，此属性值大的则产生高亮滤光效果。对于高对比度的图片而言，该值对滤镜的结果影响较小。

这两个滤镜的不同之处在于Emboss产生凹陷的浮雕效果，而Engrave则产生凸出的浮雕效果，首先以文字的浮雕效果为例，如例9.18所示。

【例9.18】（实例文件：第9章\9-18.html）

```
<head>
<title>浮雕滤镜</title>
<style>
<!--
body{
        margin:12px;
        background:#000000;
}
span.emboss{
        font-family:黑体;
        height:100px; font-size:80px;
        font-weight:bold;
        color:#FFFFFF;
        filter:progid:DXImageTransform.microsoft.emboss(bias=0.5);
}
span.engrave{
        font-family:黑体;
        height:100px; font-size:80px;
        font-weight:bold;
        color:#FFFFFF;
        filter:progid:DXImageTransform.microsoft.engrave(bias=0.5);
}
-->
</style>
</head>
<body>
        <span class="emboss">浮雕Emboss滤镜</span>
        <span class="engrave">浮雕Engrave滤镜</span>
</body>
```

例9.18的显示效果如图9.21所示，可以明显看出两个滤镜之间的区别，Emboss滤镜使得浮雕凹陷，而Engrave滤镜使得浮雕凸出。如果将文字都反选，效果正好反过来，更利于观察其区别，如图9.22所示。

图9.21　文字浮雕效果

图9.22　反选文字

当浮雕效果作用于图片上时与文字效果类似。同样将原图以及两个滤镜产生的效果进行对比，如例9.19所示，其显示效果如图9.23所示。

【例9.19】（实例文件：第9章\9-19.html）

```
<head>
<title>浮雕滤镜</title>
<style>
<!--
body{
        margin:12px;
        background:#000000;
}
.emboss{
        filter:progid:DXImageTransform.microsoft.emboss(bias=0.4);
}
```

```
.engrave{
        filter:progid:DXImageTransform.microsoft.engrave(bias=0.4);
}
-->
</style>
</head>
<body>
        <img src="building8.jpg"> 
        <img src="building8.jpg"class="emboss"> 
        <img src="building8.jpg"class="engrave">
</body>
```

图9.23　浮雕效果

从显示效果上可以看出，Emboss滤镜使得图片的暗部凸出，亮部凹陷。而Engrave滤镜则正好相反，使得图片的暗部凹陷而亮部凸出。

9.15　波浪（Wave）

Wave滤镜可以为对象添加竖直方向上的波浪效果，也可以用来把对象按照竖直的波纹样式打乱，其表达式为：

filter:wave(add=add,freq=freq,lightstrength=lightstrength,phase=phase,strength=strength);

add参数有两个参数值，"add=1"表示显示原对象，"add=0"表示不显示原对象。freq参数指生成波纹的频率，也就是指定在对象上共需要产生多少个完整的波纹。lightstrength参数是为了使生成的波纹增强光的效果。参数值可以为0~100。phase参数用来设置正弦波开始的偏移量。这个值的通用值为0，它的可变范围为0~100。这个值代表开始时的偏移量占波长的百分比。比如该值为25，代表正弦波从90°（360°×25％）的方向开始。strength为振幅的大小。

首先通过文字效果来直观地认识Wave滤镜，如例9.20所示。

【例9.20】（实例文件：第9章\9-20.html）

```
<head>
<title>Wave波浪滤镜</title>
<style>
<!--
body{
        margin:12px;
        background-color:#e4f1ff;
}
span{
        font-family:Arial, Helvetica, sans-serif;
        height:100px; font-size:80px;
        font-weight:bold;
        color:#50a6ff;
}
span.wave1{
        filter:wave(add=0,freq=2,lightstrength=70,phase=75,strength=4);
}
span.wave2{
        filter:wave(add=0,freq=4,lightstrength=20,phase=25,strength=5);
}
span.wave3{
        filter:wave(add=1,freq=4,lightstrength=60,phase=0,strength=6);
}
-->
</style>
</head>
<body>
        <span class="wave1">波浪Wave</span>
        <span class="wave2">波浪Wave</span>
        <span class="wave3">波浪Wave</span>
</body>
```

例9.20中对同一段文字采用了Wave滤镜的3组不同的参数，重在对比各参数对对象本身产生的效果，如图9.24所示。

图9.24　Wave滤镜

当Wave滤镜作用于图片时，效果与文字基本相同。如果Wave滤镜配合Flip滤镜和Alpha滤镜同时使用，便可以制作出倒影的效果，如例9.21所示。

【例9.21】（实例文件：第9章\9-21.html）

```
<head>
<title>三个滤镜同时使用</title>
<style>
<!--
body{
        margin:12px;
        background:#000000;
}
.three{
        filter:flipv alpha(opacity=80) wave(add=0, freq=15, lightstrength=30, phase=0, strength=4);
        /* 同时使用三个滤镜 */
        /* 竖直翻转、透明、波浪效果 */
}
-->
</style>
</head>
<body>
        <img src="lotus.jpg"><br>
        <img src="lotus.jpg"class="three">
</body>
```

例9.21中首先对图片进行了竖直方向的翻转，然后设置了图片的透明度，最后给"倒影"加上了波浪的效果，如图9.25所示。

图9.25　倒影效果

经验之谈：

　　类似这样将多个滤镜同时使用的例子还有很多，读者可以在实践中不断尝试，制作出各种巧妙的特效。

精通

CSS+DIV 网页样式与布局

第 2 部分

CSS+div 美化和布局篇

精通

CSS+DIV 网页样式与布局

第 10 章

理解CSS定位与 div布局

在设计网页时，能否控制好各个模块在页面中的位置是非常关键的。在前面的章节中，已经对CSS的基本使用有了一定的了解。本章在此基础上对CSS定位作详细的介绍，并介绍重要的div标记，讲解利用"CSS+div"对页面元素进行定位的方法，并分析CSS排版中的盒子模型以及二维和三维定位等。

10.1 <div>标记与<span>标记

在使用CSS排版的页面中，<div>与<span>是两个常用的标记。利用这两个标记，加上CSS对其样式的控制，可以很方便的实现各种效果。本节从二者的基本概念出发，介绍这两个标记的用法与区别。

10.1.1 概述

<div>标记早在HTML 3.0时代就已经出现，但那时并不常用，直到CSS的出现，才逐渐发挥出它的优势。而<span>标记直到HTML 4.0时才被引入，它是专门针对样式表而设计的标记。

<div>（division）简单而言是一个区块容器标记，即<div>与</div>之间相当于一个容器，可以容纳段落、标题、表格、图片，乃至章节、摘要和备注等各种HTML元素。因此，可以把<div>与</div>中的内容视为一个独立的对象，用于CSS的控制。声明时只需要对<div>进行相应的控制，其中的各标记元素都会因此而改变。

【例10.1】（光盘文件：第10章\10-1.html）

```
<html>
<head>
<title>div 标记范例</title>
<style type="text/css">
<!--
div{
        font-size:18px;                         /* 字号大小 */
        font-weight:bold;                       /* 字体粗细 */
        font-family:Arial;                      /* 字体 */
        color:#FF0000;                          /* 颜色 */
        background-color:#FFFF00;               /* 背景颜色 */
        text-align:center;                      /* 对齐方式 */
        width:300px;                            /* 块宽度 */
        height:100px;                           /* 块高度 */
}
-->
</style>
</head>
<body>
```

```
        <div>
        这是一个div标记
        </div>
</body>
</html>
```

在例10.1中通过CSS对<div>块的控制，制作了一个宽300像素和高100像素的黄色区块，并进行了文字效果的相应设置，在IE中的执行结果如图10.1 所示。

图10.1 div块示例

<span>标记与<div>标记一样，作为容器标记而被广泛应用在HTML语言中。在<span>与</span>中间同样可以容纳各种HTML元素，从而形成独立的对象。在例10.1中，如果把"<div>"替换成"<span>"，样式表中把"div"替换成"span"，执行后也会发现效果完全一样。可以说<div>与<span>这两个标记起到的作用都是独立出各个区块，在这个意义上二者没有太多的不同。

10.1.2 <div>与<span>的区别

<div>与<span>的区别在于，<div>是一个块级（block-level）元素，它包围的元素会自动换行。而<span>仅仅是一个行内元素（inline elements），在它的前后不会换行。<span>没有结构上的意义，纯粹是应用样式，当其他行内元素都不合适时，就可以使用<span>元素。

此外，<span>标记可以包含于<div>标记之中，成为它的子元素，而反过来则不成立，即<span>标记不能包含<div>标记。

【例10.2】（实例文件：第10章\10-2.html）

```
<html>
<head>
<title>div与span的区别</title>
</head>
<body>
        <p>div标记不同行：</p>
        <div><img src="building.jpg"border="0"></div>
        <div><img src="building.jpg"border="0"></div>
```

```
        <div><img src="building.jpg"border="0"></div>
        <p>span标记同一行：</p>
        <span><img src="building.jpg"border="0"></span>
        <span><img src="building.jpg"border="0"></span>
        <span><img src="building.jpg"border="0"></span>
</body>
</html>
```

其执行的结果如图10.2所示。<div>标记的3幅图片被分在了3行中，而<span>标记的图片没有换行。

图10.2　<div>与<span>标记的区别

经验之谈：

通常情况下，对于页面中大的区块使用<div>标记，而<span>标记仅仅用于需要单独设置样式风格的小元素，例如一个单词、一幅图片和一个超链接等。

10.2　盒子模型

盒子模型是CSS控制页面时一个很重要的概念。只有很好地掌握了盒子模型以及其中每个元素的用法，才能真正地控制页面中各元素的位置。本节主要介绍盒子模型的基本概念，并讲解CSS定位的基本方法。

10.2.1　盒子模型的概念

所有页面中的元素都可以看成是一个盒子，占据着一定的页面空间。一般来说这些被占据的空间往往都要比单纯的内容要大。换句话说，可以通过调整盒子的边框和距离等参数，来调节盒子的位置。

一个盒子模型由content（内容）、border（边框）、padding（间隙）和margin（间隔）这4个部分组成，如图10.3所示。

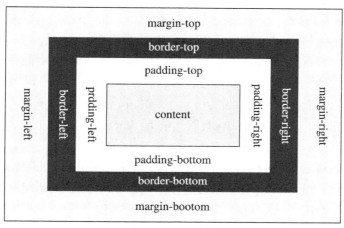

图10.3　盒子模型

一个盒子的实际宽度（或高度）是由content + padding + border + margin组成的。在CSS中可以通过设定width和height的值来控制content的大小，并且对于任何一个盒子，都可以分别设定4条边各自的border、padding和margin。因此只要利用好盒子的这些属性，就能够实现各种各样的排版效果。

技术背景：

在浏览器中（无论是IE 7还是Firefox），width和height的值都指的是width+padding或者height+padding的值，因此在实际制作网页时需要特别的注意。另外在页面具体排版时，如果<div>块中包含子<div>块，情况会比较复杂，在后续章节的实例中会出现这种情况。

10.2.2　border

border一般用于分离元素，border的外围即为元素的最外围，因此计算元素实际的宽和高时，就要将border纳入。换句话说，border会占据空间，所以在计算精细的版面时，一定要把border的影响考虑进去。如图10.4所示，黑色的虚线框即为border。

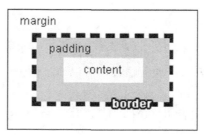

图10.4　border

border的属性主要有3个，分别是color（颜色）、width（粗细）和style（样式）。在设置border时常常需要将这3个属性进行很好的配合，才能达到良好的效果。

color指定border的颜色，它的设置方法与文字的color属性完全一样，一共可以有256³种颜色。通常情况下设置为16进制的值，例如红色为"#FF0000"。

width即border的粗细程度，可以设为thin、medium、thick和<length>，其中<length>表示具体的数值，例如5px和0.1in等。width的默认值为"medium"，一般的浏览器都将其解析为2px宽。

这里需要重点讲解的是style属性，它可以设为none、hidden、dotted、dashed、solid、double、groove、ridge、inset和outset等，其中none和hidden都是不显示border，二者效果完全相同，只是运用在表格中时，hidden可以用来解决边框冲突的问题。

【例10.3】（实例文件：第10章\10-3.html）

```
<html>
<head>
<title>border-style</title>
<style type="text/css">
<!--
div{
        border-width:6px;
        border-color:#000000;
        margin:20px; padding:5px;
        background-color:#FFFFCC;
}
-->
</style>
</head>


<body>
        <div style="border-style:dashed">The border-style of dashed.</div>
        <div style="border-style:dotted">The border-style of dotted.</div>
        <div style="border-style:double">The border-style of double.</div>
        <div style="border-style:groove">The border-style of groove.</div>
        <div style="border-style:inset">The border-style of inset.</div>
        <div style="border-style:outset">The border-style of outset.</div>
```

```
        <div style="border-style:ridge">The border-style of ridge.</div>
        <div style="border-style:solid">The border-style of solid.</div>
    </body>
</html>
```

其执行结果在IE和Firefox中略有区别，如图10.5所示。可以看到，对于groove、inset、outset和ridge这几种值，IE都支持得不够理想。

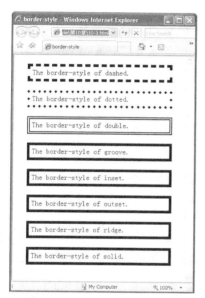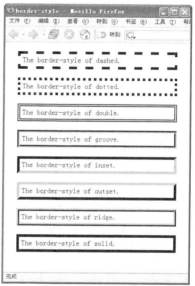

图10.5　border-style

经验之谈：

对于IE浏览器不支持的border-style效果，在实际制作网页的时候，不推荐使用。

如果希望在某段文字结束后加上虚线用于分割，而不是用border将整段话框起来，可以通过单独设置border-bottom来完成，如例10.4所示。

【例10.4】（实例文件：第10章\10-4.html）

```
<html>
<head>
<title>border-bottom的运用</title>
</head>
<body>
<p style="border-bottom: 8px dotted blue;">
We can read of things that happened 5,000 years ago in the Near East, where people first learned to write.
But there are some parts of the world where even now people cannot write. The only way that they can
```

preserve their history is to recount it as sagas.
```
</p>
<p>Next paragraph</p>
</body>
</html>
```

例10.4的执行效果如图10.6所示。另外3条边border-left、border-right和border-bottom属性的用法也完全相同，读者可以自己试验。

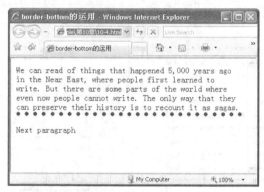

图10.6　border-bottom的运用

另外值得注意的是，在特定情况下给元素设置background-color背景色时，IE作用的区域为content + padding，而Firefox则是content + padding + border。这点在border为粗虚线时特别明显，例10.5就是其中的一种情况。

【例10.5】（实例文件：第10章\10-5.html）

```
<html>
<head>
<title>浏览器对待background-color的不同</title>
<style type="text/css">
<!--
.chara1{
        font-family:Arial, Helvetica, sans-serif;
        font-size:12px;
}
.tableborder{
        border:1px solid #000000;
}
.cell{
        border:10px dashed #000000;
        text-align:center;
        background-color:#e799f8;
}
```

```
-->
</style>
</head>
<body>
<table cellpadding="10"cellspacing="25"class="chara1 tableborder">
        <tr>
                <td class="cell"height="80px"width="120px">content</td>
        </tr>
</table>
</body>
</html>
```

例10.5在两种浏览器中的执行结果如图10.7所示。可以看到IE并没有对border的背景上色，而Firefox的作用域为content + padding + border。

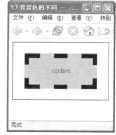

图10.7　IE与Firefox对待背景色的不同处理

10.2.3　padding

padding用于控制content与border之间的距离，如果修改例10.4，加入padding-bottom的语句，如例10.6所示。

【例10.6】（实例文件：第10章\10-6.html）

```
<html>
<head>
<title>padding-bottom的运用</title>
</head>
<body>
<p style="border-bottom: 8px dotted blue; padding-bottom: 30px;">
We can read of things that happened 5,000 years ago in the Near East, where people first learned to write.
But there are some parts of the world where even now people cannot write. The only way that they can
preserve their history is to recount it as sagas.
</p>
<p>Next paragraph</p>
</body>
</html>
```

例10.6的执行结果如图10.8所示，可以清楚地看到圆点线远离了正文内容。

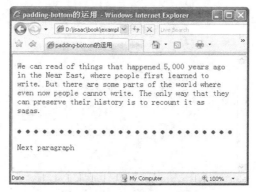

图10.8　padding-bottom示例

技术背景：

　　这里值得指出的是，在浏览器中如果使用width或是height属性指定了父块的宽或高，由于width和height的值中包含padding，那么内容元素content会受到padding的挤压，如图10.9所示。

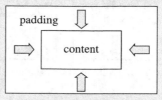

图10.9　padding挤压content

　　在网页设计中，也可以利用这一点实现许多效果，这在稍后章节的实例中都能得到很好的体现。其实padding属性的概念就这么简单，但在CSS排版中与margin配合使用，就能使页面千变万化。

当某些时候需要同时设置4个方向的padding值时，可以将4个语句合成到一起，用padding语句统一书写，如例10.7所示。

【例10.7】（实例文件：第10章\10-7.html）

```
<head>
<title>padding</title>
<style type="text/css">
<!--
.outside{
        padding:10px 30px 50px 100px;          /* 同时设置，顺时针 */
        border:1px solid #000000;              /* 外边框 */
        background-color:#fffcd3;              /* 外背景 */
```

```
}
.inside{
        background-color:#66b2ff;           /* 内背景 */
        border:1px solid #005dbc;           /* 内边框 */
        width:100%; line-height:40px;
        text-align:center;
        font-family:Arial;
}
-->
</style>
</head>
<body>
<div class="outside">
        <div class="inside">padding</div>
</div>
</body>
```

此时页面的效果如图10.10所示。可以看到内<div>块与外<div>块之间的padding，从上方开始按照顺时针方向，依次为10px、30px、50px和100px。不单是padding属性，稍后提到的margin属性也可以类似地合成为一句。

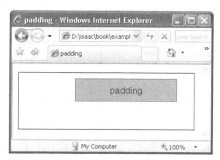

图10.10　4个方向合成为一句

10.2.4　margin

margin指的是元素与元素之间的距离。首先还是通过修改例10.4来了解margin的含义。在例10.4中加入margin-bottom语句，如例10.8所示。

【例10.8】（实例文件：第10章\10-8.html）

```
<html>
<head>
<title>margin-bottom的运用</title>
</head>
<body>
<p style="border-bottom: 8px dotted blue; padding-bottom: 30px; margin-bottom: 60px;">
```

We can read of things that happened 5,000 years ago in the Near East, where people first learned to write. But there are some parts of the world where even now people cannot write. The only way that they can preserve their history is to recount it as sagas.

```
</p>
<p>Next paragraph</p>
</body>
</html>
```

例10.8的执行结果如图10.11所示，可以看到蓝色的点线离"Next paragraph"的距离增加了。

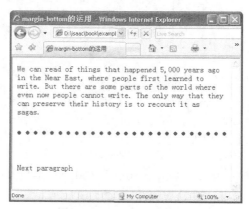

图10.11　margin-bottom示例

从直观上而言，margin用于控制块与块之间的距离。倘若将盒子模型比作展览馆里展出的一幅幅画，那么content就是画面本身，padding就是画面与画框之间的留白，border就是画框，而margin就是画与画之间的距离。

倘若希望很精确地控制块的位置，就必须对margin有更深入的了解。首先来看两个块并排的情况，如图10.12所示。

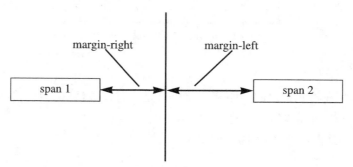

图10.12　行内元素之间的margin

当两个行内元素紧邻的时候，它们之间的距离为第1个元素的margin-right加上第2个元素的margin-left，如例10.9所示。

【例10.9】（实例文件：第10章\10-9.html）

```
<html>
<head>
<title>两个行内元素的margin</title>
<style type="text/css">
<!--
span{
        background-color:#a2d2ff;
        text-align:center;
        font-family:Arial, Helvetica, sans-serif;
        font-size:12px;
        padding:10px;
}
span.left{
        margin-right:30px;
        background-color:#a9d6ff;
}
span.right{
        margin-left:40px;
        background-color:#eeb0b0;
}
-->
</style>
</head>
<body>
        <span class="left">行内元素1</span><span class="right">行内元素2</span>
</body>
</html>
```

例10.9的执行结果如图10.13所示，可以看到两个块之间的距离为30px + 40px= 70px。

图10.13　行内元素之间的margin

但倘若不是行内元素，而是产生换行效果的块级元素，情况就会变得有一些不同。两个块级元素之间的距离不再是margin-bottom与margin-top的和，而是两者中的较大者，如图10.14所示。

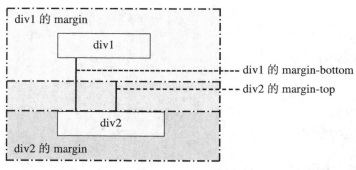

图10.14　块元素之间的margin

【例10.10】（实例文件：第10章\10-10.html）

```
<html>
<head>
<title>两个块级元素的margin</title>
<style type="text/css">
<!--
div{
        background-color:#a2d2ff;
        text-align:center;
        font-family:Arial, Helvetica, sans-serif;
        font-size:12px;
        padding:10px;
}
-->
</style>
</head>
<body>
        <div style="margin-bottom:50px;">块元素1</div>
        <div style="margin-top:30px;">块元素2</div>
</body>
</html>
```

　　例10.10的执行结果如图10.15所示。倘若修改块元素2的margin-top为40px，会发现执行结果没有任何的变化。再若修改其值为60px，才会发现块元素2向下移动了10个像素。

图10.15　块级元素的margin

经验之谈：

margin-top和margin-bottom的这个特点在实际制作网页时要特别的注意，否则常常会被增加了margin-top或者margin-bottom值时发现块"没有移动"的假象所迷惑。

除了上面提到的行内元素间隔和块级元素间隔这两种关系外，还有一种位置关系，它的margin值对CSS排版也有重要的作用，这就是父子关系。当一个<div>块包含在另一个<div>块中间时，便形成了典型的父子关系。其中子块的margin将以父块的content为参考，如图10.16所示。

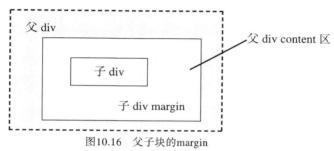

图10.16 父子块的margin

【例10.11】（实例文件：第10章\10-11.html）

```
<head>
<title>父子块的margin</title>
<style type="text/css">
<!--
div.father{                                    /* 父div */
        background-color:#fffebb;
        text-align:center;
        font-family:Arial, Helvetica, sans-serif;
        font-size:12px;
        padding:10px;
        border:1px solid #000000;
}
div.son{                                       /* 子div */
        background-color:#a2d2ff;
        margin-top:30px;
        margin-bottom:0px;
        padding:15px;
        border:1px dashed #004993;
}
-->
</style>
</head>
```

```
<body>
        <div class="father">
                <div class="son">子div</div>
        </div>
</body>
```

例10.11的执行的结果如图10.17所示。可以看到子div距离父div上边为40px（30px margin + 10px padding），其余3边都是padding的10px。

图10.17　父子块的margin

另外需要指出IE与Firefox在margin的细节处理上又有区别。倘若设定了父元素的高度height值，如果此时子元素的高度超过了该height值，二者的显示结果就完全不同，如例10.12所示。

【例10.12】（实例文件：第10章\10-12.html）

```
<head>
<title>设置父块的高度</title>
<style type="text/css">
<!--
div.father{                                    /* 父div */
        background-color:#fffebb;
        text-align:center;
        font-family:Arial, Helvetica, sans-serif;
        font-size:12px;
        padding:10px;
        border:1px solid #000000;
        height:40px;                           /* 设置父div的高度 */
}
div.son{                                       /* 子div */
        background-color:#a2d2ff;
        margin-top:30px; margin-bottom:0px;
        padding:15px;
        border:1px dashed #004993;
}
```

```
-->
</style>
</head>
<body>
        <div class="father">
                <div class="son">子div</div>
        </div>
</body>
```

在例10.12中设定的父div的高度值小于子块的高度加上margin的值，此时IE浏览器会自动扩大，保持子元素的margin-bottom的空间以及父元素自身的padding-bottom。而Firefox就不会，它会保证父元素的height高度的完全吻合，而这时子元素将超过父元素的范围，如图10.18所示。

图10.18　IE与Firefox对待父height的不同处理

以上提及margin的时候，它的值都是正数。其实margin的值也可以设置为负数，而且关于这方面的巧妙运用也非常的多，在后面的章节中都会陆续体现出来。这里先分析margin设为负数时产生的排版效果。

当将margin设为负数时，会使得被设为负数的块向相反的方向移动，甚至覆盖在另外的块上。在例10.9的基础上，修改代码如例10.13所示。

【例10.13】（实例文件：第10章\10-13.html）

```
<head>
<title>margin设置为负数</title>
<style type="text/css">
<!--
span{
        text-align:center;
        font-family:Arial, Helvetica, sans-serif;
        font-size:12px;
        padding:10px;
        border:1px dashed #000000;
}
span.left{
        margin-right:30px;
```

```
        background-color:#a9d6ff;
}
span.right{
        margin-left:-53px;                    /* 设置为负数 */
        background-color:#eeb0b0;
}
-->
</style>
</head>
<body>
        <span class="left">行内元素1</span><span class="righ">行内元素2</span>
</body>
```

例10.13的执行效果如图10.19所示，右边的块移动到了左边的块上方，形成了重叠的位置关系。如果是会产生换行效果的<div>块其效果也类似，读者可以自己试一试。

图10.19　margin设置为负数

当块之间是父子关系，通过设置子块的margin参数为负数，可以使得子块从父块中"分离"出来，其示意图如图10.20所示。关于它的应用在下一章节"CSS排版"中还会有更详细的介绍。

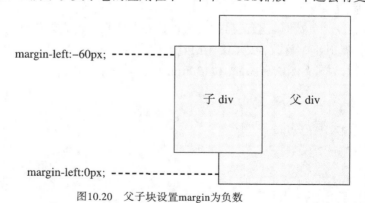

图10.20　父子块设置margin为负数

10.3　元素的定位

网页中各种元素都必须有自己合理的位置，从而搭建出整个页面的结构。本节围绕CSS定位的几种原理方法，进行深入的介绍，包括position、float和z-index等。需要说明的是，这里的定位不是用<table>进行排版，而是用CSS的方法对页面中块元素的定位。

10.3.1 float定位

float定位是CSS排版中非常重要的手段，在前面章节中已经有所提及，例3.18的"首字放大"、第4章中的"文字环绕"和"八仙过海"等实例都利用了float定位的思想。

属性float的值很简单，可以设置为left、right或者默认值none。当设置了元素向左或者向右浮动时，元素会向其父元素的左侧或右侧靠紧，如例10.14所示。

【例10.14】（实例文件：第10章\10-14.html）

```
<html>
<head>
<title>float属性</title>
<style type="text/css">
<!--
body{
        margin:15px;
        font-family:Arial; font-size:12px;
}
.father{
        background-color:#fffea6;
        border:1px solid #111111;
        padding:25px;                          /* 父块的padding */
}
.son1{
        padding:10px;                          /* 子块son1的padding */
        margin:5px;                            /* 子块son1的margin */
        background-color:#70baff;
        border:1px dashed #111111;
        float:left;                            /* 块son1左浮动 */
}
.son2{
        padding:5px;
        margin:0px;
        background-color:#ffd270;
        border:1px dashed #111111;
}
-->
</style>
</head>
<body>
        <div class="father">
                <div class="son1">float1</div>
                <div class="son2">float2</div>
        </div>
</body>
```

```
</html>
```

例10.14中定义了3个\<div\>块，其中一个父块，另外两个是它的子块。为了便于观察，将各个块都加上了边框以及背景颜色，并且让\<body\>标记有一定的margin值。块son1的margin值为5px，而块son2的margin值为0px。

当没有设置块son1向左浮动前，页面效果如图10.21所示。当设置块son1的float值为left时，页面效果如图10.22所示。

图10.21　未设置块1的float　　　图10.22　设置了块1的float值

首先结合盒子模型单独分析块son1，在设置float为left之前，它的宽度撑满了整个父块，空隙仅仅为父块的padding和它自己的margin。而设置了float为left后，块son1的宽度仅仅为它的内容本身加上自己的padding。

块son1浮动到最左端的位置是父块的padding-left加上自己的margin-left，而不是父块的边界border，这里盒子模型的概念体现得很自然，示意如图10.23所示。

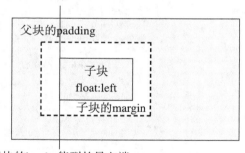

图10.23　float能到的最左端

当设置float为right时，效果是完全一样的。但倘若将子块son1的margin设置为负数，上图显示的理论仍然是正确的，子块能浮动到的最左端依然是父块的padding-left加上这个负数，因此子块在视觉上会移动到父块的外面，如例10.15所示，显示效果如图10.24所示。

【例10.15】（实例文件：第10章\10-15.html）

```
.father{
    background-color:#fffea6;
    border:1px solid #111111;
```

```
        padding:25px;                              /* 父块的padding */
}
.son1{
        padding:10px;
        margin:5px 0px 0px -35px;                  /* 负数margin */
        background-color:#70baff;
        border:1px dashed #111111;
        float:left;                                /* 块son1左浮动 */
}
```

图10.24　负数margin值

经验之谈:

　　除了margin-left和margin-right，margin-top与margin-bottom也都可以设置为负数。类似将margin设置为负数的方法在实际排版中十分常见，也可以很好地利用，制作出各式各样的页面版式。

　　下面再来看例10.14中父块和son2子块的变化。由于子块son1往左浮动，对于父块而言它的内容就已经不属于父块了，因此父块的高度变短，同时子块son2向上移动。

　　尽管子块son2的边框撑满了整个父块，但是其具体内容并没有与son1重叠，而是围绕在son1块的周围，并且保持着son1块设置的margin距离。因此，如果son2不设置边框和背景，那么效果上就是环绕着son1块。这也就是例3.18中的"首字放大"和第4章中的"文字环绕"、"八仙过海"等实例所利用的原理。

　　如果将块son1的float设置为right，效果是完全类似的，这里不再重复，读者可自己试验。但是如果设置的不是son1块，而是son2块的浮动，情况就会有所不同，如例10.16所示。在该例中，HTML结构、<body>标记的属性和父块等的设置都跟例10.14完全一样，这里仅列出核心部分的代码。

【例10.16】（实例文件：第10章\10-16.html）

```
.son1{
        padding:5px;
        background-color:#70baff;
```

```
        border:1px dashed #111111;
}
.son2{
        padding:5px;                              /* 子块son2的padding */
        margin:5px;
        background-color:#ffd270;
        border:1px dashed #111111;
        float:right;                              /* 子块son2向右浮动 */
}
```

例10.16将子块son1不动，而将子块son2设置为向右浮动，其效果如图10.25所示。可以看到son2向右浮动到了父块的右边，父块的高度也相应的变短了，但是块son1却没有受到任何影响。

图10.25　son2向右浮动

倘若将子块son1与子块son2都向左浮动，并且给son2添加内容，便会发现此时子块son2不再环绕着son1，如例10.17所示，显示效果如图10.26所示。

【例10.17】（实例文件：第10章\10-17.html）

```
.son1{
        padding:5px;
        margin-right:3px;                         /* 子块son1的右margin */
        background-color:#70baff;
        border:1px dashed #111111;
        float:left;                               /* 子块son1向左浮动 */
}
.son2{
        padding:5px;
        background-color:#ffd270;
        border:1px dashed #111111;
        float:left;                               /* 子块son2也向左浮动 */
        width:60%;
}
```

图10.26 同时设置为float

从例10.17中可以看出，当两个子块都设置为向左浮动时，它们将并排向父块的左侧靠近，并且子块son2不再环绕子块son1。

经验之谈：

如果son1作为菜单导航，son2为正文内容，然后将父块的边框和背景都隐藏起来，这样便是很流行的一种排版方式。

再观察图10.22中显示的子块son2，虽然其内容环绕在son1周围，但边框和背景却被son1子块覆盖，很多时候这并不是设计者所需要的效果，如例10.18所示。

【例10.18】（实例文件：第10章\10-18.html）

```
<head>
<title>float属性 clear</title>
<style type="text/css">
<!--
body{
        margin:5px;
        font-family:Arial;
        font-size:13px;
}
.block1{
        padding-left:10px;
        margin-right:10px;
        float:left;                             /* 块1向左浮动 */
}
h3{
        background-color:#a5d1ff;               /* 标题的背景色 */
        border:1px dotted #222222;              /* 标题边框 */
}

-->
```

```
</style>
</head>
<body>
        <div class="block1"><img src="building2.jpg"border="0"></div>
        <div>对于一个网页设计者来说，HTML语言一定不会感到陌生，因为它是所有网页制作的基础。
但是……</div>
        <h3>CSS的概念</h3>
        <div>CSS（Cascading Style Sheet），中文译为……</div>
</body>
```

在例10.18中设置了块1向左浮动，于是便产生了图文混排的效果。但作为内容部分第2段
的标题，<h3>标记采用了背景色和边框，以达到突出的目的，尽管文字没有被图片覆盖，但是
背景色和边框却位于图片的后面，如图10.27所示。

图10.27　边框、背景被覆盖

这种情况下就需要制止从<h3>开始的内容再受块1浮动的影响。在CSS中可以通过设置块
元素的clear属性，清除对float的影响，修改<h3>标记的CSS属性，如下所示。

```
h3{
        background-color:#a5d1ff;                    /* 标题的背景色 */
        border:1px dotted #222222;                   /* 标题边框 */
        clear:left;                                  /* 清除float对左侧的影响 */
}
```

这样从<h3>开始的块便与块1无关，不再参与图文混排，而是重新另起一段，效果如图
10.28所示。

clear属性还可以设置为right，清除float对其右侧的影响。倘若左右都有浮动的块元素，而
新的块两侧都不希望受到影响，则可以将clear参数设置为both，如例10.19所示。清除float影响
前的显示效果如图10.29所示，添加了两端同时清除float影响后，效果如图10.30所示。

图10.28　清除float的影响

【例10.19】（实例文件：第10章\10-19.html）

```
.block1{
        padding-left:10px;
        margin-right:10px;
        float:left;                          /* 块1向左浮动 */
}
.block2{
        padding-right:10px;
        margin-left:10px;
        float:right;                         /* 块2向右浮动 */
}
h3{
        background-color:#a5d1ff;            /* 标题的背景色 */
        border:1px dotted #222222;           /* 标题边框 */
        clear:both;                          /* 清除两端的float影响 */
}
```

图10.29　两端都受float影响

图10.30　同时清除两端影响

245

经验之谈：
在进行整个网页排版时，最下端的"脚注"部分通常就需要设置clear属性，从而消除正文部分各种排版方法对它的影响。

10.3.2 position定位

position定位与float一样，也是CSS排版中非常重要的概念。position从字面意思上看就是指定块的位置，即块相对于其父块的位置和相对于它自身应该在的位置。

position属性一共有4个值，分别为static、absolute、relative和fixed。其中static为默认值，它表示块保持在原本应该在的位置上，即该值没有任何移动的效果。下面首先分析absolute，它表示绝对位置，如例10.20所示。

【例10.20】（实例文件：第10章\10-20.html）

```
<html>
<head>
<title>position属性</title>
<style type="text/css">
<!--
body{
        margin:10px;
        font-family:Arial;
        font-size:13px;
}
#father{
        background-color:#a0c8ff;
        border:1px dashed #000000;
        width:100%;
        height:100%;
}
#block{
        background-color:#fff0ac;
        border:1px dashed #000000;
        padding:10px;
        position:absolute;                      /* absolute绝对定位 */
        left:20px;                              /* 块的左边框离页面左边界20px */
        top:40px;                               /* 块的上边框离页面上边界40px */
}
-->
</style>
```

```
</head>
<body>
        <div id="father">
                <div id="block">absolute</div>
        </div>
</body>
</html>
```

在例10.20中对页面上惟一的块<div>进行了绝对定位，可以看到块的位置发生了改变，不再与其父块有关，如图10.31所示。

图10.31　absolute定位

当将子块的position属性值设置为absolute时，子块已经不再从属于父块，其左边框相对页面<body>左边的距离为20px，这个距离已经不是相对父块的左边框的距离了。子块的上边框相对页面<body>上边的距离为40px，这个距离也不是相对于父块的上边的距离了。

技术背景：

top、right、bottom和left这4个CSS属性，它们都是配合position属性使用的，表示的是块的各个边界离页面边框（当position设置为absolute时）的距离，或各个边界离原来位置（position设置为relative）的距离。只有当position属性设置为absolute或者relative时才能生效，如果将上例中的position设置为static，则子块不会有任何变化。

top、right、bottom和left这4个属性不但可以设置为绝对的像素，还可以设置为百分数，在例10.20的基础上进行修改，如例10.21所示。

【例10.21】（实例文件：第10章\10-21.html）

```
#block{
        background-color:#fff0ac;
        border:1px dashed #000000;
        padding:10px;
        position:absolute;                      /* absolute绝对定位 */
        right:75％;                            /* 块的右边框离页面右边界70% */
        bottom:10％;                           /* 块的下边框离页面下边界10% */
}
```

此时页面的效果如图10.32所示，由于是块的右边框距离页面右边界为70％页面宽，因此当浏览器窗口比较小的时候，块的内容将被挤出页面左侧。

图10.32　位置百分数

当同时设置了块的left、right或者top、bottom、或者4个属性都设置时，情况则有一些不同，如例10.22所示。

【例10.22】（实例文件：第10章\10-22.html）

```
#father{
        background-color:#a0c8ff;
        border:1px dashed #000000;
        width:100%;
        height:100%;
}
#block{
        background-color:#fff0ac;
        border:1px dashed #000000;
        padding:10px;
        position:absolute;                 /* absolute绝对定位 */
        right:20px; left:30px;             /* 同时设置4个位置 */
        bottom:10%; top:10%;
}
```

例10.22中同时设定了子块4个方向上的位置值，此时页面在IE中与在Firefox中的显示效果如图10.33所示。

图10.33　同时设置4个方向上的位置

在IE浏览器中，仅仅只有left和top两个位置发挥了作用，而right和bottom值因为冲突，没有根据需要进行调整。但是在Firefox中，为了满足4个边界的要求，子块的大小被改变了。

经验之谈：

鉴于浏览器之间的差异，建议在设计时只设置left和right这两个属性中的一个，以及top和bottom这两个属性中的一个。而对于块的高度和宽度还是分别通过height属性和width属性来设置。

下面来看一个父块包含两个子块的情况，首先将其中一个子块的position属性设置为absolute，如例10.23所示。

【例10.23】（实例文件：第10章\10-23.html）

```
<head>
<title>position属性</title>
<style type="text/css">
<!--
#father{
        background-color:#a0c8ff;
        border:1px dashed #000000;
        width:100%; height:100%;
        padding:5px;
}
#block1{
        background-color:#fff0ac;
        border:1px dashed #000000;
        padding:10px;
        position:absolute;             /* absolute绝对定位 */
        left:30px;
        top:35px;
}
#block2{
        background-color:#ffbd76;
        border:1px dashed #000000;
        padding:10px;
}
-->
</style>
</head>
<body>
      <div id="father">
                <div id="block1">absolute</div>
                <div id="block2">block2</div>
      </div>
</body>
```

在例10.23中将子块1的position属性值设置为absolute，并且调整了它的位置，此时子块2便移动到了父块的最上端，如图10.34所示。即前面提到的，子块1此时已经不再属于父块#father，因为将其position值设置成了absolute，因此子块2成为了父块中的第1个子块，移动到了父块的最上方。

图10.34　两个子块

如果将两个子块的position属性同时设置为absolute，这时两个子块都将不再属于其父块，都相对于页面定位，在例10.23的基础上进行修改，如例10.24所示。

【例10.24】（实例文件：第10章\10-24.html）

```
#block1{
        background-color:#fff0ac;
        border:1px dashed #000000;
        padding:10px;
        position:absolute;            /* absolute绝对定位 */
        left:30px;
        top:35px;
}
#block2{
        background-color:#ffbd76;
        border:1px dashed #000000;
        padding:10px;
        position:absolute;            /* absolute绝对定位 */
        left:50px;
        top:60px;
}
```

当两个子块的position属性都设置为absolute时，它们都按照各自的属性进行了定位，都不再属于其父块。两个子块重叠的部分，块2位于块1的上方，如图10.35所示。

图10.35　两个同时为absolute

技术背景：

之所以块2位于块1上方，是因为CSS默认后加入到页面中的元素会覆盖之前的元素，在页面中一层层往上写。

当将块的position参数设置为relative时，与将其设置为absolute时完全不同，这时子块是相对于其父块来进行定位的，同样配合top、right、bottom和left这4个属性来使用。首先看单个子块的情况，如例10.25所示。

【例10.25】（实例文件：第10章\10-25.html）

```
<head>
<title>position属性</title>
<style type="text/css">
<!--
body{
        margin:10px;
        font-family:Arial;
        font-size:13px;
}
#father{
        background-color:#a0c8ff;
        border:1px dashed #000000;
        width:100%; height:100%;
        padding:5px;
}
#block1{
        background-color:#fff0ac;
        border:1px dashed #000000;
        padding:10px;
        position:relative;                 /* relative相对定位 */
        left:15px;
        top:10%;
}
-->
</style>
</head>
<body>
        <div id="father">
                    <div id="block1">relative</div>
        </div>
</body>
```

在例10.25中设置了子块的position属性为relative，显示结果如图10.36所示，可以看到子块的左边框相对于其父块的左边框（它原来所在的位置）距离为15px，上边框也是一样的道理，为10%。

图10.36　relative位置关系

此时子块的宽度依然是未移动前的宽度，撑满未移动前父块的内容。只是由于向右移动了，因此右边框超出了父块。如果希望子块的宽度仅仅为其内容加上自己的padding值，可以将它的float属性设置为left，或者指定其宽度width，读者可以自己试验。

下面讨论两个子块的情况，跟absolute的方法一样，首先将其中的一个块的position属性设置为relative，如例10.36所示。

【例10.26】（实例文件：第10章\10-26.html）

```
#block1{
        background-color:#fff0ac;
        border:1px dashed #000000;
        padding:10px;
        position:relative;              /* relative相对定位 */
        left:15px;                      /* 子块的左边框距离它原来的位置15px */
        top:10%;
}
#block2{
        background-color:#ffc24c;
        border:1px dashed #000000;
        padding:10px;
}
-->
</style>
</head>
<body>
        <div id="father">
                <div id="block1">relative</div>
                <div id="block2">block2</div>
        </div>
</body>
```

在例10.26中仅仅将子块1的position属性设置为了relative，子块2没有设置任何与定位相关的属性。为了做对比，图10.37所示的是两个子块都没有设置position属性时的结果，图10.38所示的是仅设置了子块1的position属性为relative的结果。

图10.37　没有设置块1的position　　　图10.38　设置块1定位为relative

从显示结果可以看出，当将子块的position属性设置成了relative时，子块1仍然属于其父块，所以子块2还在原来的位置上，并没有像例10.23中那样移动到父块顶端。

如果同时设置两个子块的position属性都为relative，情况又有所不同，如例10.27所示。

【例10.27】（实例文件：第10章\10-27.html）

```
#block1{
        background-color:#fff0ac;
        border:1px dashed #000000;
        padding:10px;
        position:relative;                    /* relative相对定位 */
        left:30px;                            /* 子块1的左边框距离它原来的位置30px */
        top:15px;                             /* 子块1的左边框距离它原来的位置15px */
}
#block2{
        background-color:#ffc24c;
        border:1px dashed #000000;
        padding:10px;
        position:relative;                    /* relative相对定位 */
        left:10px;                            /* 子块2的左边框距离它原来的位置10px */
        top:20px;                             /* 子块2的上边框距离它原来的位置15px */
}
```

例10.27的显示效果如图10.39所示，从显示结果可以充分看出，当将position设置为relative时，块的位置是相对于它原来的位置进行调整的，而不是父块。同样，重叠部分子块2在上方，子块1在下方。

图10.39　相对于原来的位置

当将块的position参数设置为fixed时，本质上与将其设置为absolute一样，只不过块不随着浏览器的滚动条向上或者向下移动。很遗憾的是，最新版本的IE 7与IE 6一样，依然不支持position属性的fixed值，因此不推荐使用该值，这里也不再介绍。

经验之谈：

读者可以自己在Firefox浏览器中感受fixed值的强大用处，网上也有一些关于它的排版资料，能够实现很多特效。

10.3.3　z-index空间位置

z-index属性用于调整定位时重叠块的上下位置，与它的名称一样，想象页面为x-y轴，垂直于页面的方向为z轴，z-index值大的页面位于其值小的上方，如图10.40所示。

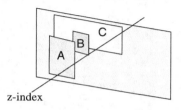

图10.40　z-index轴

z-index属性的值为整数，可以是正数也可以是负数。当块被设置了position属性时，该值便可设置各块之间的重叠高低关系。默认的z-index值为0，当两个块的z-index值一样时，将保持原有的高低覆盖关系。

【例10.28】（实例文件：第10章\10-28.html）

```
<head>
<title>z-index属性</title>
<style type="text/css">
<!--
body{
        margin:10px;
        font-family:Arial;
        font-size:13px;
}
#block1{
        background-color:#fff0ac;
        border:1px dashed #000000;
        padding:10px;
        position:absolute;
        left:20px;
        top:30px;
```

```
        z-index:1;                                      /* 高低值1 */
}
#block2{
        background-color:#ffc24c;
        border:1px dashed #000000;
        padding:10px;
        position:absolute;
        left:40px;
        top:50px;
        z-index:0;                                      /* 高低值0 */
}
#block3{
        background-color:#c7ff9d;
        border:1px dashed #000000;
        padding:10px;
        position:absolute;
        left:60px;
        top:70px;
        z-index:-1;                                     /* 高低值-1 */
}
-->
</style>
</head>
<body>
        <div id="block1">AAAAAAAA</div>
        <div id="block2">BBBBBBBB</div>
        <div id="block3">CCCCCCCC</div>
</body>
```

例10.28中对3个有重叠关系的块分别设置了z-index的值，在设置前与设置后的效果分别如图10.41和图10.42所示。

图10.41　设置z-index前的效果

图10.42　设置z-index后的效果

10.4 定位实例一：轻轻松松给图片签名

手里有漂亮的图片需要放到页面上，而且希望给图片加上个人信息，如果对各种图像处理软件不是很熟悉，用CSS定位完全可以实现给图片签名的效果。

首先找好希望放到网页上的图片，如图10.43所示，然后将其放入一个<div>块中，并用盒子模型的方法给图片加上边框（padding和border）。然后将需要签名的文字放入另外一个<div>块中，用position定位将其移动到图片上，再设置相应的字体和颜色即可。如例10.29所示，最终效果如图10.44所示。

图10.43　希望签名的图片

【例10.29】（实例文件：第10章\10-29.html）

```
<html>
<head>
<title>轻轻松松给图片签名</title>
<style type="text/css">
<!--
body{
        margin:15px;
        font-family:Arial;
        font-size:12px;
        font-style:italic;
}
#block1{
        padding:10px;                     /* 给图片加框 */
        border:1px solid #000000;
        float:left;
}
#block2{
        color:white;
        padding:10px;
        position:absolute;
        left:255px;                       /* 移动到图片上 */
        top:205px;
```

```
     }

-->
</style>
</head>
<body>
<div id="father">
        <div id="block1"><img src="building4.jpg"border="0"></div>
        <div id="block2">isaac photo</div>
</div>
</body>
</html>
```

图10.44　移动签名到图片上

10.5　定位实例二：文字阴影效果

在9.6节中介绍了用CSS滤镜实现文字阴影效果的方法，可是CSS滤镜仅仅适用于IE浏览器，如果希望在Firefox浏览器中也能有文字阴影的效果，该方法就无能为力了。采用本章介绍的定位方法，便能轻松实现文字阴影的效果，而且能适用于各种浏览器，实例的效果如图10.45所示。

图10.45　文字阴影

首先建立两个<div>块，内容都是文字本身。然后将其中一个<div>块设置为阴影的颜色，用CSS定位移动到合适的位置。最后再用z-index调整重叠关系即可，如例10.30所示。

【例10.30】（实例文件：第10章\10-30.html）

```
        <html>
<head>
<title>文字阴影效果</title>
<style type="text/css">
<!--
body{
        margin:15px;
        font-family:黑体;
        font-size:60px;
        font-weight:bold;
}
#block1{
        position:relative;
        z-index:1;
}
#block2{
        color:#AAAAAA;              /* 阴影颜色 */
        position:relative;
        top:-1.06em;               /* 移动阴影 */
        left:0.1em;
        z-index:0;                 /* 阴影重叠关系 */
}

-->
</style>
</head>
<body>
<div id="father">
        <div id="block1">CSS定位阴影</div>
        <div id="block2">CSS定位阴影</div>
</div>
</body>
</html>
```

　　例10.30在Firefox浏览器中的显示效果如图10.46所示，可以看到Firefox浏览器完全支持该特效。

图10.46　Firefox浏览器中的效果

精通

CSS+DIV 网页样式与布局

第11章

CSS+div布局方法剖析

在第10章中主要讲解了CSS对页面中各个元素的定位，本章在此基础上，从页面的整体排版出发，介绍CSS排版的观念和具体方法，包括CSS排版的整体思路、两种具体的排版结构、电子相册的几种版式制作，以及与传统表格排版方法的比较。

11.1　CSS排版观念

CSS的排版是一种很新的排版理念，完全有别于传统的排版习惯。它将页面首先在整体上进行<div>标记的分块，然后对各个块进行CSS定位，最后再在各个块中添加相应的内容。通过CSS排版的页面，更新十分的容易，甚至是页面的拓扑结构，都可以通过修改CSS属性来重新定位。本节主要介绍CSS排版的整体思路，为后续章节的进一步介绍打下基础。

11.1.1　将页面用div分块

CSS排版要求设计者首先对页面有一个整体的框架规划，包括整个页面分为哪些模块，各个模块之间的父子关系，等等。以最简单的框架为例，页面由Banner、主体内容（content）、菜单导航（links）和脚注（footer）几个部分组成，各个部分分别用自己的id来标识，整体内容如图11.1所示。

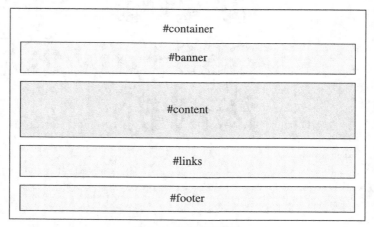

图11.1　页面内容框架

图11.1中的每个色块都是一个<div>，这里直接用CSS的ID表示方法来表示各个块。页面的所有div块都属于块#container，一般的div排版都会在最外面加上这么一个父div，便于对页面的整体进行调整。对于每个子div块，还可以再加入各种块元素或者行内元素，以#content和#links进行为例，如图11.2所示。

在图11.2中同样采用CSS的类别方法class来表示各个内容部分，#content用于页面主体部分的内容，#links为导航菜单，这里暂时不对各个细节区域作讨论。此时页面的HTML框架代码如例11.1所示。

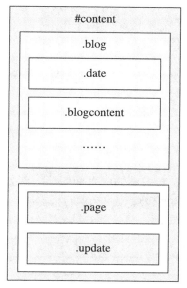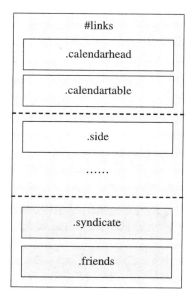

图11.2 子块的内容

【例11.1】（实例文件：第11章\11-1.html）

```
<html>
<head>
<title>CSS排版</title><body>
<div id="container">
        <div id="banner"></div>
        <div id="content">
                <div class="blog">
                        <div class="date"></div>
                        <div class="blogcontent"></div>
                </div>
                <div class="others"></div>
        </div>
        <div id="links">
                <div class="calendarhead"></div>
                <div class="calendartable"></div>
                <div class="side"></div>
                <div class="syndicate"></div>
                <div class="friends"></div>
        </div>
        <div id="footer">
        </div>
</div>
</body>
</html>
```

经验之谈：
    在设计网页时，首先应该先明确整个页面的组成，并且在HTML中搭建好框架，然后才是排版，以及各个细节。

11.1.2　设计各块的位置

　　当页面的内容已经确定后，则需要根据内容本身考虑整体的页面版型，例如单栏、双栏或左中右等。这里考虑到导航条的易用性，采用常见的双栏模式，如图11.3所示。

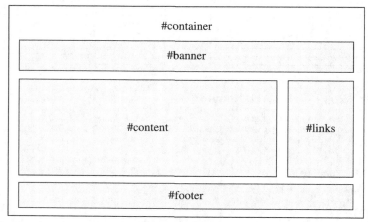

图11.3　各块的位置

　　在整体的#container框架中页面的Banner在最上方，然后是内容#content与导航条#links，二者在页面的中部，其中#content占据整个页面的主体。最下方是页面的脚注#footer，用于显示版权信息和注册日期等。有了页面的整体框架后，便可以用CSS对各个div块进行定位了，如下一节所示。

11.1.3　用CSS定位

　　整理好页面的框架后便可以利用CSS对各个块进行定位，实现对页面的整体规划，然后再往各个模块中添加内容。首先对<body>标记与#container父块进行设置，如下所示：

```
body {
        margin:0px;
        font-size:13px;
        font-family:Arial;
}
#container{
        position:relative;
        width:100％;
}
```

以上设置了页面文字的字号、字体，以及父块的宽度，让其撑满整个浏览器，接下来设置#banner块，代码如下：

```
#banner{
        height:80px;
        border:1px solid #000000;
        text-align:center;
        background-color:#a2d9ff;
        padding:10px;
        margin-bottom:2px;
}
```

这里设置了#banner块的高度，以及一些其他的个性化设置，当然读者可以根据自己的需要进行调整。如果#banner本身就是一幅图片，那么#banner的高度不需要设置。

利用float浮动方法将#content移动到左侧，#links移动到页面右侧，这里不指定#content的宽度，因为它需要根据浏览器的变化而自己调整，但#links作为导航条指定其宽度为200px。

```
#content{
        float:left;
}
#links{
        float:right;
        width:200px;
        text-align:center;
}
```

读者完全可以根据需要设置背景色和文字颜色等其他CSS样式，此时如果给页面添加一些实际的内容，就会发现页面的效果如图11.4所示。

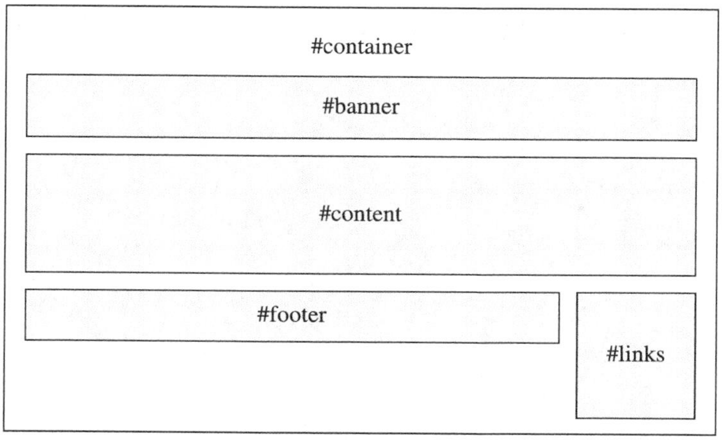

图11.4　页面效果

在分别设置#content和#links的浮动属性后，页面的块并没有按照想象进行移动，#links被挤到了#content的下方，这是因为#content没有设置宽度，它的宽度仍然是整个页面的100%导致的。而前面又提到考虑需要占满浏览器的100%，因此不能设置#content的宽度，此时解决办法就是将#links的margin-left设为负数，强行往左拉回200px。代码如下所示，页面效果如图11.5所示。

```
#links{
        float:right;
        width:200px;
        border:1px solid #000000;
        margin-left:-200px;                              /* 往左拉回200px */
        text-align:center;
}
```

```
                          #container

                          #banner


                          #footer

          #content                            #links

```

图11.5　页面效果

此时会发现#content的内容与#links的内容发生了重叠，这时只需要设置#content的padding-right为-200px，宽度不变的情况下将内容往左挤回去即可。另外由于#content和#link都设置了浮动属性，因此#footer需要设置clear属性，使其不受浮动的影响，如下所示。

```
#content{
        float:left;
        text-align:center;
        padding-right:200px;                             /* 内容往回挤200px */
}
#footer{
        clear:both;                                      /* 不受浮动影响 */
      text-align:center;
        height:30px;
        border:1px solid #000000;
}
```

经过调整，页面的显示效果如图11.6所示，#content的实际宽度依然是整个页面的100％，但是真正的内容却只有虚线部分，右侧被#links挤掉了。

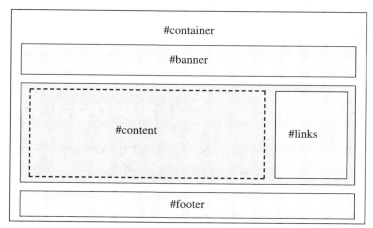

图11.6　调整后的效果

这样页面的整体框架便搭建好了，这里需要指出的是#content块中不能放宽度太长的元素，例如很长的图片或不折行的英文等，否则#link将再次被挤到#content下方。特别的，如果后期维护时希望#content的位置与#links对调，仅仅只需要将#content和#links属性中的float、padding和margin里的left改成right、right改成left即可，这是传统的排版方式所不可能简单实现的，也正是CSS排版的魅力之一。

例11.1在光盘的文件"第11章\11-1.html"中有简单的框架性示例，读者可参考。另外需要指出，如果#links的内容比#content的长（这种情况一般很少），在IE浏览器上#footer就会贴在#content下方而与#links出现重合，如图11.7所示。

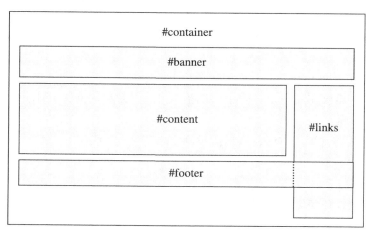

图11.7　一种特殊情况

这是CSS排版中一种比较麻烦的情况，需要对块作一些调整，方法是将#content与#links都设置为左浮动，然后再微调它们之间的距离。当然如果#links在#content的左方，那么就将二者都设置为右浮动即可。

对于固定宽度的页面这种情况是非常容易解决的（例如宽度为800px的页面），只需要指定#content的宽度，然后二者同时向左（或者向右）浮动即可，如下所示：

```
#content {
    float: left;
    padding-right: 200px;
    width: 600px;          /* 800 - 200 = 600 */
}
```

经验之谈：

在对页面采用CSS排版时，通常都需要绘制页面的框架图，至少做到心中有图纸。这样才能有的放矢，合理控制页面中的各个元素。

11.2 固定宽度且居中的版式

宽度固定而且居中的版式是网络中最常见的排版方式之一，本节利用CSS排版的方式制作这种通用的结构，并采用两种方法分别予以实现。

首先像上一节描述的一样，将所有页面内容用一个的大<div>包裹起来，如下所示：

```
<html>
<head>固定宽度且居中的版式</head>
<body>
<div id="container">页面具体内容</div>
</body>
</html>
```

指定该<div>的id为container，这个id在整个页面中是惟一的。虽然大部分浏览器并不限制重复id的使用，但不建议在同一个页面中出现重复id，因为重复id会使得JavaScript等脚本语言在寻找对象时发生混乱。

下面具体介绍两种排版的方法，这里假设固定的宽度为700px。

11.2.1 方法一

方法一的思路很清晰，如下所示：

```
body, html {
margin:0;
text-align:center;
}
#container {
position:relative;
```

```
margin:0 auto;
width:700px;
text-align:left;
  }
```

下面对上面的代码进行逐行解释。首先对<body>和<html>标记进行属性控制，虽然90％以上的浏览器都是以<body>为基准的，但考虑到个别情况因此二者同时声明，一般情况下不需要声明<html>标记。

第2行代码"margin:0;"，指定页面四周的空隙都为0。紧接着设置"text-align:center;"，这是整个排版的关键语句，即将页面<body>中的所有元素都设置为居中，块#container属于页面的一部分，自然也居中对齐。

接下来设置#container的属性，"position:relative;"设置块相对于原来的位置。但是由于<body>已经设置了居中，因此这里不需要再调整，只是考虑到浏览器的兼容性，加上了这句代码。

#container属性中的"margin:0 auto;"是非常关键的一句，它使得该块与页面的上下边界距离为0，左右则自动调整。这一句代码的完整写法为"margin:0 auto 0 auto"，这里采用了简写。其中margin-left和margin-right的auto值一定要写，否则在Firefox浏览器中将默认为0，页面会移动到浏览器的左侧。

然后设定"width:700px;"，这是需要设定的固定宽度。最后的"text-align:left;"用来覆盖<body>中设置的对齐方式，使得#container中的所有内容恢复左对齐。

整个过程的思路清晰明了，这里给出简单的示例，如例11.2所示。读者也可以参考光盘中的具体文件，最终效果如图11.8所示。

【例11.2】（实例文件：第11章\11-2.html）

```
<html>
<head>
<title>个人主页</title>
<style>
<!--
body, html{
        margin:0px; padding:0px;
        text-align:center;
        background:#e9fbff;
}
#container{
        position: relative;
        margin: 0 auto;
        padding:0px;
        width:700px;
        text-align: left;
```

```
        background:url(container_bg.jpg) repeat-y;
}
……
<body>
<div id="container">
……
</div>
</body>
```

图11.8　页面效果

11.2.2　方法二

下面来介绍第二种方法，换一种角度思考这个问题，代码如下所示：

```
body, html{
        margin:0px;
}
#container{
        position: relative;
        left:50%;
        width:700px;
        margin-left:-350px;
}
```

仍然对上述代码进行逐行分析。首先对于\<body\>标记取消了"text-align:center;"语句，这样#container就不再需要自动调整边界距离，也不需要再设置"text-align:left;"来恢复主体的对齐方式。

对于#container还是采用relative的定位方法，然后用left属性将其左边框移动到页面的50%处，并且用"margin-left:-350px;"将块往回拉了350像素，同样设置宽度为700px。

移动的思路清晰明了，即首先将左边框移动到页面的中间位置，如图11.9所示，然后再将其往回移动350像素，即整个框架往回移动了一半的距离，如图11.10所示，从而实现了整体居中的效果。

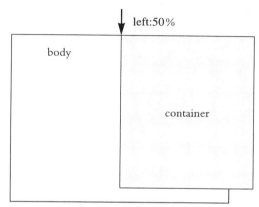

图11.9　移动左边框至50%处

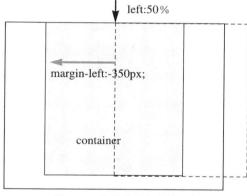

图11.10　往回移动宽度的一半

这样便再次实现了固定宽度居中对齐排版的样式，这里同样给出示例，如例11.3所示。读者也可参考光盘中的具体文件，显示效果如图11.11所示。

【例11.3】（实例文件：第11章\11-3.html）

```
<html>
<head>
<title>个人主页</title>
<style>
<!--
body, html{
        margin:0px; padding:0px;
        background:#e9fbff;
}
#container{
        position: relative;
        left:50%;
        width:700px;
        margin-left:-350px;
        padding:0px;
        background:url(container_bg.jpg) repeat-y;
}
```

```
……
<body>
<div id="container">
……

</div>
</body>
```

图11.11 页面效果

11.3 左中右版式

将页面分割为左中右3块也是网页中常见的一种排版模式，本节以此结构为例来进一步讲解CSS排版的方法，页面结构如图11.12所示。

图11.12 左中右的结构

这里制作的是左栏#left与右栏#right的固定宽度、位置，中间的#middle随着页面自动调整的排版方式，至于其他方式，读者可以根据类似的方法自己试验。

首先搭建HTML的结构框架，由于框架清晰明了，直接用3个<div>块即可，如下所示：

【例11.4】（实例文件：第11章\11-4.html）

```
<body>
<div id="left">
        <p>left</p>
</div>
<div id="middle">
        <p>正文内容</p>
</div>
<div id="right">
        <p>right</p>
</div>
</body>
```

设置<body>标记的样式，包括margin、padding、字体、颜色和背景色等，这些对整体结构都没有太大的影响，如下所示。

```
body{
        margin:0px; padding:0px;
font-family:arial;
color:#060;
        background-color:#CCC;
}
```

然后分别设置#left、#middle和#right的样式，其中#left与#right都采用绝对定位，并且固定块的宽度，而#middle块由于需要根据浏览器自动调整，因此不设置类似的属性。但由于将另外两个块的position属性设置为了absolute，此时#middle的实际宽度为100%，因此必须将它的margin-left和margin-right都设置为190px（左右块的宽度），代码如下所示。

```
#left{
        position:absolute;
        top:0px;
        left:0px;
        margin:0px;
        background:#FFF;
        width:190px;                      /* 固定宽度 */
}
#middle{
        padding:10px;
        background:#FFF;
```

```
        margin:0px 190px 0px 190px;          /* 左右空190px */
        margin-top:0px;
}
#right{
        position:absolute;
        top:0px;
        right:0px;
        margin:0px;
        background:#FFF;
        width:190px;                          /* 固定宽度 */
}
```

这样整个左中右的框架就搭建好了，读者可以参考下载实例中的"第11章\11-4.html"示例文件，显示效果如图11.13所示。

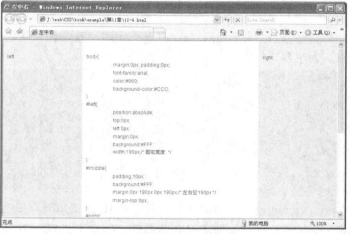

图11.13　左中右结构

如果希望在3列的顶端加上#banner，底端加上#footer，如图11.14所示，就会出现#footer对齐的问题。

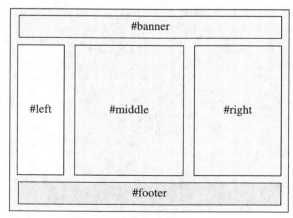

图11.14　加入#banner和#footer

这时只需要将#left、#middle和#right这3个块嵌套在一个父块中就可以实现了，如下所示。

```
<div id="banner"></div>
<div id="mainbox">
    <div id="left"></div>
    <div id="middle"></div>
    <div id="right"></div>
</div>
<div id="footer"></div>
```

11.4　块的背景色问题

在上一节中提到的页面左中右的结构，虽然在整体上将页面进行了排版，但在细节处理方面仍然有不足之处。如果给#left、#middle和#right都设置背景颜色就会发现，仅仅按照上例中的设置，#left和#right的背景都没有延伸到页面的底端，而是仅仅覆盖了内容部分。

这种背景颜色的问题在CSS排版中经常会遇到，本节给出通用的解决办法，首先按照上节中最后一段代码的方式将中间3块放入一个父块#mainbox中，然后把页面中所有的块放入到一个大的父块#container中，如例11.5所示。

【例11.5】（实例文件：第11章\11-5.html）

```
<div id="container">
        <div id="mainbox">
                <div id="left"></div>
                <div id="middle"></div>
                <div id="right"></div>
        </div>
        <div id="footer"></div>
</div>
```

按照左中右分块的方法设置CSS属性，并添加相应的内容，此时页面的效果如图11.15所示，#left块和#right块的背景颜色都没有延伸到#footer的位置。

产生如图11.15所示效果的原因正是盒子模型中背景色只能到块的border，而不能超出该范围。由于页面内容#middle需要根据浏览器动态调整，因此不能将#left和#right的padding-bottom值设置为定值。

首先考虑到整个页面都被块所覆盖，如果#left与#right的背景能够设置正常，那么<body>的背景颜色就显得没有任何意义。因此这里可以利用这一点，将<body>的背景色设置为跟#right块一样，这样看上去#right块的背景色就延伸到了#footer的上端，如下：

#left背
景色没
有延伸

#right背
景色没
有延伸

图11.15　两边的背景色不正常

```
body{
        margin:0px; padding:0px;
        font-family:arial;
        background-color:#f8e5a9;           /* 设置成跟#right块一样 */
}
#right{
        position:absolute;
        top:0px;
        right:0px;
        margin:0px;
        background:#f8e5a9;
        width:190px;
        padding:20px 0px 20px 0px;
        font-size:12px;
}
```

　　此时页面的效果如图11.16所示，可以看到#right块的背景色已经延伸到了#footer块上方，在显示效果上很自然。其实这时候，就连#right块自己的背景色都不需要再设置了。

　　虽然右侧的背景色问题已经解决，但此时左侧#left的空白处也变成了#right的背景色。同样的方法，可以利用其父块#container来修改这处空白。显然不能直接设置#container的背景颜色为#left的颜色，因为这样会将刚才设置的#right下面的延伸给覆盖。

图11.16 解决#right背景色问题

这里采用的方法是制作一幅跟#left相同宽度、颜色与其背景色相同的图片（这里宽度为190px，高度可以为任意值，bg2.jpg）作为#container的背景图片，以repeat-y的方式重复，从而填补#left下的空白，如下所示。

```
#container{
        margin:0px; padding:0px;
        background:url(bg2.jpg) repeat-y;      /* 用背景图片填补#left的空白，同时又不影响#right */
}
#left{
        position:absolute;
        top:0px;
        left:0px;
        margin:0px;
        background:#afdcff;
        width:190px;
}
```

这样#left下面的空白问题也解决了，如图11.17所示。此时#left的背景颜色也不用再设置了，从而减少了代码量。

图11.17　最终效果

像本例中利用父块的背景色和背景图片来修改子块的方法在CSS排版中还有很多，读者在设计页面时也可以经常采用这种类似的思想，举一反三，制作出更多合理布局且又美观大方的页面。

11.5　排版实例：电子相册

当出去旅游时拍的很多照片，希望放在网页上与朋友分享时；当新闻工作者或摄影家拍了很多相片希望放到网站上出售时，电子相册都必不可少。本节通过CSS对电子相册进行排版，并且分幻灯片和详细信息两种模式进一步介绍CSS排版的方法。其中幻灯片模式的最终效果如图11.18所示，详细信息模式的最终效果如图11.19所示。

图11.18　幻灯片模式

图11.19 详细信息模式

11.5.1 搭建框架

搭建框架主要考虑在实际页面中相册的具体结构和形式，包括相片整体排列的方法，用户可能的浏览情况，相片是否需要自动调整，等等。

首先，对于幻灯片模式，不同的用户可能有不同的浏览器，对于分辨率为"1024px×768px"的用户可能希望每行能显示5~6个缩略图，而对于分辨率为"1280px×1024px"的用户或许希望每行能容纳7~8幅，对于宽屏用户或许希望每行能显示更多。其次，即使在同一个浏览器下，用户也不一定能够全屏幕欣赏。这就需要相片能够自动排列和换行。如果使用<table>排版是无论如何也不可能实现这一点的。

而对于详细信息的模式，相片的信息通常环绕在一侧，设计者往往不愿意再重新设计整体框架，而希望在幻灯片框架的基础上，通过直接修改CSS文件就能实现整体的变幻。这也是table排版所不可能实现的。

考虑到以上的要求，对每一幅相片以及它的相关信息都用一个<div>块进行分离，并且根据相片的横、竖设置相应的CSS类别，如例11.6所示。

【例11.6】（实例文件：第11章\11-6.html）

```
<div class="pic pt">
        <a href="photo/04.jpg"class="tn"><img src="photo/thumb/04.jpg"></a>
        <ul>
                <li class="title">影子</li>
                <li class="catno">Trip04</li>
                <li class="price">￥90.5</li>
        </ul>
</div>
<div class="pic ls">
        <a href="photo/05.jpg"class="tn"><img src="photo/thumb/05.jpg"></a>
```

```
        <ul>
                <li class="title">高昌古城</li>
                <li class="catno">Trip06</li>
                <li class="price">￥74.1</li>
        </ul>
</div>
```

以上是HTML框架中两幅相片的<div>块，其中设置了很多不同的CSS类别，下面一一说明。在<div>块属性中的类别"pic"，主要用于声明所有含有相片的<div>块，与其他不含相片的<div>块相区别。

在"pic"类别后的相片类别，有的是"pt"，有的是"ls"，其中pt（portrait）指竖直方向的相片，即相片的高度大于宽度，而ls（landscape）指水平方向的相片。

类别"tn"指代缩略图的超链接，用于跟网页中可能出现的其他超链接区别开。而<ul>标记下的各个<li>标记都加上了相应的CSS类别，用于详细信息模式下的设定。

这样基本的框架就搭建好了，读者也可以自己加上#footer等其他div块，此时页面的效果如图11.20所示。

图11.20　页面框架

11.5.2　幻灯片模式

与上一节讨论的一样，幻灯片模式主要要求相片能够根据浏览器的宽度自动调整每行的相片数，在CSS排版中正好可以用float属性来实现，另外考虑到需要排列整齐，而且相片有横向显示的也有纵向显示的，因此将块扩大为一个正方形，并且给相片加上边框，如下所示。此时页面的效果如图11.21所示。

```
body{
```

```
        margin:0.8em;
        padding:0px;
}
div.pic{
        float:left;                          /* 向左浮动 */
        height:160px; width:160px;           /* 每幅相片块的大小 */
        margin:6px;
        padding:0px;
}
div.pic img{
        border:1px solid #82c3ff;
}
```

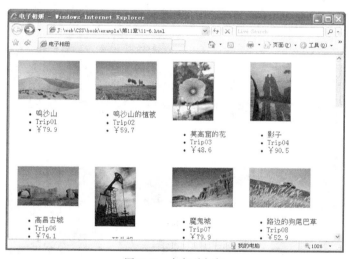

图11.21　幻灯片框架

由于相片有横向显示和纵向显示两种，因此制作两个方形的圆角背景图片，用来衬托每一张相片，分别加到类别pt和ls的CSS属性中，并设置相应的相片大小，如图11.22所示。

图11.22　相片的背景衬托

幻灯片模式不需要显示相片的具体信息，因此将<ul>标记的display设置为none，如下所示，此时页面的效果如图11.23所示。

```
div.ls{
        background:url(framels.jpg) no-repeat center;  /* 水平相片的背景 */
}
div.pt{
        background:url(framept.jpg) no-repeat center;  /* 竖直相片的背景 */
}
div.ls img{                                              /* 水平相片 */
        margin:0px;
        height:90px; width:135px;
}
div.pt img{                                              /* 竖直相片 */
        margin:0px;
        height:135px; width:90px;
}
div.pic ul{
        display:none;                                    /* 幻灯片模式, 不显式相片信息 */
}
```

图11.23　添加背景, 取消<ul>信息

　　将超链接设置为块元素, 并且利用padding值将作用范围扩大到整个div块的 "160px ×
160px" 范围, 同时通过调整4个padding值, 实现相片居中的效果, 如下所示。此时页面的效
果如图11.24所示。

```
div.ls a{
        display:block;                      /* 定义为块元素 */
        padding:34px 14px 36px 11px;        /* 将超链接区域扩大到整个背景块 */
}
div.pt a{
        display:block;
```

```
        padding:11px 36px 14px 34px;        /* 将超链接区域扩大到整个背景块 */
}
```

图11.24　调整超链接块

最后考虑到超链接的突出效果，再分别为鼠标指针经过相片时制作两幅天蓝色的背景，一幅用于水平相片，一幅用于竖直相片，如图11.25所示。这两幅图片与图11.22中用于衬托的图片在尺寸上是完全一样的。

图11.25　突出背景的两幅图片

然后分别将上述两幅图片添加到CSS属性中，如下所示。这样整个幻灯片效果便制作完成了，如图11.26所示。具体的CSS文件读者可以参考下载实例中的"第11章\11-6ppt.css"文件。

```
div.ls a:hover{                                    /* 鼠标指针经过时修改背景图片 */
        background:url(framels_hover.jpg) no-repeat center;
}
div.pt a:hover{
        background:url(framept_hover.jpg) no-repeat center;
}
```

图11.26　幻灯片模式最终效果

11.5.3　详细信息模式

详细信息模式要求每幅相片的信息能够显示在相片一侧，并且不再更改页面的HTML拓扑结构。在采用了CSS的div排版后，仅仅需要在幻灯片的基础上不再浮动即可，然后将相片的超链接设置为向左浮动，相片的信息不再隐藏，其余的内容在"第11章\11-6ppt.css"文件的基础上均不进行改变，如下所示。此时页面的效果如图11.27所示。

图11.27　在幻灯片模式的基础上进行修改

```
body{
        margin:0.8em;
        padding:0px;
}
div.pic{
```

```
        width:450px; height:160px;                    /* 块的大小 */
        margin:6px;
        padding:0px;
}
div.pic img{
        border:1px solid #82c3ff;
}
div.pic a.tn{
        float:left;                                   /* 超链接环绕 */
}
```

　　只通过简单地修改CSS文件，详细信息的框架就已经搭建出来了，下面只需要单独设置
<ul>模块的样式即可，具体细节这里不详细展开讲解，读者可以参考光盘中的文件"第11章
\11-6catalog.css"，代码如下所示，最终效果如图11.28所示。

```
div.pic ul{                                           /* 设置相片信息的样式 */
        margin:3px 0 0 170px;
        padding:0 0 0 0.5em;
        background:#dceeff;
        border:2px solid #a7d5ff;
        font-size:12px; list-style:none;
        font-family:Arial, Helvetica, sans-serif;
}
div.pic li{
        line-height:1.2em;
        margin:0; padding:0;
}
div.pic li.title{
        font-weight:bold;
        padding-top:0.4em; padding-bottom:0.2em;
        border-bottom:1px solid #a7d5ff;
        color:#004586;
}
div.pic li.catno{
        color:#0068c9;
        margin:0 2px 0 13em; padding-left:5px;
        border-left:1px solid #a7d5ff;
}
div.pic li.price{
        color:#0068c9; font-style:italic;
        margin:-1.2em 2px 0 18em; padding-left:5px;
        border-left:1px solid #a7d5ff;
        float:left;
}
```

图11.28 详细信息模式

11.6 div排版与传统的表格方式排版的分析

自从<table>标记的border属性可以设置为0,即表格可以不再显示边框以来,传统的表格排版便一直受到广大设计者的青睐。而且用表格划分页面思路很简单,以左中右排版为例,只需要建立如下表格便可以轻松实现如图11.29所示的排版方式,代码如下。

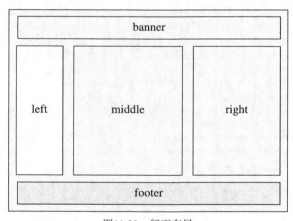

图11.29 版面布局

```
<table border="0">
    <tr><td>banner</td></tr>
    <tr>
        <td>
            <table border="0">                    <!-- 嵌套表格 -->
                <tr>
                    <td>left</td>
```

```
                                        <td>middle</td>
                                        <td>right</td>
                                </tr>
                        </table>
                </td>
        </tr>
        <tr><td>footer</td></tr>
</table>
```

　　利用上面代码中的<table>标记就可以轻松地将整个页面划分成需要的各个模块，至于各个模块中的内容如果需要再划分，则可以通过再嵌套一层表格来实现。整体思路清晰明了，无论是HTML的初学者还是熟手，制作起来都十分容易。这相对CSS排版中复杂的float和position而言无疑是很大的优势，也是目前网络上大多数网站都采用<table>标记排版的原因。

　　再者，由于表格中各个单元格都是随着表格的大小自动调整的，因此表格排版不存在类似CSS排版中11.4节谈到的背景色问题，更不需要利用父表格的属性来调整。表格中块与块之间的关系十分清晰，这也是CSS排版所无法比拟的。而且对于表格中的<tr>和<td>等标记同样可以加入padding和border等CSS属性，简单地进行调整，更加方便易学。

　　但表格排版也存在着各式各样的问题。首先利用表格排版的页面很难再升级。像图11.29所示的构架，当页面制作完成后，如果希望将#left和#right的位置对调，表格排版的工作量相当于重新制作一个页面。而CSS排版利用float和position属性可以很轻松地移动各个块，实现让用户动态选择界面的功能。

　　利用表格排版的页面在下载时必须等整个表格的内容都下载完毕之后才会一次性显示出来，而利用div块的CSS排版的页面在下载时就科学得多，各个子块可以分别下载显示，从而提高了页面的下载速度，搜索引擎的排名也会因此而提高。

　　CSS的div排版方式使得数据与CSS文件完全分离，美工在修改页面时不需要关心任何后台操作的问题。而表格排版由于依赖各个单元格，美工必须在大量的后台代码中寻找排版方式。

　　通过上面的分析，相信读者对于什么样的网站该选择怎样的排版方式已经心里有数。下一章将用实例继续学习CSS排版的页面整体变幻，读者可以进一步体验CSS排版的强大魅力。

精通

CSS+DIV 网页样式与布局

第 12 章

CSS+div 美化与布局实战

在11.5节的电子相册中用CSS控制实现了两种不同的相册模式，而本身的HTML结构却没有任何修改。本章将继续拓展这种思路，以网上常见的博客首页为例，用CSS实现更绚丽的网页变幻。同样保持页面的HTML不变，通过分别调用3个外部CSS文件，实现3个完全不同的页面效果，即蓝色经典、清明上河图和交河故城，分别如图12.1~图12.3所示。

图12.1　蓝色经典

图12.2　清明上河图

图12.3　交河故城

12.1　框架搭建

　　首先根据博客的内容需要对整体框架进行合理规划。最简单的博客通常包括导航菜单、各种统计信息、时间日期、推荐的博客和文章、脚注等，因此整体上考虑将HTML分成4个大的div块，如图12.4所示。

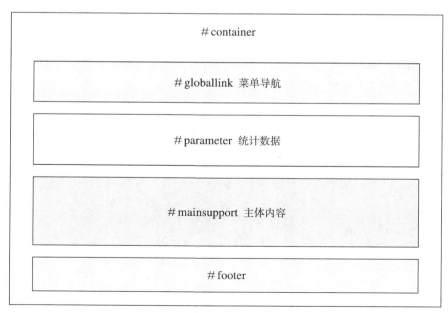

图12.4　内容框架

在整体内容框架的基础上#parameter与#mainsupport两个部分又包含各个小的子块，例如热门博客、最近更新、最新申请、推荐文章和最新日志等，因此这两个块还需要加入子div块，如图12.5所示。

图12.5　两个主模块

在内容框架定下来后便开始搭建div块的结构，完全根据图12.4和图12.5所描述的ID进行构架，如例12.1所示。

【例12.1】（实例文件：第12章\12-1.html）

```
<!DOCTYPE html PUBLIC "-//W3C//DTD XHTML 1.0 Transitional//EN""http://www.w3.org
/TR/xhtml1/DTD/xhtml1-transitional.dtd">
<html>
<head>
<title>CSS博客</title>
<link href="01/01.css" rel="stylesheet" type="text/css">
</head>
<body>
<div id="container">
        <div id="globallink">
    </div>
        <div id="parameter">
                <div id="lstatistics"></div>
                <div id="lhotblog"></div>
```

```
                <div id="lrecent"></div>
                <div id="lapply"></div>
        </div>
        <div id="mainsupport">
                <div id="recommendblog"></div>
                <div id="currenttime"></div>
                <div id="blogsearch"></div>
                <div id="logoin"></div>
                <div id="recommendart"></div>
                <div id="newnode"></div>
        </div>
        <div id="footer">
        </div>
</div>
</body>
</html>
```

这样整个HTML框架就搭建完毕了，其中下面这行链接CSS文件的代码是可以根据CSS文件动态更换的，也正是因为修改这一行调用不同的CSS文件，使得整个页面变幻无穷。

```
<link href="01/01.css" rel="stylesheet" type="text/css">
```

另外需要指出，第1行"<!DOCTYPE..."代码是比较重要的，它可以由Dreamweaver在建立HTML文件时自动生成。这句代码能够使得IE浏览器更加正确地解析CSS语法，通常在制作网站时都需要加上。

技术背景：

　　DOCTYPE是document type（文档类型）的缩写，用来说明文件使用的XHTML或者HTML是什么版本。在XHTML中必须声明该语句，以便浏览器知道正在浏览的文档是什么类型，而且声明必须在所有语句之前。

　　XHTML 1.0提供了3种DTD声明可供选择，分别为过渡型、严格型和框架型，其DTD声明分别如下所示。通常情况下使用过渡型的声明即可，它可以兼容各种布局以及标记。

　　过渡型：

```
<!DOCTYPE html PUBLIC "-//W3C//DTD XHTML 1.0 Transitional//EN"
" http://www.w3.org/TR/xhtml1/DTD/xhtml1-transitional.dtd">
```

　　严格型：

```
<!DOCTYPE html PUBLIC "-//W3C//DTD XHTML 1.0 Strict//EN"
```

```
"http://www.w3.org/TR/xhtml1/DTD/xhtml1-strict.dtd">
```

框架型：

```
<!DOCTYPE html PUBLIC "-//W3C//DTD XHTML 1.0 Frameset//EN"
"http://www.w3.org/TR/xhtml1/DTD/xhtml1-frameset.dtd">
```

在Dreamweaver 8中新建文档时可以选择DTD的类型，软件会自动生成相应的DTD声明语句，如图12.6所示。

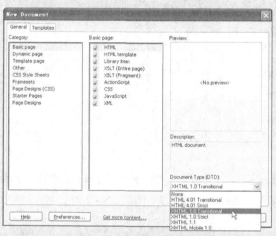

图12.6　在Dreamweaver中新建页面

各个子块中的内容都采用项目列表的方式，这样设计主要考虑项目列表横竖转换上的灵活性（第8章），其中菜单导航的div块的代码如下所示。

```
<div id="globallink">
    <ul>
        <li id="one"><a href="#">首页</a></li>
        <li id="two"><a href="#">论坛</a></li>
        <li id="three"><a href="#">推荐</a></li>
        <li id="four"><a href="#">最新日志</a></li>
        <li id="five"><a href="#">最新评论</a></li>
        <li id="six"><a href="#">尚未登录</a></li>
    </ul>
    <br>
</div>
```

在没有任何CSS文件支持的时候，页面中只有一些项目列表，如图12.7所示。

图12.7 未加入CSS之前的页面效果

12.2 实例一：蓝色经典

"蓝色经典"是一种看上去相对简单的排版方式，如图12.8所示。页面整体上为固定宽度且居中的样式，最上方为页面的Banner和导航菜单，#parameter的各个项目在页面主体的右侧，#mainsupport在页面的中间。

图12.8 蓝色经典

首先利用11.2节所介绍的方法将页面设置为固定宽度且居中的版式，同时设置页面的背景色，代码如下所示。

```
body{
        background-color:#ebf7ff;
        margin: 0px; padding:0px;
        text-align:center;
}
#container{
```

```
        position:relative;
        margin:1px auto 0px auto;
        width:880px;
        text-align:left;
}
```

考虑到页面框架中并没有#banner这样的块，因此整个页面的Banner可以利用导航菜单的背景图片来实现，并且在制作Banner图片时就为导航菜单预留位置，如图12.9所示。

图12.9　Banner图片

将Banner图片加入到#globallink的背景中，并且根据制作图片时的预留位置，调整导航菜单中超链接的位置，并修改相应的超链接样式，如下所示。此时页面的显示效果如图12.10所示。

```
#globallink{
        width:880px; height:210px;
        margin:0px;
        background-image:url(banner.jpg);              /* 添加Banner图片 */
        background-repeat:no-repeat;
        background-color:#ebf7ff;
        font-size:12px;
}
#globallink ul{
    list-style-type:none;
        position:absolute;
        display:inline;
        width:417px;
        left:468px; top:180px;                         /* 调整菜单文字的位置 */
        padding:0px;
        margin:0px;
}
#globallink li{
        float:left;
        text-align:center;
}
#globallink ul li#one, #globallink ul li#two, #globallink ul li#three{ width:57px;}
#globallink ul li#four, #globallink ul li#five, #globallink ul li#six{ width:78px;}
#globallink a:link, #globallink a:visited{
        color:#FFFFFF;
        text-decoration:underline;
```

```
}
#globallink a:hover{
        color:#004c84;
        text-decoration:none;
}
```

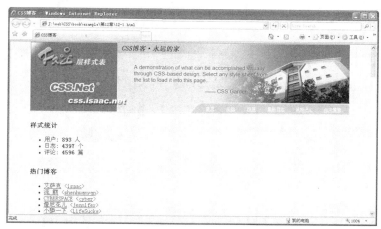

图12.10　加入Banner图片

　　页面整体上将#parameter设置为向右浮动，#mainsupport设置为向左浮动，#footer仍然在页面的最下方，如下所示。此时页面的显示效果如图12.11所示，各个大块的位置已经基本确定。

```
#parameter{
        position:relative;
        float:right;                                /* 右浮动 */
        font-size:12px;
        width:176px;
        padding-right:0px; margin:0px;
        color:#FEFEFE;
        background-color:#0084a9;
}
#mainsupport{
        float:left;                                 /* 左浮动 */
        position:relative;
        font-size:12px;
        margin-top:0px;
        margin-bottom:60px;
        margin-right:0px;
}
#footer{
        clear:both;                                 /* 不受浮动的影响 */
        font-size:12px;
```

```
        text-align:center;
        color:#226c81;
        padding-bottom:20px;
        margin:0px;
        padding-top:20px;
        background-color:#ebf7ff;
}
```

图12.11　页面块的位置

　　页面中各个大块的位置确定后，接下来便是设置各个子块的样式。对于每个细节这里不一
一讲解，读者可以参考光盘中的"第12章\12-1.html"文件及其旁边的"01"、"02"、"03" 3个
目录里面的各个CSS样式文件，这里只讲解一些巧妙的细节。

　　以#parameter块中的子块热门博客#lhotblog为例，该部分的HTML代码如下所示，其显示
效果如图12.12所示，其中原本在HTML中的<h3><span>标题文字不见了，而是一幅带光晕效
果的图片。

```
<div id="lhotblog">
        <h3 class="hotblog"><span>热门博客</span></h3>
        <ul>
                <li><a href="#">艾萨克</a> &lt;<a class="author1" href="#">isaac</a>&gt;</li>
                <li><a href="#">詹尼花儿</a> &lt;<a class="author1" href="#">jennifer
</a>&gt;</li>
                ……
        </ul>
        <br>
        <span><a href="#">更多</a>
        <a href="#">OPML</a></span>
</div>
```

图12.12　#lhotblog块

像这种将标题替换成图片的细节技巧，在CSS排版中经常使用，其具体方法就是将#parameter中的所有<h3>包含的标题<span>标记设置为不可见，而本身的<h3>标记则设置背景图片来代替标题，代码如下所示。

```
#parameter h3 span{                        /* 标题的文字不显示 */
        display:none;
}
#parameter h3{
        height:30px;
        width:176px;
        padding:0px;
        margin:0px;
}
#lhotblog h3{                              /* 用背景图片代替标题 */
        background:url(lhotblog.jpg) no-repeat;
}
```

其中背景图片lhotblog.jpg如图12.13所示。通过这种方法便可以将页面中所有的文字标题都替换成各种小图片，从而使得页面整体上更加协调和美观。

热门博客

图12.13　标题的图片

对于每个子块中的项目列表，将项目符号list-style-type统一设置为none，每个项目<li>前面的小符号也采用背景图片的方式来实现。这样各个项目符号便可以使用得很灵活，设计者可以根据不同类的项目制作各种小图标，如图12.14所示。

```
#lstatistics ul, #lhotblog ul, #lrecent ul, #lapply ul{
        list-style-type:none;                  /* 统一不显示项目符号 */
        padding:10px 0px 0px 0px;
        margin:0px;
}
#lhotblog li{
```

```
        text-align:left;
        padding-left:14px;
        line-height:17px;
        background:url(arrow2.gif) no-repeat 7px 4px;          /* 背景小图片作为项目符号 */
}
```

图12.14　自定义各种项目符号

对于#mainsupport模块中各个子
<div>块的标题、项目符号也都采用类似
的方法，这里不再一一重复，只特别提一
下类似博客推荐中的竖标题的方法，如图
12.15所示。

图12.15　竖着的标题

其实竖着的标题方法与前面提到的完
全类似，也是首先将文字标题隐藏，然后
制作一幅竖着的图片recommendblog.jpg作为整个#recommendblog块的背景图片，然后再调整块
内<ul>的padding等参数来控制其位置，如下所示：

```
#recommendblog{
        width:380px; height:125px;
        background:url(recommendblog.jpg) no-repeat;          /* 竖的图片作为背景 */
        background-color:#c4e6ff;
        margin-bottom:10px;
        position:absolute;
        padding-top:15px; left:310px;
}
#recommendblog ul{
        padding-top:8px;
        padding-left:48px;                                    /* 调整ul的位置，适应竖的背景标题 */
        margin:0px;
        list-style-type:none;
}
```

至于其他模块的原理都比较类似，只需要在细节上稍稍调整便可以使得整体页面协调、统
一。本例是一个很普通的CSS排版样式，在如图12.7所示的页面基础上，通过CSS定位和背景
图片的运用等方法实现了页面的整体设计，最终效果如图12.16所示。

图12.16 页面最终效果

12.3 实例二：清明上河图

CSS排版没有任何固定的格式，包括固定的宽度、颜色和页面拓扑等。整个页面在单纯的HTML项目列表的基础上，通过设置不同的背景图片，可以反映各自的主题。本例在12.1节的HTML基础上，重新导入新的CSS文件，制作完全不同于上一节的页面效果，并反应出古代风格的页面主题。

在文件"第12章\12-1.html"中，修改链接部分的代码如下所示，导入新的CSS文件，其余部分一字不改。此时页面效果如图12.17所示，整体上与"蓝色经典"完全不同。这种区别不光是简单的颜色、文字大小，而是页面的整体风格，感觉页面整个"换了件新衣"。

```
<link href="02/02.css" rel="stylesheet"type="text/css">
```

这也正是CSS排版的魅力所在，在不修改任何HTML或者后台代码的前提下，实现页面的升级。读者可以在"蓝色经典"与"清明上河图"的浏览器中选择查看源文件，便发现HTML代码完全一样。

首先与上例一样，制作一个Banner图片，但是该Banner图片不预留菜单导航的位置，如图12.18所示。

图12.17 清明上河图

图12.18　Banner图片

而导航菜单考虑到与下面主体部分的配合，再制作一幅图片作为#globallink ul的背景，如图12.19所示。

考虑到整体古朴的味道，页面背景不使用单纯颜色。单独制作可在x和y两个方向都重复的背景图片，添加到页面背景中，如图12.20所示。

图12.19　导航菜单的背景　　　　　　　　　　　图12.20　页面背景图片

将制作好的3个背景分别添加到页面、#globallink和#globallink ul中，并设置文字、位置等其他CSS样式，如下所示。此时页面的显示效果如图12.21所示。

```
body{
        background:url(body_bg.jpg);                      /* 页面背景图片 */
        margin: 0px; padding:0px;
        text-align:center;
}
#container{                                               /* 宽度固定且居中的版式 */
        position:relative;
        margin:1px auto 0px auto;
        width:798px;
        text-align:left;
}
#globallink{
        width:798px;
        height:320px;
        margin:0px;
        background-image:url(banner.jpg);                 /* Banner图片 */
        background-repeat:no-repeat;
        font-size:12px;
        padding-bottom:40px;
```

```
}
#globallink ul{
        list-style-type:none;
        position:absolute;                          /* 绝对定位 */
        display:inline;
        width:574px;
        left:112px; top:320px;
        padding:0px;
        margin:0px;
        height:45px;
        background-image:url(toplink.jpg);          /* 导航菜单的背景图片 */
}
#globallink li{
        float:left;
        text-align:center;
        padding-top:10px;
}
```

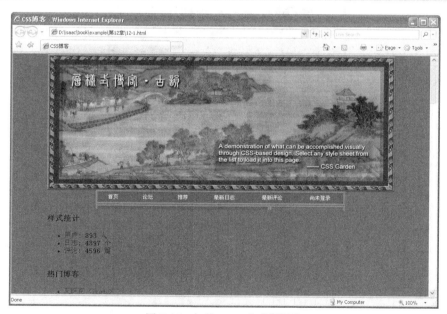

图12.21　加载Banner和背景图片

　　该例最大的特点是其主体部分两边都有中国的古字画，随着内容的不断加长，古字画也会不断变长，以适当的频率重复，如图12.22所示。

　　这种两端有字画的效果看上去很绚，但制作起来却并不困难，其原理就是给块#container添加了一个大的背景图片，如图12.23所示。

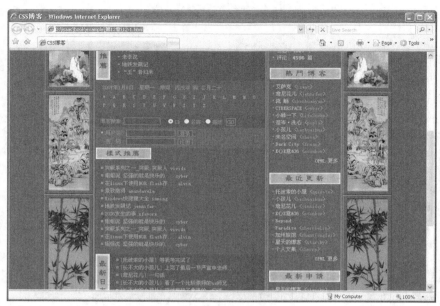

图12.22　两边的古字画

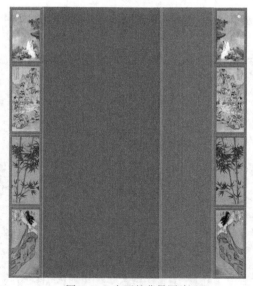

图12.23　字画的背景图片

　　该背景图片的宽度与#container一样宽，设置其沿着y方向重复，并通过适当调整y方向的位置，使其刚好与#banner下端对齐，代码如下所示。此时页面的显示效果如图12.24所示。

```
#container{                                        /* 宽度固定且居中的版式 */
        position:relative; margin:1px auto 0px auto;
        width:798px;
        text-align:left;
        background:url(content_bg.jpg) repeat-y 0px 320px;
```

```
        /* 两端字画的背景图片，并设置竖直的位置 */
}
```

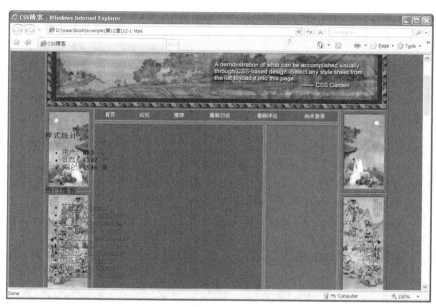

图12.24 加入两端的字画背景

这时再按照上例中同样的方法，让#parameter块向右浮动，#mainsupport块向左浮动，整体构架便基本成型。考虑到页面主体两边有字画，因此只需要设定#parameter的padding-right和#mainsupport的padding-left即可，代码如下所示。

```
#parameter{
        position:relative;
        float:right;
        font-size:12px;
        width:163px;
        padding:0px 118px 0px 0px;              /* 空出右边的字画 */
        margin:0px; color:#e1ad80;
}
#mainsupport{
        float:left;
        position:relative;
        color:#c86615;
        font-size:12px;
        margin:0px;
        padding-left:118px;                     /* 空出左边的字画 */
        width:397px;
}
```

对于#footer考虑到整体配合，因此也为其制作相应的背景图片，如图12.25所示。并且用clear属性消除浮动的影响，如下所示。此时页面的效果如图12.26所示。

图12.25　#footer的背景图片

```css
#footer{
        position:relative;
        clear:both;
        background:url(footer_bg.jpg) no-repeat;          /* 脚注背景图片 */
        font-size:12px;
        height:38px;
        text-align:center;
        color:#C2C299;
        margin:0px;
        padding-top:10px;
}
```

图12.26　调整各个大块

各个块的整体框架搭建好后，便是块内的子块细节处理。与上一节"蓝色经典"的方法完全一样，用图片替代所有的标题文字，并设置各个块的项目列表，细节这里不再展开介绍，读者可参考光盘中的02.css文件，示例截图如图12.27所示。

这样整个"清明上河图"的页面样式便制作完成了，如图12.28所示。对比上一节中的

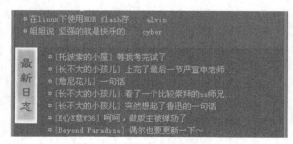

图12.27　调整各个子块的细节

"蓝色经典"可以发现CSS排版的强大。在用户看来这绝对是两个完全不同的页面，然而在页面内容完全相同的背后，发挥作用的仅仅只是一个外部链接的CSS文件。

图12.28　页面最终效果

12.4　实例三：交河故城

通过"蓝色经典"与"清明上河图"两个实例可以看出CSS的强大威力，通过CSS能够对页面进行随意的美工设计，在不改变HTML文件以及任何后台数据的情况下，美工人员可以按照自己的思路在页面上绘制自己的创意。本节再通过一个实例，继续熟悉CSS排版的方法，页面最终效果如图12.29所示。

图12.29　交河故城

　　首先还是整体框架上的设计，依然采用固定宽度且居中的版式，Banner图片依然作为#globallink的背景来加入，需要特别指出的是这里的背景图片将#parameter中的一部分纳入其中，并且将菜单导航的一部分移动到了框架外，如图12.30所示，但实质上都是Banner图片的一部分，只是看上去的效果是移动了而已。

图12.30　Banner图片

　　考虑到页面中需要两条竖线作为分割线，由于#parameter块效果上在框架之外，因此不能通过设置它的border来实现。这里采用的方法与"清明上河图"中两边字画的方法类似，为body标记单独制作一幅背景图片，y方向重复即可，如图12.31所示。

图12.31　页面的背景图片

　　由于印刷原因，这里不一定能看清图片，图片上只有两条竖线，竖线之间的距离是固定的，直接在Photoshop中调整好竖线的位置以及图片的宽度，然后CSS设置背景图片为居中对齐，读者可参考下载文件中的示例文件。

经验之谈：

　　因为是竖直y方向重复，所以该图片的高度可以仅为1px，这样在不影响显示效果的前提下能够最大限度地减少图片占用的空间，加快下载的速度。

```
body{
        background:url(body_bg.jpg) repeat-y center;  /* 页面的两条竖线 */
        background-color:#000000;
        margin: 0px;
        padding:0px;
        text-align:center;
}
#container{                                            /* 固定宽度且居中的版式 */
        position:relative;
        margin:0px auto 0px auto;
        width:800px;
        text-align:left;
}
```

```
#globallink{
        width:800px; height:430px;
        margin:0px;
        background-image:url(banner.jpg);
        background-repeat:no-repeat;
        font-size:12px; padding-bottom:0px;
}
```

用同样的方法设置#globallink的CSS样式，不同的是其中的菜单<ul>设置为竖直的排列，而不再是上两例中的水平菜单，如下所示。此时页面的效果如图12.32所示。

```
#globallink ul{
    list-style-type:none;
        position:absolute;                        /* 绝对定位 */
        display:block;
        left:761px;
        top:58px;
        padding:0px; margin:0px;
}
#globallink li{
        text-align:center;
        padding-top:18px;
        width:30px;
}
```

图12.32　设置Banner、导航条和页面背景

为#parameter制作圆角的效果，用Photoshop等软件制作圆角图片如图12.33所示（印刷原因，不一定能看清圆角，原因在于圆角图片的背景仍然需要是黑色，读者可参考光盘中的具体文件"第12章\03\parabottom.jpg"），然后加入到#parameter块的背景图片中，用bottom方式对齐。

对于#parameter块设置其向左浮动，#mainsupport也向左浮动，并且设置#parameter的margin-top为负数，使其上端移动到Banner图片中，代码如下所示。此时页面的效果如图12.34所示。

图12.33 圆角图片

```css
#parameter{
        position:relative;
        float:left;                                        /* 左浮动 */
        font-size:12px;
        width:190px;                                       /* 固定宽度 */
        padding:0px 6px 20px 0px;
        margin-top:-88px;                                  /* 向左移动出去 */
        color:#bb9d80;
        background:url(parabottom.jpg) no-repeat bottom;   /* 下部圆角 */
        background-color:#3e3226;
}
#mainsupport{
        float:left;
        position:relative;
        color:#c86615;
        font-size:12px;
        margin:10px 20px 0px 20px;
        padding-left:12px;
        width:510px;
}
#footer{
        position:relative;
        clear:both;
        background:url(footer_bg.jpg) no-repeat;           /* footer的背景图片 */
        font-size:12px;
        height:44px;
        text-align:center;
        color:#C2C299;
        margin:0px; padding-top:16px;
}
```

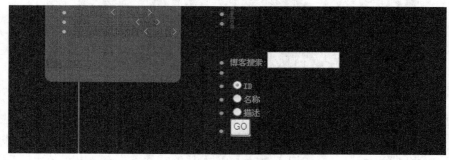

图12.34 页面局部

这样整个页面的布局就已经基本完成，下面便是对各个子块的细节调整，方法与上两个实例完全一样，也是将所有文字标题用图片代替。这里比较特殊的是#mainsupport部分的各个子块标题采用了较大的故城图片，并加上了相框，从而能更好的切合主题，如图12.35所示。

图12.35 块标题图片

最后为#container添加位于底部右侧的图片，以更好地与整体风格呼应，如下所示。显示效果如图12.36所示。

```
#container{                                    /* 固定宽度且居中的版式 */
        position:relative;
        margin:0px auto 0px auto;
        width:800px;
        text-align:left;
        background:url(container_bg.jpg) no-repeat bottom right;
        /* 底部右侧的背景图片 */
}
```

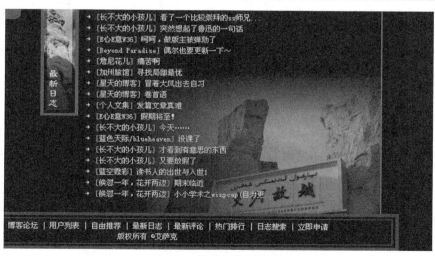

图12.36 底部右侧背景图片

这里需要特别指出的是这幅位于页面右侧底部的图片，最右边必须留一段黑色，否则无法与页面的两竖边框对齐，读者可以参照光盘中的文件自己试验。

这样整个页面便制作完成了，仍然是没有改变任何HTML相关的部分，仅仅通过链接新的CSS文件（03.css），如图12.37所示。

图12.37　页面效果

12.5　自动选择CSS样式

前面3节分别介绍了在同一HTML文件下通过调用不同CSS文件实现各种页面效果的方法，用户还可以类似地制作更多的样式来进行排版，一次出游的相片、一本书的介绍和一场精彩的演出等，都可以作为页面设计的主题。

对于众多的CSS样式，如果能够采用随机自动加载的方式就更为妥当。结合JavaScript脚本语言，很容易实现这个功能，如例12.2所示。

【例12.2】（实例文件：第12章\12-1.html）

```
<head>
<title>CSS博客</title>
<script language="javascript">
var number = new Date().getSeconds() % 3 + 1;          //随机数，从1到3
//随机选择CSS外部文件
document.write('<link href="0' + number.toString() + '/0' + number.toString() + '.css" rel="stylesheet"
type=" text/css" >' );
</script>
</head>
```

这段短短的JavaScript首先生成一个随机数，然后再调用该随机数对应的CSS文件。这样便可以在浏览页面时，通过刷新获得新的页面排版了。读者可以参考光盘中的文件，并且不断按"F5"键刷新页面，进一步体验CSS排版的魅力。

精通

CSS+DIV 网页样式与布局

第 3 部分

CSS混合应用技术篇

精通

CSS+DIV 网页样式与布局

第 13 章

CSS 与 JavaScript
的综合应用

JavaScript与CSS一样，是可以在客户端浏览器上解析并执行的脚本语言，所不同的是JavaScript是类似C++和Java等的基于对象的语言。通过JavaScript与CSS相配合可以实现很多动态的页面效果，例如6.3节中变色的表格和12.5节中随机选取CSS文件都是CSS与JavaScript结合的很好范例。本章围绕JavaScript与CSS的配合，进一步介绍各种动态网页的效果。

13.1　JavaScript概述

当用户在网上填写表单时，页面上的表单常常会对用户的输入进行判断，提示用户邮箱填写是否正确、哪个项目没有填写等，这些都是JavaScript的小功能。本节主要介绍JavaScript的基础知识，包括它的特点、与HTML的关系等。

13.1.1　JavaScript简介

JavaScript是一种基于对象的脚本语言，使用它可以开发Internet客户端的应用程序。JavaScript在HTML页面中以语句的方式出现，并且执行相应的操作。

很多人可能认为JavaScript是Java的子集，或者认为JavaScript就是Java语言，就像VBScript与VB的关系一样。实际上JavaScript与Java在语言上没有任何直接的关系，也不是Sun公司的共同产品。JavaScript是Netscape公司当时为了扩充Netscape Navigator浏览器的功能而开发的一种可以嵌入Web主页中的编程语言，它的前身叫做Livescript。自从Sun公司推出著名的Java语言之后，Netscape公司引进了Sun公司有关Java的程序概念，将自己原有的Livescript重新进行设计，并改名为JavaScript。

JavaScript是一种基于客户端浏览器的语言，有了JavaScript便可以使网页变得生动。使用它的目的是与HTML和其他脚本语言一起实现在一个网页中链接多个对象，与网络客户交互作用，从而开发客户端的应用程序。它是通过被嵌入或调入标准的HTML语言中来实现的。

13.1.2　JavaScript的特点

JavaScript作为可以直接在客户端浏览器上运行的脚本程序，有着自身独特的功能和特点，具体归纳如下。

（1）简单性

JavaScript是一种脚本编写语言，它采用小程序段的方式实现编程，像其他脚本语言一样，JavaScript同样是一种解释性语言，它提供了一个简易的开发过程。它的基本结构形式与C、C++、VB和Delphi十分类似。但它不像这些语言一样，需要先编译，而是在程序运行过程中被逐行地解释。它与HTML标识结合在一起，从而方便用户的使用和操作。

（2）动态性

相对于HTML语言和CSS语言的静态而言，JavaScript是动态的，它可以直接对用户或客户输入做出响应，无须经过Web服务程序。它对用户的响应，是采用以事件驱动的方式进行的。所谓事件驱动，就是指在主页中执行了某种操作所产生的动作，就称为"事件"。比如按下鼠标、移动窗口和选择菜单等都可以视为事件。当事件发生后，可能会引起相应的事件响应。

（3）跨平台性

　　JavaScript是依赖于浏览器本身，与操作环境无关的脚本语言。只要能运行浏览器，且浏览器支持JavaScript的计算机就可以正确执行它，无论这台计算机是Windows、Linux、Macintosh或者是其他操作系统。

　　（4）安全性

　　JavaScript被设计为通过浏览器来处理并显示信息，但它不能修改其他文件中的内容。换句话说，它不能将数据存储在Web服务器或者用户的计算机上，更不能对用户文件进行修改或者删除操作。

　　（5）节省CGI的交互时间

　　随着WWW的迅速发展有许多WWW服务器提供的服务要与浏览者进行交流，从而确定浏览者的身份和所需服务的内容等，这项工作通常由CGI/PERL编写相应的接口程序与用户进行交互来完成。很显然，通过网络与用户的交互增大了网络的通信量，另一方面影响了服务器的性能。

　　JavaScript是一种基于客户端浏览器的语言，用户在浏览的过程中填表、验证的交互过程只是通过浏览器对调入HTML文档中的JavaScript源代码进行解释执行来完成的，即使是必须调用CGI的部分，浏览器只将用户输入验证后的信息提交给远程的服务器，大大减少了服务器的开销。

13.1.3　JavaScript与CSS

　　JavaScript与CSS都是可以直接在客户端浏览器解析并执行的脚本语言，通常意义上认为CSS是静态的样式设定，而JavaScript则是动态的实现各种功能。例如6.3节中提到的鼠标指针经过时变色的表格，如图13.1所示。

　　其中CSS分别设置鼠标指针没有经过时的样式和鼠标指针经过时的样式，JavaScript则动态地判断鼠标指针的位置，从而调用不同的CSS样式。

　　通过JavaScript与CSS很好的配合，还可以制作出更多奇妙而实用的效果，本章接下来的各个实例都是很好的体现。读者也可以设计出更多精美的案例运用到自己的页面中。

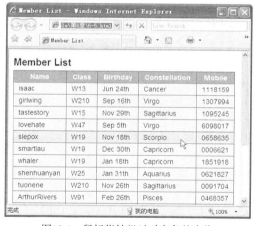

图13.1　鼠标指针经过时变色的表格

13.2　JavaScript语法基础

　　本节简单介绍JavaScript的基本语法，使读者对JavaScript的编写有基本的概念，在需要的时候能够正确去查找。对于具体的JavaScript的详细讲解，还需要参考其他的相关资料。

　　JavaScript 可以出现在 HTML 的任意地方，甚至在<html>之前插入也不成问题。它使用标记<script>…</script>进行声明，不过如果要在声明框架的网页（框架网页）中插入，就一定要在<frameset>标记之前插入，否则不会运行。JavaScript的基本格式如下所示。

```
<script language="javascript">
```

```
...
//JavaScript代码
...
</script>
```

另外一种插入 JavaScript 的方法，是把 JavaScript 代码写到另一个文件当中（此文件通常应该用".js"作扩展名），然后用格式为"<script src="javascript.js" language="javascript"></script>"的标记把它嵌入到文档中。注意，一定要用"</script>"标记。如例13.1所示的便是最简单的弹出提示框的小程序。

【例13.1】（实例文件：第13章\13-1.html）

```
<html>
<head>
<title>JavaScript基本语法</title>
</head>
<body>
<script language="javascript">
alert("Hello World");        //弹出对话框
</script>
</body>
</html>
```

以上代码的执行效果如图13.2所示，一个小的提示窗口从页面中弹出。网上很多讨厌的小广告也是用类似的弹出窗口制作的。

图13.2　弹出窗口

经验之谈：
虽然上网时各种弹出的小窗口很令人讨厌，但它在学习JavaScript时却十分有用。当JavaScript代码出错或者没有实现应有的效果时，便可以用该方法显示各个变量的值，从而调试程序。

13.2.1　数据类型和变量

JavaScript脚本语言同其他语言一样，有它自身的基本数据类型、表达式和算术运算符以及程序的基本框架结构。JavaScript提供了6种数据类型，其中4种基本的数据类型用来处理数字和文字，而变量提供存放信息的地方，表达式则可以完成较复杂的信息处理。下面对各种数据类型分别进行介绍。

（1）string字符串类型：字符串是用单引号或双引号来说明的（可以使用单引号来输入包含双引号的字符串，反之亦然），如"艾萨克"、"Next Station"和"CSS样式设计"等。

（2）数值数据类型：JavaScript支持整数和浮点数，整数可以为正数、0 或者负数；浮点数可以包含小数点，也可以包含一个"e"（大小写均可，在科学记数法中表示"10的幂"），或者同时包含这两项。

（3）boolean类型：可能的boolean值有true和false。这是两个特殊值，不能用作1和0。

（4）undefined数据类型：一个为undefined的值就是指在变量被创建后，但未给该变量赋值时具有的值。

（5）null数据类型：null值指没有任何值，什么也不表示。

（6）object类型：除了上面提到的各种常用类型外，对象也是JavaScript中的重要组成部分。

在JavaScript中变量用来存放脚本中的值，这样在需要用这个值的时候就可以用变量来代表，一个变量可以代表一个数字、文本或其他一些东西。变量的概念与其他程序语言中的变量是基本一致的。

JavaScript是一种对数据类型要求不太严格的语言，所以不必声明每一个变量的类型。变量声明尽管不是必须的，但在使用变量之前先进行声明是一种好的习惯。可以使用var语句来进行变量声明。例如：

```
var temp;               //没有赋值
var score=95;           //数值类型
var male=true;          //布尔类型
var author="isaac"      //字符串
```

也可以将一个变量赋值后更改它的数据类型，如下所示，但并不推荐这样操作。

```
x=35.6;
x="javascript";
```

JavaScript 是一种区分大小写的语言，因此将一个变量命名为"computer"和将其命名为"Computer"是不一样的。另外，变量名称的长度是任意的，但必须遵循以下规则：

（1）第一个字符必须是一个字母（大小写均可）或一个下划线。

（2）后续的字符可以是字母、数字或下划线。

（3）变量名称不能是系统的保留字，例如true、for或return等。

13.2.2　表达式及运算符

　　表达式在定义完变量后，就可以进行赋值、改变和计算等一系列操作。这一过程通常又由表达式来完成。可以说表达式是变量、常量、布尔以及运算的集合，因此表达式可以分为算术表达式、字符串表达式、赋值表达式和布尔表达式等。例如"2+2"就是一个简单的表达式。

　　运算符完成操作的一系列符号，在JavaScript中有算术运算符、比较运算符、布尔运算符和赋值运算符等。

　　算术运算符又分单目运算符和双目运算符。其中双目运算符包括+（加）、-（减）、*（乘）、/（除）、%（取模）、|（按位或）、&（按位与）、<<（左移）、>>（右移）和>>>（右移，零填充）等。单目运算符包括-（取反）、~（取补）、++（递加1）和--（递减1）等。它们的使用方法与一般程序设计语言一样，这里不再一一介绍。

　　比较运算符的基本操作过程是，首先对它的操作数进行比较，然后再返回一个true或false值，主要的比较运算符有<（小于）、>（大于）、<=（小于等于）、>=（大于等于）、==（等于）和!=（不等于）。

　　布尔逻辑运算符主要有!（取反）、&=（与之后赋值）、&（逻辑与）、|=（或之后赋值）、|（逻辑或）、^=（异或之后赋值）、^（逻辑异或）、?:（三目操作符）、||（或）、==（等于）和!=（不等于）。其中"?:"运算符举例如下：

```
a>b?a:b;
```

　　以上就是一个简单的三目操作的例子，对"?"前的布尔表达式进行判断。如果a大于b，则输出":"前的a，否则输出b。如例13.2所示是一个三目运算符的实例，执行效果如图13.3所示。

　　【例13.2】（实例文件：第13章\13-2.html）

```
<html>
<head>
<title>三目运算符</title>
</head>
<body>
<script language="javascript">
var a=5,b=6;
alert(a>b?"调用01.css":"调用02.css");        //三目运算
</script>
</body>
</html>
```

　　赋值表达式主要用于给变量赋值，包括=（将右边的值赋给左边）、+=（将右边的值加上左边的值然后赋给左边）、-=、*=、/=和%=等。

图13.3　三目运算符

13.2.3　基本语句

　　JavaScript中的语句与其他程序语言的语句类似，用来实现程序的控制和各种基本的功能。在JavaScript中每条语句都以分号结束，但其本身对是否添加分号要求并不严格。但建议每条语句结束都加上分号，养成良好的编程习惯。JavaScript的基本语句主要包括条件语句、循环语句和函数等，下面分别进行简要介绍。

　　条件语句主要有if语句、if else语句和switch语句等，if语句是最基本的条件语句，它的格式与C++是一样的，如下所示。

```
if(表达式){
       语句1;
       语句2;
       ……
}
```

　　如果表达式为true，则执行大括号里的语句，为false则直接跳过该段语句，执行下面的语句。如果需要在表达式为false时指定执行某段代码，则采用if else语句，如下所示：

```
if(表达式){
       语句1;
       语句2;
       ……
}
else{
       语句3;
       语句4;
       ……
}
```

　　其中语句1~4可以是任意的合法JavaScript语句，甚至嵌套if语句等。下面简单说明其用法，如例13.3所示。

【例13.3】（实例文件：第13章\13-3.html）

```
<html>
<head>
<title>if else语句</title>
</head>
<body>
<script language="javascript">
var name="Administrator";
if(name!="Administrator"){
        document.write("<font color='blue'>"+name+"</font>");
        //输出蓝色的name
}
else{
        document.write("<font color='red'>"+name+"</font>");
//输出红色的name
}
</script>
</body>
</html>
```

上例对name变量进行判断，如果是普通用户则输出蓝色的用户名，如果是管理员Administrator，则输出红色的用户名，如图13.4所示。

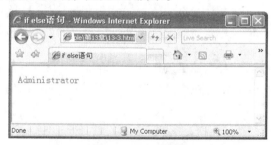

图13.4　if else语句

循环语句一般在一定条件下重复执行一段代码，在JavaScript中提供多种循环语句，包括for语句、while语句和do while语句等，还有用于跳出循环的break语句，用于终止当前循环并继续执行下一轮循环的continue语句，等等。

for语句是使用频率最高的循环语句，它的格式与C++类似，如下所示。

```
for(initializationstatement; condition; adjuststatement){
        语句1;
        语句2;
        ……
}
```

可见其由两部分组成，即条件与循环体。循环体部分由具体的语句构成，是条件满足时要执行的代码。而条件部分分为3个部分，每部分用分号隔开。"Initializationstatement"用于初始化数据；"condition"为循环判断的条件，它决定循环体执行的次数；"adjuststatement"用于每次执行完循环体对参数进行调整。循环体中的语句同样可以是任何合法的JavaScript语句，包括for语句的嵌套。for语句的实例如例13.4所示。

【例13.4】（实例文件：第13章\13-4.html）

```html
<html>
<head>
<title>for语句</title>
</head>
<body>
<script language="javascript">
for(var i=0;i<256;i++){
      j = 255-i;//j值递减
      document.write("<font style='color:rgb("+j+","+i+","+i+");'><b>*</b> <font>");
      //调整*号颜色
      if(i%16==15){
              document.write("<br>");              //每输出16个*则换行
      }
}
</script>
</body>
</html>
```

上例中利用for语句将CSS控制颜色的color属性设置为变量，并进行循环变化，从而实现了输出"*"号变色的效果，如图13.5所示。

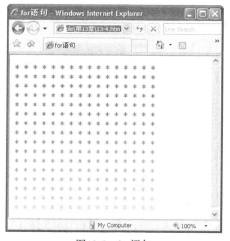

图13.5　for语句

JavaScript中的函数是通过关键字function来声明的，其使用方法与一般程序语言类似，如下所示。

```
function 函数名([参数集]) {
    ...
    [return[<值>];]
    ...
}
```

其中中括号"[ ]"里的部分是可以省略的，当函数遇到return语句时，都将直接跳出该函数体，返回调用它的地方继续往下执行。合理的使用函数能够将一些常用的功能集合在一起，统一调用，也可以使得页面代码清晰、可读性强。函数的示例如例13.5所示。

【例13.5】（实例文件：第13章\13-5.html）

```
<html>
<head>
<title>文字颜色</title>
<style type="text/css">
<!--
body{
        font-family:Arial, Helvetica, sans-serif;
        font-size:13px;
}
form{padding:0px;margin:0px;}
input{
        border:1px solid #000000;
        width:40px;
}
input.btn{width:60px; height:18px;}
span{font-family:黑体;font-size:60px; font-weight:bold;}
-->
</style>
<script language="javascript">
function ChangeColor(){
        var red = document.colorform.red.value;           //获得各个文本框的值
        var green = document.colorform.green.value;
        var blue = document.colorform.blue.value;
        var obj = document.getElementById("text");
        obj.style.color="#"+red+green+blue;                //修改文字颜色
}
</script>
</head>
<body>
```

```
<form name="colorform">
        R:<input name="red" maxlength="2">
        G:<input name="green" maxlength="2">
        B:<input name="blue" maxlength="2">
         <input type="button" onClick="ChangeColor()" value="换颜色" class="btn">
</form>
<br>
<span id="text">CSS层样式</span>
</body>
</html>
```

在例13.5中分别设置了3个输入框，分别让用户输入颜色的红绿蓝3个分量，然后通过JavaScript调用ChangeColor()函数，动态的修改文字的颜色，如图13.6所示。

图13.6　调用函数修改颜色

13.3　实例一：输入时高亮显示的Excel表格

在6.6节"直接输入的Excel表格"中，制作出了可以在页面上直接输入数据的Excel样式的表单，如果光标所在的单元格能够高亮显示，则效果会更明显和更贴近Excel的友好性。本节通过JavaScript配合CSS实现类似的效果，如图13.7所示。

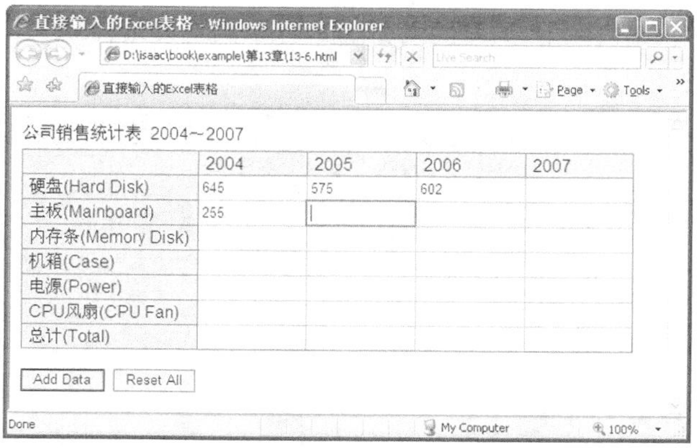

图13.7　输入时单元格高亮显示

首先将6.6节中的代码全部拷贝，直接在原来代码的基础上进行修改。考虑到光标所在的单元格为<input>标记，而需要高亮显示的部分其实是包含它的<td>标记，因此必须为所有包含<input>标记的<td>标记都加上相应的id。又考虑到编程操作的方便性，<td>的id统一在<input>

的id前面加上前缀 "td" 即可, 如例13.6所示。

【例13.6】(实例文件: 第13章\13-6.html)

```
<tr>
<th scope="row">硬盘(Hard Disk)</th>
    <td id="tdharddisk2004"><input type="text" name="harddisk2004"id="harddisk2004"></td>
    <td id="tdharddisk2005"><input type="text"name="harddisk2005"id="harddisk2005"></td>
    <td id="tdharddisk2006"><input type="text"name="harddisk2006"id="harddisk2006"></td>
    <td id="tdharddisk2007"><input type="text"name="harddisk2007"id="harddisk2007"></td>
</tr>
```

然后为<input>标记添加相应的属性onFocus, 该属性当光标聚焦在该单元格时被激活, 添加相应的响应函数hilite(), 如下所示:

```
<input type="text"name="harddisk2004"id="harddisk2004"onFocus="hilite(this);">
```

该函数的作用在于当光标位于单元格的<input>输入框中时, 将包含它的<td>标记的边框加亮、变粗, 如下所示。

```
<script language="javascript"type="text/javascript">
function hilite(obj) {
        //选择包含<input>的<td>标记
obj = document.getElementById("td"+obj.name.toString());
        obj.style.border = '2px solid #007EFF';          //加粗、变色
}
</script>
```

这样便实现了当光标位于输入框时的高亮显示, 但倘若再选择新的输入框会发现原来输入框的高亮还在, 如图13.8所示。

图13.8 高亮之后没有返回

这是因为仅仅设置了<td>标记的边框高亮，而这个高亮的CSS属性不会自动返回原先的状态，这时就需要调用onBlur函数，它表示当输入框失去焦点时触发的事件，如下所示：

```
<input type="text"name="harddisk2004"id="harddisk2004"onFocus="hilite(this);"onBlur="delite(this);">
```

为<input>标记加入onBlur属性后再编写一个新的JavaScript函数，用来将<td>的边框复原，从而使得只有光标所在的单元格高亮，如下所示：

```
function delite(obj) {
        obj = document.getElementById("td"+obj.name.toString());
        obj.style.border ='1px solid #ABABAB';        //恢复回原来的边框
}
```

这样通过两个JavaScript函数的配合，分别利用<input>标记的onFocus和onBlur属性实现了输入框的动态高亮，效果上跟Excel表格几乎一致了，如图13.9所示。

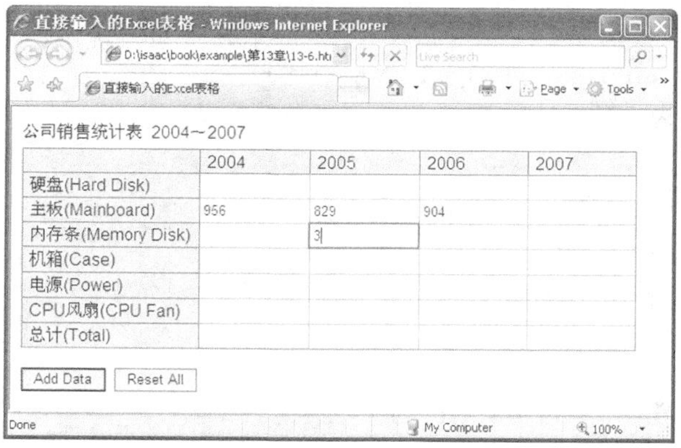

图13.9　最终效果

13.4　实例二：由远到近的文字

13.3通过调用两个JavaScript函数实现了输入表格高亮的功能，本节利用for循环语句实现由远到近的文字特效，如图13.10所示。

该特效的关键点在于利用for循环，反复地往页面上输出文字"CSS"，但同时不断地变化文字的位置、大小和颜色，从而得到类似的效果，代码如例13.7所示。

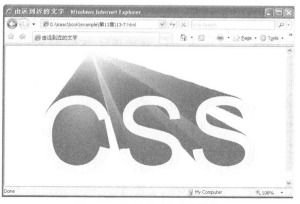

图13.10　由远到近的文字特效

【例13.7】（实例文件：第13章\13-7.html）

```html
<html>
<head>
<title>由远到近的文字</title>
<style type="text/css">
<!--
div{
        font-family:Arial;
        position:absolute;
}
-->
</style>
</head>
<body>
<script language="javascript">
for(var i=0;i<128;i++){
        //不断地变化文字的位置、大小和颜色的CSS属性
        document.write('<div style="left:'+(200-i)+'px;top:'+(10+i/2)+'px; font-size:'+(i*2)+'px;
color:rgb('+(256-i)+','+(256-i*2)+','+(i*2)+');">CSS</div>');
}
</script>
<!-- 再输出最后一个位置上的文字，但换颜色 -->
<div style="left:72px;top:74px; font-size:256px; color:#FFFF44;">CSS</div>
</body>
</html>
```

以上代码最主要的部分由JavaScript的
for循环动态完成，将<div>标记的CSS属性
设置为可变的参数，在屏幕上不断地绘制出
连续变化的"CSS"文字，从而得到由远到
近的效果。

在执行完JavaScript代码后，还用
HTML的方式在页面上输出了一个新的
<div>块文字，它的位置就是JavaScript输出
的最后一个位置，而将颜色进行了修改。这
样做的目的就是希望最前端的"CSS"文字
能够突出，如果没有该<div>块，页面效果
如图13.11所示。

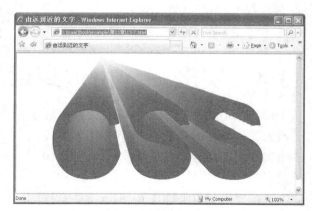

图13.11　没有最后一个<div>的效果

当然读者也可以根据自己的喜好调整不同的颜色，并且修改JavaScript中文字变化的各个参数。
例如将其中颜色变化的部分进行小小的修改，让红色分量的变化与绿色分量一样，如下所示：

```
document.write('<div style="left:'+(200-i)+'px;top:'+(10+i/2)+'px; font-size:'+(i*2)+'px; color:rgb('+(256-i*2)+','+(256-i*2)+','+(i*2)+');">CSS</div>');
```

此时文字颜色的整体变化就是由黄色向蓝色渐变了，如图13.12所示。

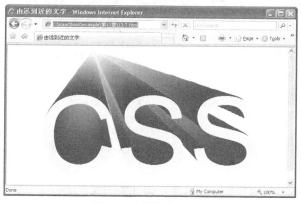

图13.12　调整渐变效果

经验之谈：

虽然用JavaScript制作的"由远到近"文字效果十分的绚丽，但在客户端运行时会耗费大量的系统资源，减缓用户浏览页面的速度。因此推荐将实现好的效果拷屏，剪辑成图片，然后再加载到页面中。

13.5　实例三：跑马灯特效

JavaScript中的跑马灯是一种很吸引眼球的特效，通常是通过改变<input>来实现的。如果能更好地配合CSS，便能做到更加的完美，效果如图13.13所示。

图13.13　跑马灯特效

首先按照传统JavaScript的方法制作跑马灯的效果，包括设置文字内容、跑动速度，以及相应的输入框，如例13.8所示。

【例13.8】（实例文件：第13章\13-8.html）

```html
<head>
<title>跑马灯</title>
<script language="javascript">
var msg="这是跑马灯，我跑啊跑啊跑";                //跑马灯的文字
var interval = 400;                              //跑动的速度
var seq=0;

function LenScroll() {
        document.nextForm.lenText.value = msg.substring(seq, msg.length) + "   " + msg;
        seq++;
        if ( seq > msg.length )
                seq = 0;
        window.setTimeout("LenScroll();", interval);
}
</script>
</head>
<body onLoad="LenScroll()">
<center>
<form name="nextForm">
<input type="text" name="lenText">
</form>
</center>
</body>
```

此时基本的文字运动效果已经出来了，其中msq参数设定文字内容，interval设定文字跑动的速度，读者可以自己修改相关参数来查看效果，如图13.14所示。

图13.14　基本的跑马灯效果

此时的具体效果仅仅只是输入框中的文字在滚动，与最终的效果还有很大差距。对页面<body>以及<input>标记加入相关的CSS属性，页面背景设置为黑色，将输入框的背景设为透明，边框进行隐藏，再设置其他的文字属性，如下所示。

```
<style type="text/css">
<!--
body{
        background-color:#000000;              /* 页面背景色 */
}
input{
        background:transparent;                /* 输入框背景透明 */
        border:none;                           /* 无边框 */
        color:#ffb400;
        font-size:45px;
        font-weight:bold;
        font-family:黑体;
}
-->
</style>
```

通过CSS属性对页面和输入框的美化，整个跑马灯显得流畅了很多，已经不再是文字在输入框中滚动的效果了，如图13.15所示。

图13.15　最终效果

13.6　实例四：图片淡入淡出

在第9章中介绍CSS滤镜时曾经提到CSS高级滤镜，而高级滤镜则必须配合JavaScript才能很好地发挥作用。本节结合JavaScript，首先介绍CSS高级滤镜BlendTrans的使用方法，制作图片淡入淡出的效果，如图13.16所示。

图13.16　图片淡入淡出

BlendTrans滤镜是CSS的高级滤镜之一，同样也是微软公司开发的专用于IE浏览器的CSS属性，它的语法与一般的滤镜类似，如下所示：

```
filter:BlendTrans(duration=秒数);
```

其中duration为变换的时间。准备好互相淡入淡出切换的一组图片，图片尽量使用相同的尺寸，如图13.17所示，然后用JavaScript给图片的相对路径定义数组，再将BlendTrans滤镜加载到各个图片切换的过程上，本例代码如下所示：

图13.17　图片示例

【例13.9】（实例文件：第13章\13-9.html）

```
<html>
<head>
<title>图片淡入淡出</title>
<style type="text/css">
<!--
body{
      background:#000000;
}
img{
      filter:BlendTrans(duration=3);
```

```
        border:none;
    }
    -->
</style>
</head>
<body>
<script language="javascript">
function img1(x){      // 获取数组记录数
        this.length=x;
}
//申明数组并给数组元素赋值，也就是把图片的相对路径保存起来
//若是图片较多，可增加数组元素的个数
//在这个例子中用了5张图片，所以数组元素个数为"5"。
        iname=new img1(5);
        iname[0]="photo/01.jpg";
        iname[1]="photo/02.jpg";
        iname[2]="photo/03.jpg";
        iname[3]="photo/04.jpg";
        iname[4]="photo/05.jpg";
        var i=0;
function play1(){                        // 演示变换效果
        if (i==4){ i=0; }                //当进行到iname[4]时，返回iname[0]
        else{ i++; }
        tp1.filters[0].apply();          //tp为图片的名字，在<img>标记中定义
        tp1.src=iname[i];
        tp1.filters[0].play();
        mytimeout=setTimeout("play1()",4000);
        //设置演示时间，这里是以毫秒为单位的，所以"4000"是指每张图片的演示时间是4秒
        //这个时间值要大于滤镜中设置的转换时间值，这样当转换结束后还能停留一段时间，看清楚
图片
}
</script>
<p><img src="photo/01.jpg" name="tp1"></p>
<script language="javascript">play1();</script>
</body>
```

　　每句代码的含义基本都进行了注释，这里不再重复。整段JavaScript代码的思路在于将图片地址保存在数组中，然后用函数进行不断的循环。循环的过程再加入CSS滤镜实现淡入淡出的效果，如图13.18所示。

　　很遗憾的是像这样绚丽的效果仅仅只有在IE浏览器下才能起作用，Firefox等其他浏览器一般都不支持该滤镜，如图13.19所示。

图13.18　最终效果

图13.19　其他浏览器不支持

经验之谈：

由于Firefox等其他非微软相关的浏览器都不支持CSS滤镜，因此如果希望所有的用户都能分享这种效果，推荐使用Flash进行相关的制作。

13.7　实例五：CSS实现PPT幻灯片

上一节中的BlendTrans滤镜实现了图片之间的淡入淡出，如果希望更多的切换效果，则可以使用RevealTrans滤镜。该滤镜跟BlendTrans滤镜差不多，只不过有更多的变换方式，其语法如下：

```
filter: RevealTrans(Transition=变换方式, duration=秒数)
```

其中duration是图片之间的切换时间，以秒为单位，transition是切换的方式，共有24种，如表13.1所示。

表13.1　　　　　　　　　　　　　RevealTrans滤镜的切换方式

序号	切换方式	序号	切换方式	序号	切换方式	序号	切换方式
0	矩形从大至小	1	矩形从小至大	2	圆形从大至小	3	圆形从小至大
4	向上推开	5	向下推开	6	向右推开	7	向左推开
8	垂直形百叶窗	9	水平形百叶窗	10	水平棋盘	11	垂直棋盘
12	随机溶解	13	垂直向内裂开	14	垂直向外裂开	15	水平向内裂开
16	水平向外裂开	17	向左下剥开	18	向左上剥开	19	向右下剥开
20	向右上剥开	21	随机水平细纹	22	随机垂直细纹	23	随机选一种特效

从上表中不难发现，各种切换效果与微软的另外一个产品PPT非常的类似。该CSS滤镜的使用方法与上一节中提到的BlendTrans滤镜完全一样，如例13.10所示。

【例13.10】（实例文件：第13章\13-10.html）

```html
<html>
<head>
<title>CSS实现PPT幻灯片</title>
<style type="text/css">
<!--
body{
        background:#000000;
}
img{
        filter:RevealTrans(Duration=3,Transition=23);
        border:none;
}
-->
</style>
</head>
<body>
<script language="javascript">
function img2(x){this.length=x;}
        jname=new img2(5);
        jname[0]="photo/06.jpg";
        jname[1]="photo/07.jpg";
        jname[2]="photo/08.jpg";
        jname[3]="photo/09.jpg";
        jname[4]="photo/10.jpg";
        var j=0;
function play2(){
        if (j==4){ j=0; }
        else{ j++; }
        tp2.filters[0].apply();
        tp2.src=jname[j];
        tp2.filters[0].play();
        mytimeout=setTimeout("play2()",4000);
}
</script>
<p><img src="photo/06.jpg" border="0"name="tp2"></p>
<script language="javascript">play2();</script>
</body>
```

从代码上可以看到与BlendTrans滤镜的使用方法完全一样，这里采用的是随机选取的切换方式，只要不断刷新，就能看到各种切换的效果，如图13.20所示。

图13.20　PPT的切换方式

经验之谈：

与上一节淡入淡出的效果一样，由于Firefox等其他非微软相关的浏览器都不支持CSS滤镜，因此该效果无法在所有的机器上显示出来。如果希望所有用户都能分享这种效果，推荐使用Flash进行相关的制作。

13.8　实例六：灯光效果

在Photoshop中可以给图片使用滤镜，使之加上灯光照耀的效果。在CSS中同样可以通过高级滤镜Light来给图片添加灯光，如图13.21所示。

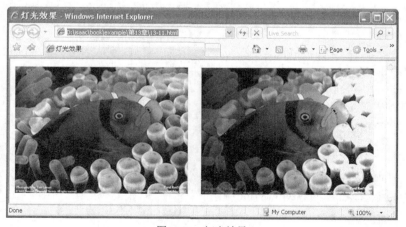

图13.21　灯光效果

该滤镜的语法十分简单，直接对图片进行滤镜声明即可，如下所示。但该滤镜必须配合JavaScript才能很好地发挥效果。

```
filter: light(enabled=1);
```

在JavaScript中常配合Light滤镜使用的函数方法有如下几种，本例以AddCone锥光源为例介绍该高级滤镜的使用方法。

（1）AddAmbien：加入包围的光源。

（2）AddCone：加入锥形光源。

（3）AddPoint：加入点光源。

（4）Changcolor：改变光的颜色。

（5）Changstrength：改变光源的强度。

（6）Clear：清除所有的光源。

（7）MoveLight：移动光源。

【例13.11】（实例文件：第13章\13-11.html）

```
<html>
<head>
<title>灯光效果</title>
<style type="text/css">
<!--
img.light{
        filter:light;
        border:none;
}
-->
</style>
</head>
<body>
<script language="javascript">
// 调用设置光源函数
window.onload=setlights1;
// 调用Light滤镜方法
function setlights1(){
        lightsy.filters[0].addcone(430,120,10,100,100,255,255,0,70,55);
}
</script>
<img src="fish.jpg">  
<img id="lightsy" src="fish.jpg" class="light">
</body>
```

本例采用addcone函数为已经设置了Light滤镜的图片添加了一个锥形光源，该函数的表达式如下所示：

```
addcone(iX1, iY1, iZ1, iX2, iY2, iRed, iGreen, iBlue, iStrength, iSpread);
```

其中iX1、iY1分别为光源的*x*坐标和*y*坐标，这个坐标是以图片左上角为原点（0,0），以水平向右为*x*轴正方向，竖直向下为*y*轴正方向，并可以设置为负数。iZ1为光源的高低，三维空间的概念，只能设置为正数。iX2和iY2为光源的方向，光源由三维坐标（iX1,iY1,iZ1）射向（iX2,iY2,0）。iRed、iGreen和iBlue为光颜色的RGB值，范围为0~255。iStrength表示光的强度，0表示最小亮度，100为最大的亮度。iSpread为光照射的角度，是一个立体角的概念，范围为0~90°，例如设置为30°时，光张开的全角为30°×2＝60°。

读者可以随意更改例题中的设置，便可以观察出各个参数的作用。例如将JavaScript的函数setlights1()修改为：

```
function setlights1(){
        var iX2=lightsy.offsetWidth;                    //获得图片宽度
        var iY2=lightsy.offsetHeight;                   //获得图片高度
        lightsy.filters[0].addCone(0,0,5,iX2,iY2,60,130,255,50,20);
        lightsy.filters[0].addCone(0,iY2,5,iX2,0,60,130,255,50,20);
}
```

则此时页面的效果如图13.22所示。

图13.22　灯光效果

13.9　实例七：舞台灯光

舞台上的灯光最主要的特点是能随着人的控制而移动，通过上一节的CSS高级滤镜Light，再配合JavaScript的movelight函数，同样可以使照射在图片上的灯光随着鼠标指针的移动而移动，效果如图13.23所示。

首先选择一幅希望有灯光跟随效果的图片，如图13.24所示，将其添加到HTML页面中。然后添加CSS灯光滤镜，并用JavaScript控制添加灯光以及鼠标跟随的效果。

图13.23　舞台灯光

图13.24　图片

【例13.12】（实例文件：第13章\13-12.html）

```
<html>
<head>
<title>舞台灯光</title>
<style type="text/css">
<!--
body{
        background-color:#000000;
}
td{
        filter:light;
}
-->
</style>
</head>
<body>
<table>
        <tr>
        <td id="flttgt"><img src="mm.jpg"></td>
        </tr>
</table>
<script language="javascript">
var g_numlights=0;
flttgt.onclick=keyhandler;                     //单击鼠标
flttgt.onmousemove=mousehandler;               //鼠标移动时
function setlights(){
        flttgt.filters[0].clear();             //先清空所有光源
        flttgt.filters[0].addcone(-10,- 10,5,275,370,0,0,150,60,10);//添加蓝色光源
        if (g_numlights>0){
```

```
                flttgt.filters[0].addcone (285,-10,5,0,370,150,0,0,60,10);//添加红色光源
                if (g_numlights>1)
                        flttgt.filters[0].addcone (138,380,5,138,0,0,150,0,60,15);      //添加绿色光源
        }
}
function keyhandler(){
        g_numlights= (g_numlights+=1)%3;
        setlights();
}
function mousehandler(){
        x=(window.event.x-80);
        y=(window.event.y-80);
        flttgt.filters[0].movelight(0,x,y,5,1);                          //移动蓝光
        if (g_numlights>0){
                flttgt.filters[0].movelight(1,x,y,5,1);                  //移动红光
                if (g_numlights>1)
                        flttgt.filters[0].movelight(2,x,y,5,1); //移动绿光
        }
}
setlights();
</script>
</body>
```

　　本例主要利用了JavaScript中的onclick以及onmousemove两个函数，当鼠标单击时触发函数keyhandler，增加新的灯光。当鼠标移动时调用函数mousehandler，利用movelight函数移动灯光，这里对movelight函数作简要说明：

```
movelight(iLightNumber, iX, iY, iZ, fAbsolute);
```

　　其中参数iLightNumber表示灯光的代号，iX、iY和iZ为灯光焦点移动到的位置，若是锥形光，只有iX和iY起作用，分别对应addcone()函数中iX2和iY2移动到的位置。当光源为点光源时iZ才起作用。fAbsolute表示绝对移动，还是相对原来的位置移动，通常跟随鼠标的效果都需要使用绝对移动，因此将该值设置为1。读者可以试着修改各种参数，考查函数的效果。此时页面效果如图13.25所示。

图13.25　最终效果

338

13.10 实例八：探照灯

上两节分别介绍了锥形光源以及移动光源的方法，本节利用点光源照射物体，并且使其移动，从而实现探照灯的特效，如图13.26所示。

首先选择一幅需要制作探照灯效果的图片，如图13.27所示。将它加入到页面的<div>块中，然后用函数addpoint()为其添加点光源。

图13.26 探照灯

图13.27 选择一幅图片

利用movelight()函数移动该光源，从而得到页面的最终效果，代码如例13.13所示。

【例13.13】（实例文件：第13章\13-13.html）

```html
<html>
<head>
<title>探照灯</title>
<style type="text/css">
<!--
body{
    background-color:#000000;
}
div{
    filter:light;
    width:300px;              /* 这句必须得有 */
}
-->
</style>
</head>
<body>
<script language="javascript">
function MouseMove(){
    //移动点光源
    point.filters[0].MoveLight(0,window.event.x-10,window.event.y-20,70,1);
}
</script>
```

```
<div onmousemove="javascript:MouseMove()" id="point">
<img src="building.jpg">
</div>
<script language="javascript">
        //添加点光源
        point.filters.light(0).addPoint(0,0,70,240,240,0,100);
</script>
</body>
```

设置包含图片的<div>块时，必须指定<div>块的宽度或者高度，如果这两个参数都不指定，灯光会认为那是一个空的块，从而不起任何作用。另外addpoint()函数的各参数如下：

addPoint(iX, iY, iZ, iRed, iGreen, iBlue, iStrength);

其中iX、iY和iZ为点光源的三维坐标值。跟锥形光源一样，iRed、iGreen和iBlue为光源颜色的RGB值，iStrength为光的强度。读者可以自己调整数值来观察各个参数的具体含义，例如当addpoint修改为如下所示时，显示效果如图13.28所示。

point.filters.light(0).addPoint(0,0,100,0,150,255,100);

图13.28　修改效果

这里仍然需要指出，Light滤镜也是CSS的高级滤镜之一，因此除了IE浏览器外，其余浏览器一般都不支持该特效。

13.11　实例九：鼠标文字跟随

很多个人网站、游戏站点和小型的商业网站都喜欢用鼠标文字跟随的特效，一方面可以在鼠标指针旁边加上网站说明的相关信息或者欢迎信息，另一方面也吸引用户的注意力，使其更加关注该网站。

鼠标文字跟随的特效主要是通过JavaScript代码来实现的，如例13.14所示。CSS则用来设置文字的样式，效果如图13.29所示。

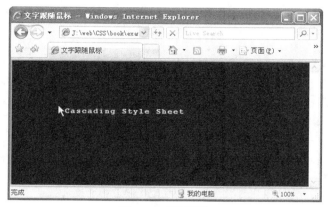

图13.29 鼠标跟随

【例13.14】（实例文件：第13章\13-14.html）

```
<html>
<head>
<title>文字跟随鼠标</title>
<style type="text/css">
<!--
body{
        background-color:#000000;
}
.spanstyle{
        color:#FFFF00;
        font-family:"Courier New";
        font-size:13px;
        font-weight:bold;
        position:absolute;              /* 绝对定位 */
        top:-50px;
}
-->
</style>
<script language="javascript">
var x,y;            //鼠标指针当前在页面上的位置
var step=10;        //字符显示间距，为了好看，当step=0时则字符显示没有间距
var flag=0;
var message="Cascading Style Sheet";            //跟随鼠标指针要显示的字符串
message=message.split("");          //将字符串分割为字符数组

var xpos=new Array()                //存储每个字符的x位置的数组
for (i=0;i<message.length;i++) {
        xpos[i]=-50;
```

```
        }
        var ypos=new Array()              //存储每个字符的y位置的数组
        for (i=0;i<message.length;i++) {
                ypos[i]=-50;
        }

        for (i=0;i<message.length;i++) { //动态生成显示每个字符span标记,
                //使用span来标记字符,是为了方便使用CSS,并可以自由地绝对定位
                document.write("<span id='span"+i+"' class='spanstyle'>");
                document.write(message[i]);
                document.write("</span>");
        }

        if (document.layers){
                document.captureEvents(Event.MOUSEMOVE);
        }

        function handlerMM(e){ //从事件得到鼠标光标在页面上的位置
                x = (document.layers) ? e.pageX : document.body.scrollLeft+event.clientX;
                y = (document.layers) ? e.pageY : document.body.scrollTop+event.clientY;
                flag=1;
        }

        function makesnake() { //重定位每个字符的位置
                if (flag==1 && document.all) { //如果是IE
                        for (i=message.length-1; i>=1; i--) {
                                xpos[i]=xpos[i-1]+step;  //从尾向头确定字符的位置,每个字符为前一个字符
"历史"水平坐标+step间隔
                        //这样随着光标移动事件,就能得到一个动态的波浪状的显示效果
                                ypos[i]=ypos[i-1];  //垂直坐标为前一字符的历史"垂直"坐标,后一个字符
跟踪前一个字符运动
                        }
                        xpos[0]=x+step //第一个字符的坐标位置紧跟鼠标光标
                        ypos[0]=y
                        //上面的算法将保证,如果鼠标光标移动到新位置,则连续调用makenake将会使这些
字符一个接一个地移动到新位置
                        // 该算法显示字符串就有点像人类的游行队伍一样

                        for (i=0; i<=message.length-1; i++) {
                                var thisspan = eval("span"+(i)+".style");  //妙用eval根据字符串得到该字
符串表示的对象
                                thisspan.posLeft=xpos[i];
                                thisspan.posTop=ypos[i];
                        }
```

```
            }
        else if (flag==1 && document.layers) {
                for (i=message.length-1; i>=1; i--) {
                        xpos[i]=xpos[i-1]+step;
                        ypos[i]=ypos[i-1];
                }
                xpos[0]=x+step;
                ypos[0]=y;
                for (i=0; i<=message.length-1; i++) {
                        var thisspan = eval("document.span"+i);
                        thisspan.left=xpos[i];
                        thisspan.top=ypos[i];
                }
        }
        var timer=setTimeout("makesnake()",10)    //设置10毫秒的定时器来连续调用makesnake(),时刻刷
新显示字符串的位置
}
document.onmousemove = handlerMM;
</script>
</head>
<body onLoad="makesnake();">
</body>
</html>
```

本例主要是通过JavaScript获取鼠标指针的位置，并且动态地调整文字的位置。文字通过CSS属性position的绝对定位，因此很容易得到调整。采用CSS的绝对定位是JavaScript调整页面元素常用的方法，而其他CSS属性则可以使得文字更为美观。

本例主要通过JavaScript将各个字符的位置存入数组中，然后每过一段时间就根据鼠标指针的位置修改文字的位置。具体JavaScript的原理这里不一一分析，代码中都有相应的注释，读者可以参考学习。如果修改CSS的样式即可获得不同的效果，例如修改文字的大小和颜色，并添加上划线和下划线等，如图13.30所示。

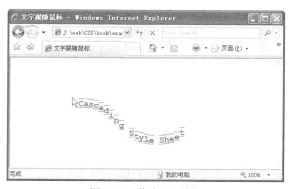

图13.30 修改CSS属性

精通

CSS+DIV 网页样式与布局

第 14 章

CSS 与 XML 的
综合运用

XML是eXtensible Markup Language的缩写，即可扩展标记语言。它是一种可以用来创建自定义标记的语言，由万维网协会（W3C）创建，用来克服HTML的局限。从实际功能上来看，XML主要用于数据的存储，而HTML则主要用于数据的显示。本章重点介绍XML的基础知识、XML与CSS的关系，以及将二者结合在一起的简单使用方法。

14.1　XML基础

XML是可扩展标记语言的简称，它结构化地定义数据标准的格式。本节主要介绍XML的基础知识，包括XML的特点、XML与HTML的联系、XML的语法和XML的编写等。

14.1.1　XML的特点

XML实际上是Web表示结构化信息的一种标准文本格式，它没有复杂的语法和包罗万象的数据定义。XML同HTML一样，都来自SGML（标准通用标记语言）。但近年来，随着Web应用的不断深入，HTML由于标记的固定，在需求广泛的应用中已显得捉襟见肘，仅仅只适合于数据的显示。而XML的出现则填补了各种数据需求上的空白，这也正是设计XML的目的所在。

XML继承了SGML的许多特性，首先是可扩展性。XML允许使用者创建和使用他们自己的标记而不是HTML的有限词汇表。如例14.1所示的就是一个简单的XML文档，其在浏览器的显示效果如图14.1所示。可以看到XML中的各个标记都是自定义的。

【例14.1】（实例文件：第14章\14-1.xml）

```
<?xml version="1.0"encoding="gb2312"?>
<四大名著>
    <三国演义>
        <作者>罗贯中</作者>
        <人物>曹操</人物>
        <人物>诸葛亮</人物>
        <人物>刘备</人物>
        <人物>孙权</人物>
    </三国演义>
    <红楼梦>
        <作者>曹雪芹</作者>
        <人物>贾宝玉</人物>
        <人物>林黛玉</人物>
        <人物>王熙凤</人物>
        <人物>刘姥姥</人物>
    </红楼梦>
    <水浒传>
        <作者>施耐庵</作者>
        <人物>宋江</人物>
        <人物>林冲</人物>
        <人物>李逵</人物>
```

```
            <人物>武松</人物>
        </水浒传>
        <西游记>
                <作者>吴承恩</作者>
                <人物>唐僧</人物>
                <人物>孙悟空</人物>
                <人物>猪八戒</人物>
                <人物>沙和尚</人物>
        </西游记>
    </四大名著>
```

　　其次是灵活性。HTML很难进一步发展，就是因为它是格式、超文本和图形用户界面语义的混合，要同时发展这些混合在一起的功能是很困难的。而XML提供了一种结构化的数据表示方式，使得用户界面分离于结构化的数据。

　　第三是自描述性。XML文档通常包含一个文档类型声明，因而XML文档是自描述的。XML表示数据的方式真正做到了独立于应用系统，并且数据能够重用。XML文档被看作是文档的数据库化和数据的文档化。

　　XML还具有简明性。它只有SGML约20％的复杂性，但却具有SGML约80％功能。XML也吸收了人们多年来在Web上使用HTML的经验。XML支持世界上几乎所有的主要语言，并且不同语言的文本可以在同一文档中混合使用，应用XML的软件能处理这些语言的任何组合。

图14.1　XML文档

14.1.2　XML与HTML

　　HTML的各个标记都是固定不变的，网页设计者不可能在HTML文档中自定义各种标记。而XML本身则没有特定控制的标记，可以由网页设计者自行通过文件类型定义（DTD）的方式来作声明。通过HTML所提供的标记可以将数据内容在网页上显示出来，而XML则能够增加文件的结构性。

　　从某种意义上说，XML能比HTML提供更大的灵活性，但是它却不可能代替 HTML语言。实际上，XML和HTML能够很好地在一起工作。XML与HTML的主要区别就在于XML是用来存放数据的，在设计XML时它就被用来描述数据，其重点在于什么是数据，如何存放数据。而HTML是被设计用来显示数据的，其重点在于如何显示数据。如例14.2所示的就是一个典型的HTML调用XML数据的示例。

　　【例14.2】（实例文件：第14章\14-2.html）

```
<!-- 14-2.html如下： -->
<html>
<head>
```

```
<style type="text/css">
<!--
p{
        font-family:Arial;
        font-size:15px;
}
-->
</style>
<script language="javascript"event="onload"for="window">
        var xmlDoc = new ActiveXObject("Microsoft.XMLDOM");
        xmlDoc.async="false";
        xmlDoc.load("14-2.xml");                //调用数据
        var nodes = xmlDoc.documentElement.childNodes;
        title.innerText = nodes.item(0).text;
        author.innerText = nodes.item(1).text;
        email.innerText = nodes.item(2).text;
        date.innerText = nodes.item(3).text;
</script>
<title>在HTML中调用XML数据</title>
</head>
<body>
        <p><b>标题:</b> <span id="title"></span></p>
        <p><b>作者:</b> <span id="author"></span></p>
        <p><b>信箱:</b> <span id="email"></span></p>
        <p><b>日期:</b> <span id="date"></span></p>
</body>
</html>


<!-- 14-2.xml如下: -->
<?xml version="1.0"encoding="gb2312"?>
<book>
        <title>CSS</title>
        <author>isaac</author>
        <email>demo@demo.com</email>
        <date>20070624</date>
</book>
```

此时页面的显示效果如图14.2所示，实现了数据XML文档与显示HTML的分离。如果再调用CSS文件，HTML的作用就是显示框架，而CSS起美化作用，XML则只负责管理数据。

图14.2 HTML调用XML

14.1.3 XML基本语法

与HTML类似，XML的各个标记也是以"<tag>"开始，以"</tag>"结束的。而且XML在语法上要求更为严格，如果有开始标记就必须有结束标记，不像HTML中的
、<input>、<img>等标记。对于空标记，XML要求标记必须用一个斜杠和一个右尖括号来表示，例如"<img/>"、"<next/>"和"<下一站/>"等。

XML的标记之间同样是父子的层层树状关系，子标记的结束标记必须在父标记的结束标记之前，这点与HTML是完全一致的。下面这段代码就是错误的树状关系，浏览器就会相应的报错，如图14.3所示。

```
<?xml version="1.0"?>
<stage>
<location>
Auditorium
<department>
THU EE
</department>
<date>
Dec 7th.
</date>
</stage>
</location>
```

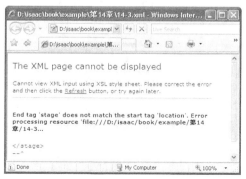

图14.3 标记匹配出错

XML的文档第一行都是XML的声明，而且必须包含版本信息，如下就是一段合法的XML文档。

```
<?xml version="1.0"?>
<document>
Free stage
</document>
```

XML默认的字符集是Unicode，它能很好地支持英文，但对中文的支持却不理想。如果需要在XML中使用中文，就必须声明字符集，代码如下所示。如果没有正确编码，则XML会出错，如图14.4所示。

```
<?xml version="1.0"?>
<活动资料>
    <目的地>下一站</目的地>
    <地点>大礼堂</地点>
    <方式>检票进站</方式>
</活动资料>
```

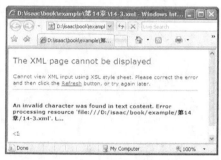

图14.4　需正确编码

XML语句的注释跟HTML语言完全一样，也是通过"<!--"与"-->"来完成的。该注释可以出现在XML文档声明之后的任意位置，但不能影响标记，如下便是不正确的注释：

```
<?xml version="1.0"encoding="gb2312"?>
<news>
        <today <!-- 这是不正确的注释-->>
        <today>
</news>
```

XML要求文件的结构性很强，每个XML文档都必须有且只有一个根标记，这样才能保证整个XML文档正确地展开与闭合。如下代码中缺少惟一的根标记，导致浏览器报错，如图14.5所示。

```
<?xml version="1.0"?>
<location>Auditorium</location>
<department>THU EE</department>
<date>Dec 7th.</date>
    <time>19:00</time>
```

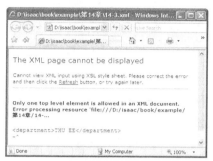

图14.5　有且只有一个根标记

XML文档对大小写是敏感的，这点与HTML不同。在XML文档中<Station>与<station>是两个不同的标记。另外XML的各个标记也可以加入各种属性，属性完全由设计者自定义，如例14.3所示，显示效果如图14.6所示。

【例14.3】（实例文件：第14章\14-3.xml）

```
<?xml version="1.0"encoding="gb2312"?>
<computor bit="32">
        <mainboard brand="ASUS"price="expensive"/>
        <harddisk brand="IBM">240G</harddisk>
        <user name="isaac"></user>
        <!-- mainboard与user均为空标记 -->
</computor>
```

图14.6　标记的属性

一个有效的XML文档也是一个结构良好的XML文档，同时还必须符合DTD的规则。DTD（Document Type Definition）的意图在于定义XML文档的合法建筑模块。它通过定义一系列合法的元素决定了XML文档的内部结构。例如下面这个XML文档：

```
<?xml version="1.0"encoding="gb2312"?>
<长辈>
        <父亲>zeng</父亲>
        <父亲>ceng</父亲>
        <母亲 年龄="50">chen</母亲>
</长辈>
```

上面这段XML文档完全符合XML的规范，也能在浏览器中正确解析，但是同一个人出现了两个"<父亲>"标记，这显然是不合逻辑的。DTD的作用就是规范XML文档的，修改上述XML文档如例14.4所示。

【例14.4】（实例文件：第14章\14-4.xml）

```
<?xml version="1.0"encoding="gb2312"?>
<!DOCTYPE 长辈[
        <!ELEMENT 长辈 (父亲,母亲)>
        <!ELEMENT 父亲 (#PCDATA)>
        <!ELEMENT 母亲 (#PCDATA)>
        <!ATTLIST 母亲 年龄 CDATA #REQUIRED>
]>
<长辈>
        <父亲>zeng</父亲>
        <母亲 年龄="50">chen</母亲>
</长辈>
```

上例中利用DTD对XML进行了规范，虽然浏览器并不自动判断XML文档是否符合标准，但用户可以很容易地理解XML的含义，并找出其中可能存在的问题。利用专用的XML解释器也可以方便地进行DTD检查。

上述代码中"<!DOCTYPE"用来声明DTD，接下来一行表示"长辈"标记有两个元素，再下来的两行分别表示"父亲"和"母亲"标记的类型为#PCDATA，然后是"母亲"标记有"年龄"这个属性，而且这个属性必须提供。

技术背景：
对于XML更加深入的语法分析以及DTD声明等内容，读者可以参考相关的其他资料，本书只讲解最简单的语法和应用。

14.2　XML链接CSS文件

XML的主要用途是文件数据结构的描述，但XML并没有办法告诉浏览器，这些结构化的数据应该怎样显示出来。与HTML的原理类似，通过链接外部的风格样式文件，就能够很好地显示数据。本节主要介绍XML调用CSS的方法，以及CSS如何控制XML页面中的各个元素。

与HTML页面一样，在XML中同样可以链接外部的CSS文件，来控制各个标记，其方法与HTML外部链接CSS文件很类似，简单的示例如例14.5所示。

【例14.5】（实例文件：第14章\14-5.xml）

```
<!-- 14-5.xml如下 -->
<?xml version="1.0"encoding="gb2312"?>
<?xml-stylesheet type="text/css"href="14-5.css"?>
<!DOCTYPE hello[
        <!ELEMENT hello (#PCDATA)>
]>
<hello>Hello World!</hello>


/* 14-5.css如下 */
hello{
        font-size:30px;
        font-family:Arial;
        font-weight:bold;
        color:# 0093ff;
}
```

上例通过外部链接的方法，将14-5.css文件链接到XML文件中，然后在CSS中用标记控制的方法，给<hello>标记添加了各种CSS样式风格，页面效果如图14.7所示，看上去已经不再是XML的界面了，而是普通的网页。

图14.7 CSS导入到XML中

从例14.5可以看出，用CSS控制XML文件的样式风格与HTML页面非常相似，也是对其中的各个标记进行控制。但在XML中还有另外一个重要的样式语言XSL。XSL是eXtensible Stylesheet Language的缩写，即可延伸的样式表语言。它的功能与CSS很类似，但更加适合XML，它不但能够配合CSS设置各种样式风格，最重要的是可以对数据进行筛选。XSL的具体知识这里不再展开，有兴趣的读者可以参考相关资料。

14.3 XML文字阴影效果

在上一节中介绍了XML如何链接CSS文件的方法，本节通过具体的实例，进一步学习CSS控制各个XML中数据的技巧。在实例中利用CSS的定位，在XML中实现类似10.5节"文字阴影"的效果，如图14.8所示。

图14.8 XML文字阴影

首先建立XML文档，与HTML文字阴影效果的思路基本一致，用两个标记分别记录两段相同的文字，如例14.6所示。此时页面的效果如图14.9所示。

【例14.6】（实例文件：第14章\14-6.xml、14-6.css）

```
<?xml version="1.0"encoding="gb2312"?>
<shadow>
        <char1>XML文字阴影</char1>
        <char2>XML文字阴影</char2>
</shadow>
```

图14.9 建立XML数据框架

链接CSS文档14-6.css，当该CSS文档中还没有任何内容时，页面就已经发生了变化，如图14.10所示。

```
<?xml-stylesheet type="text/css"href="14-6.css"?>
```

图14.10 链接CSS文档

在CSS文件中对XML中两段相同的文字进行绝对定位，并添加相应的字体、颜色、边框和背景色等效果，然后再用z-index属性调整两段文字的高低重叠关系。总体的方法与在HTML中的方法完全一样，只不过这里不再是HTML中的标记，而是自定义的<char1>和<char2>标记，如下所示。

```
shadow{
        font-family:Arial;
        font-size:80px;
        font-weight:bold;
}
char1{
        position:absolute;              /* 绝对定位 */
        color:#003765;
        top:10px;
        left:15px;
        z-index:2;                      /* 高低关系 */
        border:2px solid #222222;
        padding:0px 10px 0px 10px;
}
char2{
        position:absolute;              /* 绝对定位 */
        top:15px;
        left:20px;
        color:#9A9A9A;
        z-index:1;                      /* 高低关系 */
        padding:0px 10px 0px 10px;
        background-color:#d2eaff;
}
```

读者也可以自己试着调整其中的各个参数，从而得到各种不同的效果，例如当char1与char2的属性如下时，页面显示效果如图14.11所示。由此可以发现，在XML中设置CSS样式风格与在HTML中几乎是一样的。

```
char1{
        position:absolute;              /* 绝对定位 */
        color:#FFFF00;
        top:10px;
        left:15px;
        z-index:2;                      /* 高低关系 */
        border:2px solid #222222;
        padding:0px 10px 0px 10px;
}
char2{
        position:absolute;              /* 绝对定位 */
        top:15px;
        left:20px;
```

```
    color:#ff0000;
    z-index:1;                        /* 高低关系 */
    padding:0px 10px 0px 10px;
    background-color:#7c0000;
}
```

图14.11　最终效果

14.4　XML古诗字画

　　14.3书对XML的CSS文字定位进行了实例介绍，本节主要讨论在XML中插入图片和配合文字的技巧。在本例中主要通过绝对定位的方法，为XML文档的段落文字排版，导入背景图片，配合文字，最终效果如图14.12所示。

图14.12　CSS给XML排版

　　首先建立数据内容的XML文档，并随后导入一个外部的CSS文件，如例14.7所示。此时在没有任何CSS样式风格的条件下，文档的显示效果如图14.13所示。

　　【例14.7】（实例文件：第14章\14-7.xml、14-7.css）

```
<?xml version="1.0"encoding="gb2312"?>
```

```
<?xml-stylesheet type="text/css"href="14-6.css"?>
<poem>
        <title>静夜思</title>
        <author>唐 李白</author>
        <verse>
    床前明月光<br/>
        疑是地上霜<br/>
        举头望明月<br/>
        低头思故乡</verse>
</poem>
```

图14.13　XML数据结构

　　然后为该XML添加CSS样式风格，包括背景图片、文字的大小、颜色和绝对定位的位置等。具体的CSS细节这里就不一一重复了，前面的章节都已经详细说明。

```
poem{
        margin:0px;
        background:url(poem.jpg) no-repeat; /*添加背景图片 */
        width:360px;
        height:490px;
        position:absolute;                    /* 绝对定位 */
        left:0px; top:0px;
}
title{
        font-size:19px;
        color:#FFFF00;
        position:absolute;
        left:62px;
        top:150px;
}
author{
```

```
        font-size:12px;
        color:#4f2b00;
        position:absolute;
        left:100px;
        top:176px;
}
verse{
        position:absolute;             /* 绝对定位 */
        color:#FFFFFF;
        font-size:14px;
        left:55px;
        top:200px;
        line-height:20px;              /* 行间距 */
}
br{
        display:block;                 /* 让诗句分行显示 */
}
```

　　可以看到CSS控制XML的整体思路就是首先对根标记<poem>进行大小设置，并添加背景图片，进行绝对定位。然后再分别用绝对定位调整各个子标记的位置、颜色的参数，页面的最终效果如图14.14所示。

图14.14　最终效果

　　这里特别说明一下XML文件中的
标记，在HTML语言中它表示换行，而在这里它仅仅只是一个空标记，没有任何含义。当将它的display属性设置为block块时，则可以起到换行的效果。对于其他任何标记都是一样的道理。

经验之谈：

从例14.7可以看到，当CSS链接到XML文件中时，XML的显示便与HTML几乎一样，可以通过功能强大的CSS来设置各种效果。读者可以自己尝试其他情况，进一步体验CSS的魅力。

14.5 XML实现隔行变色的表格

在6.2节中曾经利用HTML的<table>数据表格与CSS配合，制作出了方便实用的隔行变色表格。对于用XML表示的数据，同样可以采用类似的办法，使得数据表格看上去友好、实用。实例效果如图14.15所示。

图14.15 XML表格数据

首先建立XML数据表格，它与HTML中的<table>不一样，通常需要对不同类型的单元格采用不同的标记，如例14.8所示。此时页面效果如图14.16所示。

【例14.8】（实例文件：第14章\14-8.xml、14-8.css）

```xml
<?xml version="1.0"encoding="gb2312"?>
<list>
        <caption>Member List</caption>
        <title>
                <name>Name</name>
                <class>Class</class>
                <birth>Birthday</birth>
                <constell>Constellation</constell>
                <mobile>Mobile</mobile>
```

```
        </title>
        <student>
                <name>isaac</name>
                <class>W13</class>
                <birth>Jun 24th</birth>
                <constell>Cancer</constell>
                <mobile>1118159</mobile>
        </student>
        <student class="altrow">
                <name>girlwing</name>
                <class>W210</class>
                <birth>Sep 16th</birth>
                <constell>Virgo</constell>
                <mobile>1307994</mobile>
        </student>
        <student>
                <name>tastestory</name>
                <class>W15</class>
                <birth>Nov 29th</birth>
                <constell>Sagittarius</constell>
                <mobile>1095245</mobile>
        </student>
        <student>
        ......
        </student>
        ......
</list>
```

图14.16　建立XML数据列表

为XML文档加入CSS控制（14-7.css），对整个<list>数据列表进行整体的绝对定位，并适当地调整位置、文字大小和字体等，如下所示。此时页面的效果如图14.17所示。

```
list{
        font-family:Arial;
        font-size:14px;
        position:absolute;                    /* 绝对定位 */
        top:0px; left:0px;
        padding:4px;                          /* 适当地调整位置 */
}
```

图14.17　数据紧密堆砌

可以看到数据紧密地堆砌在一起，原因在于XML的数据默认都不是块元素，而是行内元素。在CSS中将各个行都设置为块，如下所示。此时页面的效果如图14.18所示。

```
caption{
        display:block;                        /* 块元素 */
}
title{
        display:block;                        /* 块元素 */
}
student{
        display:block;                        /* 块元素 */
}
```

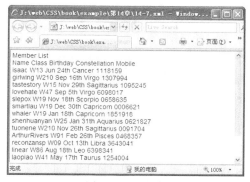

图14.18　块元素

这样各个行之间都换行，数据排列较原来清晰了很多。为各个行加入相应的颜色和空隙等相关参数，如下所示。此时页面的效果如图14.19所示。

```
caption{
        margin-bottom:3px;
        font-weight:bold;
        font-size:1.4em;
        display:block;                          /* 块元素 */
}
title{
        background-color:#4bacff;
        display:block;                          /* 块元素 */
        border:1px solid #0058a3;               /* 边框 */
        margin-bottom:-1px;                     /* 解决边框重叠的问题 */
        padding:4px 0px 4px 0px;
}
student{
        display:block;                          /* 块元素 */
        background-color:#eaf5ff;               /* 背景色 */
        border:1px solid #0058a3;               /* 边框 */
        margin-bottom:-1px;                     /* 解决边框重叠的问题 */
        padding:4px 0px 4px 0px;                /* firefox不支持行内元素的padding */
                                                /* 只支持block元素的padding */
                                                /* 为了尽量统一两个浏览器 */
                                                /* 因此padding-top和bottom放到这里设置 */
}
```

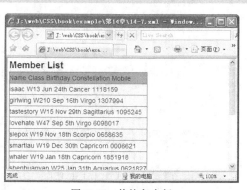

图14.19　修饰各个行

在上面代码中在给各行设置边框时，边框不再有表格的border-collapse属性可以使用，因此将margin-bottom设置为−1，从而使得各行的上下边框重叠。接下来再使用与例6.4一样的方法，设置隔行变色的效果，如下所示。此时页面的效果如图14.20所示。

```
student.altrow{
```

```
        background-color:#c7e5ff;   /* 隔行变色 */
}
```

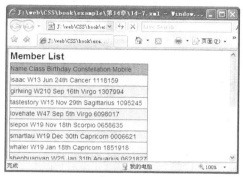

图14.20　隔行变色

最后再设置各个行内块的CSS样式风格，如下所示，从而得到最终的数据表格效果，如图14.21所示。

```
title name, title class, title birth, title constell, title mobile{
        color:#FFFFFF;                           /* 行名称颜色 */
        font-weight:bold;
        padding:0px 8px 0px 8px;
}
name, class, birth, constell, mobile{
        padding:0px 8px 0px 8px;
}
name{                                     /* firefox不支持行内元素的width属性 */
    width:105px;
}
class{
    width:60px;
}
birth{
    width:80px;
}
constell{
    width:110px;
}
mobile{
    width:100px;
}
```

图14.21   最终效果

很遗憾的是，Firefox等一些浏览器并不支持XML文件中行内元素的width属性，也不支持CSS常用的属性覆盖方法，即"student.altrow"的样式风格不能覆盖"student"的样式风格，因此显示效果并不是很理想，如图14.22所示。

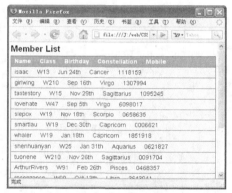

图14.22   Firefox的显示效果

精通

CSS+DIV 网页样式与布局

第 15 章

CSS与Ajax的综合应用

Ajax（Asynchronous JavaScript and XML，异步JavaScript和XML）是目前很新的一项网络应用技术。确切的说，Ajax不是一项技术，它是一组技术的集合，它能使浏览器为用户提供更为自然的浏览体验，就像在使用桌面应用程序一样。本章首先介绍Ajax的基础知识，然后重点讲解CSS在Ajax中的重要地位，以及简单的Ajax使用方法。

15.1　Ajax概述

Ajax是一项很有生命力的技术，它的出现引发了Web应用的新一轮革命。目前网上的众多站点，使用Ajax技术的还非常有限，但可以预见在不远的将来，Ajax必然成为整个网络的主流。本节主要对Ajax技术作概括性的介绍，包括Ajax的组成以及基本原理等。

15.1.1　什么是Ajax

在Ajax之前，用户的动作总是与服务器的"思考时间"同步，用户在单击某个按钮后，往往需要等待页面的整体刷新。而Ajax提供与服务器异步通信的能力，当用户的请求返回时，则使用JavaScript和CSS来更新局部的界面，而不是刷新整个页面。最重要的是，用户甚至不知道浏览器正在与服务器通信，Web站点看起来是即时响应的。

如图15.1所示的是Google Map（http://maps.google.com/）的一个截图，当用户在地图中任意地拖动、缩放时，刷新的不是整个页面，而仅仅是地图区域的一块，整个页面浏览起来十分的流畅，用户好像在浏览自己本地的一个应用程序一样。

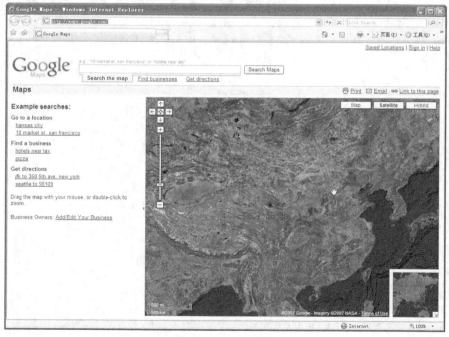

图15.1　Google Map

Google Map就是一个典型的Ajax的成功案例，用户与服务器之间的交互是通过异步的请求来完成的，并且页面上仅仅是局部刷新，而不像传统页面那样整页刷新。

使用过Gmail的用户也一定知道，在邮箱的网页上，如果有新的邮件发到了Gmail信箱，用户不需要刷新页面，就会看到"收件箱"自动变成了蓝色粗体字，并且括号里记录了新邮件的数目。收件箱中也会自动添加一行，显示出邮件的标题，如图15.2所示。

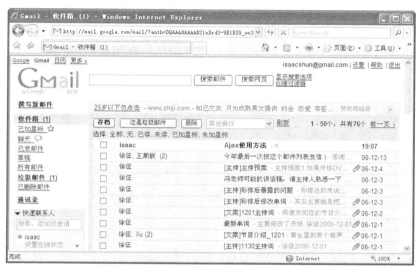

图15.2 Gmail自动获取服务器上的邮件

这些收取邮件的工作都是在不知不觉中进行的，就是所谓的异步。整个网页在后端与服务器进行着通信，自动完成了邮件的获取工作，就像桌面的Outlook程序一样，每过一段时间自动收取一次邮件。这也是Ajax的典型应用。

总而言之，Ajax就是一种在Web上尝试桌面程序的新技术，它可以使得用户在浏览网页时像是在使用本地的一个桌面程序一样快速和便捷。

15.1.2 Ajax的关键元素

Ajax不是单一的技术，而是4种技术的集合，要灵活地运用Ajax必须深入了解这些不同的技术，在表15.1中简要地介绍了这些技术，以及它们在Ajax中所扮演的角色。

表15.1　　　　　　　　　　　　　　　　　Ajax涉及的技术

JavaScript	JavaScript是通用的脚本语言，用来嵌入在某种应用之中。Web浏览器中嵌入的JavaScript解释器允许通过程序与浏览器的很多内建功能进行交互。Ajax应用程序是使用JavaScript编写的
CSS	CSS为Web页面元素提供了一种可重用的可视化样式的定义方法。它提供了简单而又强大的方法，以一致的方式定义和使用可视化样式。在Ajax应用中，用户界面的样式可以通过CSS独立修改
DOM	Document Object Model以一组可以使用JavaScript操作的可编程对象展现出Web页面的结构。通过使用脚本修改DOM，Ajax应用程序可以在运行时改变用户界面，或者高效地重绘页面中的某个部分
XMLHttpRequest对象	XMLHttpRequest对象允许Web程序员从Web服务器以后台活动的方式获取数据。数据的格式通常是XML，但是也可以很好地支持任何基于文本的数据格式

在上述Ajax的4个部分中，JavaScript就像胶水一样将各个部分粘合在一起，定义应用的工作流和业务逻辑。通过使用JavaScript操作DOM来改变和刷新用户界面，不断地重绘和重新组织显示给用户的数据，并且处理用户基于鼠标和键盘的交互。

CSS为应用提供了统一的外观，并且为以编程方式操作DOM提供了强大的途径。在Ajax中，CSS仍然是不可缺少的美术大师。

XMLHttpRequest对象则用来与服务器进行异步通信，在用户工作时提交用户的请求并获取最新的数据。图15.3显示了Ajax中这几个关键技术的配合。

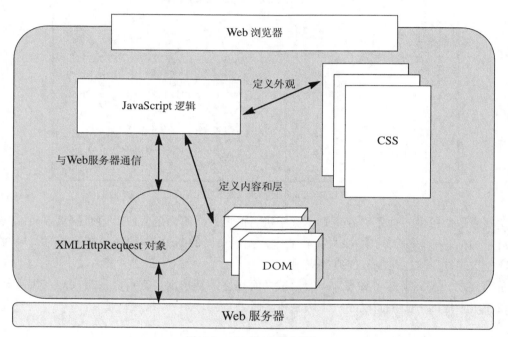

图15.3   Ajax的4个部分配合

Ajax的4种技术之中，CSS、DOM和JavaScript都是很早就出现了的技术，它们以前结合在一起称之为动态HTML，即DHTML。DHTML是1997年因特网大步发展时的一颗"卫星"，但是它却从来没有实现当初设计时的目标。原因在于DHTML可以为Web页面提供各种新奇古怪的、交互性很强的界面，但是却无法克服需要完全刷新页面的问题。

Ajax除了大量使用了DHTML外，还可以发送异步请求，这便大大延长了Web页面的使用寿命。通过与服务器进行异步通信，不需要打断用户正在界面上执行的操作。因此Ajax与以前的任何DHTML相比，都是Web技术的一个飞跃。

Ajax的核心是JavaScript对象XmlHttpRequest。该对象在Internet Explorer 5中首次被引入，它是一种支持异步请求的技术。简而言之，XmlHttpRequest让用户使用JavaScript向服务器提出请求并处理响应，而不阻塞用户。

15.1.3   CSS的重要地位

在15.1.2小节中讲解了Ajax的各个组成部分，以及它们之间相互作用的关系。这里再重点强调一下CSS在Ajax这种新兴的技术中的重要地位。

CSS在Ajax中永远扮演着页面美术师的位置。无论Ajax采用何种底层的运作方式，异步调用也好，局部刷新也罢，任何时候显示在用户面前的都是一个页面。有页面的存在就必须有页面的框架设计以及美工制作，CSS则对显示在用户浏览器上的界面进行着美化。

从前面两个章节JavaScript与CSS的应用和XML与CSS的应用都可以看出，无论具体操作的技术如何，界面的设计永远都离不开CSS，Ajax也是同样的道理。

图15.4是Google Moon的页面（http://moon.google.com），无论它的Ajax底层通信如何实现，也无论月亮的浏览如何使用局部刷新，对于页面上的各个<div>块以及文字的颜色和大小等参数，都离不开CSS的整体设置。

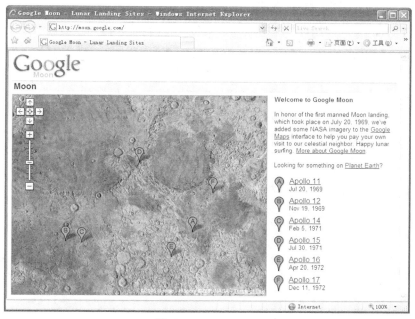

图15.4　Google Moon

如果在浏览器中查看页面的源代码也能看到，众多的<div>块以及CSS属性占据了源代码的很多部分，如图15.5所示。在未来的若干年，无论Web的交互技术怎样发展，界面设计永远都是需要的，CSS将页面的美工分离出来的思想是永远不会改变的。

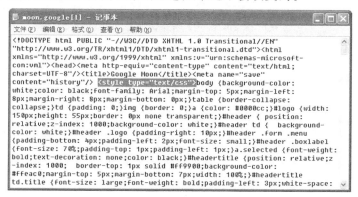

图15.5　源代码中的CSS

15.2　Ajax入门

正如上一节所提到，Ajax作为一项新的Web技术，结合了4种不同技术，实现了客户端与服务器端的异步通信，并且对页面实行局部更新，大大增强了浏览的速度。Ajax的内容十分丰富，它能够将一个页面制作成强大的桌面应用程序，就像Google Map、Google Moon和Gmail等。关于Ajax的详细介绍，有兴趣的读者可以参考其他相关资料，本节只是通过简单的实例，对Ajax进行初步的了解。

15.2.1　创建XMLHttpRequest对象

通过XMLHttpRequest对象与服务器进行对话的是JavaScript的技术。在使用XMLHttpRequest对象前必须通过JavaScript创建它。XMLHttpRequest对象并不是Web浏览器DOM的标准扩展，但是碰巧得到了多数浏览器的支持。

XMLHttpRequest对象的设计目标十分明确，就是用来以后台的方式获取数据，这使得发出异步调用的请求使用起来十分的流畅。该对象是微软私有的ActiveX组件，可以在IE浏览器中作为JavaScript的对象进行访问。在其他浏览器中则依照相似的功能和API调用实现自己的原生对象。如例15.1所示的代码便是简单的创建该对象的方法。

【例15.1】（实例文件：第15章\15-1.html）

```
<html>
<head>
<title>Ajax入门</title>
<script language="javascript">
var xmlHttp;
function createXMLHttpRequest(){
        if(window.ActiveXObject){
                xmlHttp = new ActiveXObject("Microsoft.XMLHTTP");
        }
        else if(window.XMLHttpRequest){
                xmlHttp = new XMLHttpRequest();
        }
}
//创建XMLHttpRequest对象
createXMLHttpRequest();
</script>
</head>
<body>
</body>
</html>
```

如上所示，便建立了XMLHttpRequest对象，获得了它的句柄。并且这个方法基本上适用于各种浏览器。接下来便可以对服务器发出Ajax请求了。

15.2.2 发出Ajax请求

在建立了XMLHttpRequest对象以后便可以加入各种JavaScript代码来利用这个对象，让它向服务器发送异步的请求。假设HTML页面中是一个简单的表单，如下所示：

```
<form>
    <p>城市: <input type="text"name="city"id="city"size="25"onChange="callServer();"></p>
    <p>国家: <input type="text"name="state"id="state"size="25"onChange="callServer();"></p>
    <p>代号: <input type="text"name="zipCode"id="city"size="5"></p>
</form>
```

表单中只有3个普通的输入文本框，让用户填写。而输入框调用onChange函数，该函数在输入框的内容发生变化的时候触发。于是便可以加入相应的JavaScript函数，利用XMLHttpRequest对象进行异步的请求，如下所示：

```
function callServer(){
        //获取表单中的数据
        var city = document.getElementById("city").value;
        var state = document.getElementById("state").value;
        //如果没有填写则返回
        if ((city == null) || (city =="")) return;
        if ((state == null) || (state =="")) return;
        //链接服务器，自动获得代号。本例没有链接服务器，只是示例
        var url ="getZipCode.php?city="+ escape(city) +"&state="+ escape(state);
        //打开链接
        xmlHttp.open("GET", url, true);
        //告诉服务器在运行完成后（可能要用5分钟或者5个小时）做什么，这里触发updatePage函数
        xmlHttp.onreadystatechange = updatePage;
        //发送请求
        xmlHttp.send(null);
}
```

以上代码首先使用基本JavaScript获取几个表单字段的值。然后设置一个php脚本作为链接的目标。要注意脚本URL的指定方式，city和state（来自表单）使用简单的 GET 参数附加在url之后。

然后打开一个连接，其中指定了连接方法"GET"和要连接的url地址。最后一个参数如果设为true，那么将请求一个异步连接。如果使用false，那么代码发出请求后将等待服务器返回

的响应。当设置为true时，服务器在后台处理请求的时候用户仍然可以使用表单，甚至其他JavaScript方法。

最后，使用"null"值调用函数send()。因为已经在请求url中添加了要发送给服务器的数据（city和state），所以请求中不需要再发送任何数据。这样就发出了请求，服务器按照相关的要求工作。

15.2.3　处理服务器响应

在发出了Ajax请求后便需要等待服务器返回，并处理相关的服务响应了。在callServer()函数中已经指定响应函数为updatePage()，如下所示：

```
//处理服务器响应
function updatePage(){
    if (xmlHttp.readyState == 4) {
    var response = xmlHttp.responseText;
    document.getElementById("zipCode").value = response;
    }
}
```

以上代码十分简单，它等待服务器调用，如果是就绪状态，则使用服务器返回的值（这里是用户输入的城市的代码），并添加到相应的表单字段中。于是"代码"字段就突然出现了城市代表的值，而用户却没有单击任何"发送"和"查询"等按钮。这就是前面提到的桌面应用程序的感觉。

15.2.4　加入CSS样式

通过XMLHttpRequest的设置，整个异步通信的小页面便制作完成了。但是其显示在用户面前的界面还不够友好，如图15.6所示。

图15.6　显示界面

这时就需要CSS进行整体的样式风格设置，使得不但在使用上方便、快捷，在界面上也能友好和吸引人，简单的示例代码如下所示，此时页面如图15.7所示。

```
<style type="text/css">
```

```
<!--
body{
        font-size:13px;
        background-color:#e7f3ff;
}
form{
        padding:0px; margin:0px;
}
input{
        border-bottom:1px solid #007eff;          /* 下划线 */
        font-family:Arial, Helvetica, sans-serif;
        color:#007eff;
        background:transparent;
        border-top:none;
        border-left:none;
        border-right:none;
}
p{
        margin:0px;
        padding:2px 2px 2px 10px;
        background:url(icon.gif) no-repeat 0px 10px;  /* 加入小icon图标 */
}
-->
</style>
```

图15.7　加入CSS样式风格

15.3　Ajax实例：能够自由拖动布局区域的网页

如前面描述的，Ajax综合了各方面的技术，不但能够加快用户的访问速度，使得应用网页就像使用桌面应用程序一样，还可以实现各种特效。本节以简单的拖动布局区域为例，展示Ajax的强大功能，并利用CSS修改页面的风格样式，效果如图15.8所示。

图15.8　自由拖动

　　首先在HTML页面中建立各个表格块，用于存放希望拖动的数据，代码如例15.2所示，此时页面效果如图15.9所示。

　　【例15.2】（实例文件：第15章\15-2.html）

```
<body>
<table cellspacing="4"width="100％"id="parentTable">
<tr>
        <td width="25％"valgin="top">
                <table class="dragTable"cellspacing="0">
                        <tr><td>CSS</td></tr>
                        <tr><td>CSS（Cascading Style Sheet），中文译为层叠样式表，是用于控制网
页样式并允许将样式信息与网页内容分离的一种标记性语言。CSS是1996年由W3C审核通过，并且推
荐使用的。</td><tr>
                </table>
                <table class="dragTable"cellspacing="0">
                        <tr><td>AJAX</td></tr>
                        <tr><td>Ajax（Asynchronous JavaScript and XML，异步JavaScript和XML）
是目前很新的一项网络应用技术。</td><tr>
                </table>
        </td>
        <td width="25％">
                <table class="dragTable"cellspacing="0">
                        <tr><td>JavaScript</td></tr>
                        <tr><td>JavaScript是一种基于对象的脚本语言，使用它可以开发Internet客户
端的应用程序。JavaScript在HTML页面中以语句的方式出现，并且执行相应的操作。</td><tr>
                </table>
        </td>
        <td width="25％">
                <table class="dragTable"cellspacing="0">
                        <tr><td>XML</td></tr>
```

```
<tr><td>XML是eXtensible Markup Language的缩写，即可扩展标记语言。它
是一种可以用来创建自定义标记的语言，由万维网协会（W3C）创建，用来克服HTML的局限。
</td><tr>
            </table>
            <table class="dragTable"cellspacing="0">
                <tr><td>网页变幻</td></tr>
                <tr><td>保持页面的HTML不变，通过分别调用三个外部CSS文件，实现三个
完全不同的页面效果，蓝色经典、清明上河图、交河古城。</td><tr>
            </table>
        </td>
</tr>
</table>
</body>
```

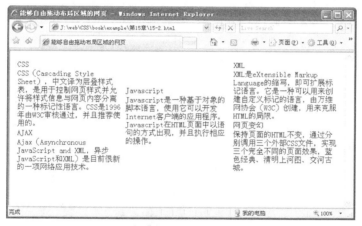

图15.9　HTML页面

然后为页面添加Ajax的JavaScript代码，如下所示，使各个块能够自由拖动。关于拖动的原理因为比较复杂，需要对Ajax有较深入的了解，因此这里不再详细说明，有兴趣的读者可以自己研究学习。

```
<style type="text/css">
<!--
body{
        font-size:12px;
        font-family:Arial, Helvetica, sans-serif;
        margin:0px; padding:0px;
        background-color:#ffffd5;
}
.dragTable{
        font-size:12px;
        border:1px solid #003a82;
        margin-bottom:5px;
```

```
        width:100%;
        background-color:#cfe5ff;
}
td{
        padding:3px 2px 3px 2px;
        vertical-align:top;
}
.dragTR{
        cursor:move;
        color:#FFFFFF;
        background-color:#0073ff;
        height:20px;
        font-weight:bold;
        font-size:14px;
        font-family:Arial, Helvetica, sans-serif;
}
#parentTable{
        border-collapse:collapse;
}
-->
</style>
<script language="javascript"defer="defer">
var Drag={
        dragged:false,
        ao:null,
        tdiv:null,
        dragStart:function(){
                Drag.ao=event.srcElement;
                if((Drag.ao.tagName=="TD")||(Drag.ao.tagName=="TR")){
                        Drag.ao=Drag.ao.offsetParent;
                        Drag.ao.style.zIndex=100;
                 }else
                        return;
                Drag.dragged=true;
                Drag.tdiv=document.createElement("div");
                Drag.tdiv.innerHTML=Drag.ao.outerHTML;
                Drag.ao.style.border="1px dashed red";
                Drag.tdiv.style.display="block";
                Drag.tdiv.style.position="absolute";
                Drag.tdiv.style.filter="alpha(opacity=70)";
                Drag.tdiv.style.cursor="move";
                Drag.tdiv.style.border="1px solid #000000";
                Drag.tdiv.style.width=Drag.ao.offsetWidth;
```

```
                        Drag.tdiv.style.height=Drag.ao.offsetHeight;
                        Drag.tdiv.style.top=Drag.getInfo(Drag.ao).top;
                        Drag.tdiv.style.left=Drag.getInfo(Drag.ao).left;
                        document.body.appendChild(Drag.tdiv);
                        Drag.lastX=event.clientX;
                        Drag.lastY=event.clientY;
                        Drag.lastLeft=Drag.tdiv.style.left;
                        Drag.lastTop=Drag.tdiv.style.top;
            },
        draging:function(){//判断MOUSE的位置
                        if(!Drag.dragged||Drag.ao==null)return;
                        var tX=event.clientX;
                        var tY=event.clientY;
                        Drag.tdiv.style.left=parseInt(Drag.lastLeft)+tX-Drag.lastX;
                        Drag.tdiv.style.top=parseInt(Drag.lastTop)+tY-Drag.lastY;
                        for(var i=0;i<parentTable.cells.length;i++){
                                var parentCell=Drag.getInfo(parentTable.cells[i]);

if(tX>=parentCell.left&&tX<=parentCell.right&&tY>=parentCell.top&&tY<=parentCell.bottom){
                                var   subTables=parentTable.cells[i].getElementsByTagName
("table");
                                if(subTables.length==0){

if(tX>=parentCell.left&&tX<=parentCell.right&&tY>=parentCell.top&&tY<=parentCell.bottom){
                                        parentTable.cells[i].appendChild(Drag.ao);
                                    }
                                    break;
                                }
                                for(var j=0;j<subTables.length;j++){
                                        var subTable=Drag.getInfo(subTables[j]);

if(tX>=subTable.left&&tX<=subTable.right&&tY>=subTable.top&&tY<=subTable.bottom){

parentTable.cells[i].insertBefore(Drag.ao,subTables[j]);
                                            break;
                                        }else{
                                            parentTable.cells[i].appendChild(Drag.ao);
                                        }
                                }
                            }
                        }
            },
        dragEnd:function(){
                        if(!Drag.dragged)
```

```
                        return;
                Drag.dragged=false;
                Drag.mm=Drag.repos(150,15);
                Drag.ao.style.borderWidth="0px";
                Drag.ao.style.border="1px solid #003a82";
                Drag.tdiv.style.borderWidth="0px";
                Drag.ao.style.zIndex=1;
        },
    getInfo:function(o){//取得坐标
                var to=new Object();
                to.left=to.right=to.top=to.bottom=0;
                var twidth=o.offsetWidth;
                var theight=o.offsetHeight;
                while(o!=document.body){
                        to.left+=o.offsetLeft;
                        to.top+=o.offsetTop;
                        o=o.offsetParent;
                }
                to.right=to.left+twidth;
                to.bottom=to.top+theight;
                return to;
        },
    repos:function(aa,ab){
                var f=Drag.tdiv.filters.alpha.opacity;
                var tl=parseInt(Drag.getInfo(Drag.tdiv).left);
                var tt=parseInt(Drag.getInfo(Drag.tdiv).top);
                var kl=(tl-Drag.getInfo(Drag.ao).left)/ab;
                var kt=(tt-Drag.getInfo(Drag.ao).top)/ab;
                var kf=f/ab;
                return setInterval(function(){
                        if(ab<1){
                                clearInterval(Drag.mm);
                                Drag.tdiv.removeNode(true);
                                Drag.ao=null;
                                return;
                        }
                        ab--;
                        tl-=kl;
                        tt-=kt;
                        f-=kf;
                        Drag.tdiv.style.left=parseInt(tl)+"px";
                        Drag.tdiv.style.top=parseInt(tt)+"px";
                        Drag.tdiv.filters.alpha.opacity=f;
                }
```

```
                    ,aa/ab)
        },
        inint:function(){
                for(var i=0;i<parentTable.cells.length;i++){
                        var subTables=parentTable.cells[i].getElementsByTagName("table");
                        for(var j=0;j<subTables.length;j++){
                                if(subTables[j].className!="dragTable")
                                        break;
                                subTables[j].rows[0].className="dragTR";
                                subTables[j].rows[0].attachEvent("onmousedown",Drag.dragStart);
                        }
                }
                document.onmousemove=Drag.draging;
                document.onmouseup=Drag.dragEnd;
        }
}
Drag.inint();
</script>
```

　　以上代码包含了CSS样式控制，以及JavaScript的拖动控制，二者配合，缺一不可。此时页面效果如图15.10所示。

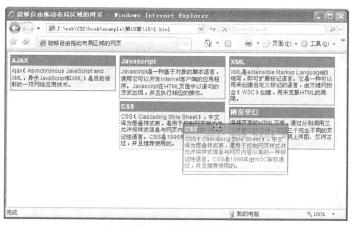

图15.10　拖动的效果

　　这里重点强调的是CSS对界面的控制，无论Ajax实现多么复杂的功能和多么绚丽的特效，都需要CSS作为界面风格的设计，读者可自己修改CSS的样式部分进行观察。例如当CSS修改为如下情况时，页面效果如图15.11所示。

```
body{
        font-size:12px;
        font-family:Arial, Helvetica, sans-serif;
        margin:0px; padding:0px;
```

```
        background-color:#e6ffda;
}
.dragTable{
        font-size:12px;
        border:1px solid #206100;
        margin-bottom:5px;
        width:100%;
        /*background-color:#cfe5ff;*/
        background-color:#c9ffaf;
}
.dragTR{
        cursor:move;
        color:#ffff00;
        background-color:#3cb500;
        height:20px;
        font-weight:bold;
        font-size:14px;
        font-family:Arial, Helvetica, sans-serif;
}
```

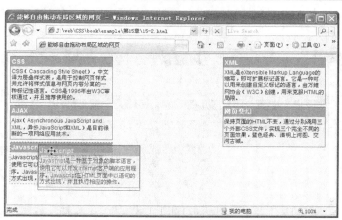

图15.11　更换CSS样式

　　另外这里需要指出，本例中所使
用的拖动方法十分简单，因此只适用
于IE浏览器，对于Firefox等其他浏览
器并不支持，如图15.12所示。要想制
作适用于所有浏览器的拖动效果，代
码量较大，有兴趣的读者可以参考相
关的其他资料。

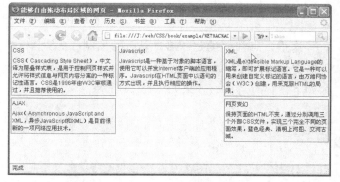

图15.12　Firefox不支持本例的方法

精通

CSS+DIV 网页样式与布局

第 ④ 部 分

综合案例篇

精通

CSS+DIV 网页样式与布局

第 16 章

我的博客

博客是目前网上很流行的日志形式，很多网友都拥有自己的博客，甚至不止一个。对于自己的博客，用户往往都希望能制作出美观又适合自己风格的页面，很多博客网站也都提供自定义排版的功能，其实就是加载用户自定义的CSS文件。本章以一个博客首页为例，综合介绍整个页面的制作方法。

16.1　分析构架

本例采用恬静、大方的淡蓝色为主基调，配上明灯等体现意境的图片，效果如图16.1所示。

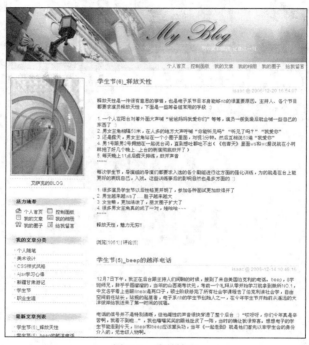

图16.1　我的博客

16.1.1　设计分析

博客是一种需要每位用户精心维护、整理日志的网站，各种各样的色调都有。本例主要表现博客的心情、意境，以及岁月的流失、延伸，因此采用淡蓝色作为主色调，而页面主体背景采用白色为底色，二者配合表现出明朗、清爽与洁净的感觉。

傍晚的明灯给人指引前进的方向，而配合夕阳的照射作为Banner图片，则一眼就体现出整个博客的风采。左侧个人的图片，本例选用延伸的隧道，生活的气息很快便充满了整个Blog，写日志的情调得到很好的体现。

页面设计为固定宽度且居中的版式，对于大显示器的用户，两边使用黑色将整个页面主体衬托出来，并使用灰色虚线将页面框住，更体现恬静和大气。

16.1.2　排版构架

网络上的博客站点很多，通常个人的首页包括体现自己风格的Banner、导航条、文章列表和评论列表，以及最新的几篇文章都会显示在首页上，考虑到实际的内容较多，一般都采用传统的文字排版模式，如图16.2所示。

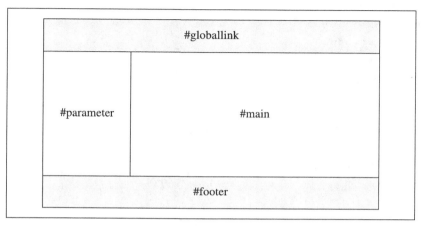

图16.2　页面框架

```
<div id="container">
        <div id="globallink"></div>
        <div id="parameter"></div>
        <div id="main"></div>
        <div id="footer"></div>
</div>
```

上图中的各个部分直接采用了HTML代码中各个<div>块对应的id。#globallink块主要包含页面的Banner以及导航菜单，#footer块主要为版权、更新信息等，这两块在排版上都相对简单。而#parameter块包括作者图片、各种导航、文章分类、最新文章列表、最新评论和友情链接等，#main块则主要为最新文章的截取，包括文章标题、作者、日期、部分正文、浏览次数和评论数目等，这两个模块的框架如图16.3所示。

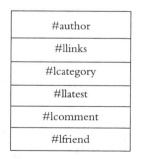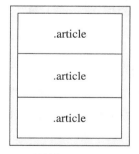

图16.3　#parameter与#main的构架

这两个部分在整个页面中占主体的位置，在设计时细节上的处理十分关键，直接决定着整个页面是否吸引人，相应的代码框架如下：

```
<div id="parameter">
        <div id="author"></div>
        <div id="llinks"></div>
        <div id="lcategory"></div>
        <div id="llatest"></div>
        <div id="lcomment"></div>
        <div id="lfriend"></div>
</div>

<div id="main">
        <div class="article"></div>
        <div class="article"></div>
    <div class="article"></div>
    ......
</div>
```

16.2   模块拆分

页面的整体框架有了大体设计之后，对各个模块进行分别的处理，最后再统一整合。这也是设计制作网站的通常步骤，养成良好的设计习惯便可熟能生巧。

16.2.1   导航与Banner

页面的整体模块中并没有将Banner单独分离出来，而仅仅只有导航的#globallink模块。于是可以将Banner图片作为该模块的背景，而导航菜单采用绝对定位的方法进行移动，效果如图16.4所示。

图16.4   Banner与导航条

这里简单介绍一下Banner图片的制作方法。首先用相机采集一张素材图片，如图16.5所示，然后将其导入到Photoshop中，建立一个760px × 140px的文件。

适当调整素材图片的大小、位置和角度，再选取一幅蓝色的背景图片置于Photoshop的一个图层中，位于素材图片的下方，如图16.6所示。

图16.5 采集素材图片

图16.6 调整素材图片的位置

为上层的素材图片添加遮罩层，使用渐变工具 ![]，为遮罩添加白色到黑色的渐变，从而实现素材图片到背景图层的渐变效果，如图16.7所示。

此时Banner效果如图16.8所示，可以看到素材图片与背景蓝色底之间实现了很好的过渡，接下来便可以为图片添加文字了，这些操作都十分简单，不再一一细说，读者可以参考光盘中的PSD文件。

图16.7 添加遮罩层

图16.8 制作渐变的过渡效果

#globallink模块的HTML部分如下所示，主要的菜单导航都设计成了<ul>项目列表，相关的内容在第6章中都进行了详细的介绍，方法十分简单。

```html
<div id="globallink">
        <ul>
                <li><a href="#">个人首页</a></li>
                <li><a href="#">控制面板</a></li>
                <li><a href="#">我的文章</a></li>
                <li><a href="#">我的相册</a></li>
                <li><a href="#">我的圈子</a></li>
                <li><a href="#">给我留言</a></li>
        </ul>
        <br>
</div>
```

这里的Banner图片中并没有预留导航菜单的位置，因此必须将块的高度设置得比Banner图片高，然后添加相应的背景颜色作为导航菜单的背景颜色，如下所示，此时导航菜单的效果如图16.9所示。

```css
#globallink{
```

```
      width:760px; height:163px; /* 设置块的尺寸，高度大于Banner图片 */
      margin:0px; padding:0px;
  /* 再设置背景颜色，作为导航菜单的背景色 */
      background: #daeeff url(banner.jpg) no-repeat top;
      font-size:12px;
}
#globallink ul{
  list-style-type:none;
      position:absolute;                    /* 绝对定位 */
      width:417px;
      left:400px; top:145px;                /* 具体位置 */
      padding:0px; margin:0px;
}
#globallink li{
      float:left;
      text-align:center;
      padding:0px 6px 0px 6px;              /* 链接之间的距离 */
}
#globallink a:link, #globallink a:visited{
      color:#004a87;
      text-decoration:none;
}
#globallink a:hover{
      color:#FFFFFF;
      text-decoration:underline;
}
```

图16.9　导航菜单

16.2.2　左侧列表

博客的#parameter块包含了该Blog的各种信息，包括用户的自定义图片、链接、文章分类、最新文章列表和最新评论等，这些栏目都是整个博客所不可缺少的。该例中将这个大块的宽度设定为210px，并且向左浮动，如下所示。

```
#parameter{
      position:relative;
      float:left;            /* 左浮动 */
      width:210px;
      padding:0px;
```

```
    margin:0px;
}
```

设置完整体的#parameter块后，便开始制作其中的每一个子块。其中最上面的#auther子块让用户显示自定义的图片，HTML框架如下所示：

```
<div id="author">
    <p class="mypic"><img src="mypic.jpg"></p>
    <p>艾萨克的BLOG</p>
</div>
```

这里选择了一幅隧道的图片，并将它调成了蓝色调以适应整个页面的风格，简单介绍其制作方法。同样首先用相机采集一幅素材，如图16.10所示，将其用Photoshop打开。

在Photoshop的工具栏中，将当前的前景色设置为蓝色，如图16.11所示。

在菜单栏选择"图像（Image）→调整（Adjustments）→色调/饱和度（Hue/Saturation）"（快捷键"Ctrl+U"），打开H/S对话框，然后将"上色（Colorize）"复选框选中，如图16.12所示。

根据实际情况适当调整饱和度（Saturation）与亮度（Lightness）的值。确认后图片便成了所需的蓝色调。

选择一幅没有任何规律的图片做背景，衬托在自定义的图片之下，再适当调整下端的文字，代码如下所示，此时该模块的效果如图16.13所示。

图16.10 搜集素材图片

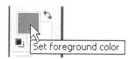
图16.11 设定前景色

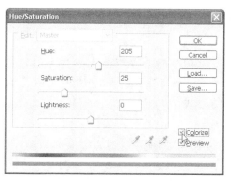
图16.12 调整图片的色调

```
#parameter div#author{
    text-align:center;
    background:url(mypic_bg.gif) no-repeat;     /* 设置一个背景图片 */
    margin-top:5px;
}
div#author p{
    margin:0px 10px 0px 10px;
    padding:3px 0px 3px 0px;
```

```
        border-bottom:1px dashed #999999;
        border-top:1px dashed #999999;
}
div#author p.mypic{
        border:none;
        padding:15px 0px 0px 0px;
        margin:0px 0px 8px 0px;
}
div#author p.mypic img{
        border:1px solid #444444;
        padding:2px; margin:0px;
}
```

艾萨克的BLOG

图16.13　#author块

　　#parameter中的其他子块除了具体的内容不同，样式上都基本一样，因此可以统一设置，每个子块的HTML框架如下所示（以"最新评论"#lcomment块为例），也都采用了标题和项目列表的方式。

```
<div id="lcomment">
        <h4 class="comment"><span>最新评论</span></h4>
        <ul>
                <li><a href="#">[isaac] 关于beep的话题</a></li>
                <li><a href="#">[tastestory] 哈哈</a></li>
                <li><a href="#">[moonbow] 还是露天，真的吗？</li>
                <li><a href="#">[isaac] zan :)</a></li>
                <li><a href="#">[bingri] 来总导这里挖坑~~</a></li>
                <li><a href="#">[inming] 博士加油</a></li>
        </ul>
        <br>
</div>
```

为了更好地切合整体风格，每个子块的标题部分<h4>采用一幅背景图片进行点缀，然后根据图片适当地调整文字的padding值，代码如下所示，效果如图16.14所示。

```
#parameter div h4{                              /* 统一设置 */
        background:url(leftbg.jpg) no-repeat;
        font-size:12px;
        padding: 6px 0px 5px 27px;
        margin:0px;
}
```

最新评论

图16.14　衬托的背景图片

对于每个子块中实际内容的项目列表则采用常用的方法，将<ul>标记的list-style属性设置为none，然后调整<li>的padding等参数，代码如下所示。

```
#parameter div ul{
        list-style:none;
        margin:5px 15px 0px 15px;
        padding:0px;
}
#parameter div ul li{
        padding:2px 3px 2px 15px;
        background:url(icon1.gif) no-repeat 8px 7px;
        border-bottom:1px dashed #999999;  /* 虚线作为下划线 */
}
#parameter div ul li a:link, #parameter div ul li a:visited{
        color:#000000;
        text-decoration:none;
}
#parameter div ul li a:hover{
        color:#008cff;
        text-decoration:underline;
}
```

这里为每一个<li>标记都设置了虚线作为下划线，并且前端的项目符号用一幅小的gif背景图片替代，显示效果如图16.15所示。

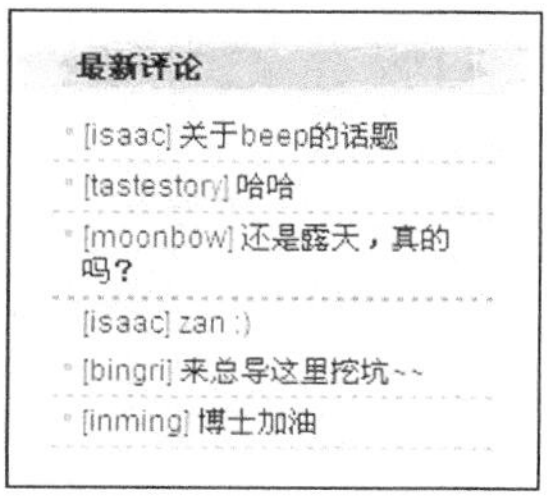

对于每个<li>的项目符号gif图片可以用Photoshop很轻松地制作出来，这里作简单的介绍。新建一个3×3的PSD文件，将视图设置为最大值1600％，如图16.16所示。

在图层面板新建一个图层，然后将默认的背景background图层删掉，如图16.17所示。

最新评论

· [isaac] 关于beep的话题
· [tastestory] 哈哈
· [moonbow] 还是露天，真的吗？
· [isaac] zan :)
· [bingri] 来总导这里挖坑~~
· [inming] 博士加油

图16.15　设置项目列表

用矩形选择工具 框选正中间的小点，然后按"Ctrl+Shift+I"组合键反选区域，再用"Alt+Del"组合键将该区域用前景色填充，如图16.18所示。

图16.16 设置视图大小为最大

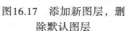

图16.17 添加新图层，删除默认图层

图16.18 填充四周

最后再将图片另存为透明的gif图片即可。很多类似的小点、圆和箭头等小gif图片都是通过将视图放大，然后简单地填充制作出来的。

在各个项目列表中，#llinks是一个比较特殊的模块，它要求每一行能够同时显示两个超链接，因此该项目列表需要单独设置，代码如下所示。

```
div#llinks ul{                      /* 单独设置该项目列表 */
        list-style:none;
        padding:0px;
        margin:5px 5px 0px 25px;
}
div#llinks ul li{
        float:left;                 /* 显示为同一行 */
        width:80px;                 /* 指定每一项的宽度 */
        background:none;
        padding:0px;
        border:none;
}
```

因为整个大的#parameter块的宽度是固定的，尽管在项目列表中指定了"float:left;"来使得所有项目显示在同一行，但是只要给每个项目指定宽度，它们就会自动换行，显示效果如图16.19所示。

图16.19 各个项目自动换行

16.2.3 内容部分

内容部分位于页面的主体位置，根据第11章中介绍的排版方法，将其也设置为向左浮动，并且适当地调整margin值，指定宽度（否则浏览器之间会有差别），代码如下所示。

```
#main{
        float:left;
        position:relative;
```

```
        font-size:12px;
        margin:0px 20px 5px 20px;
        width:510px;
}
```

对#main整块进行了设置后便开始制作其中每个子块的细节。正如16.1节分析的那样，内容#main块主要为博客最新的文章，包括文章的标题、作者、时间、正文截取、浏览次数和评论篇数等，由于文章不止一篇且又采用相同的样式风格，因此使用CSS的类别class来标记，HTML部分示例如下：

```
<div class="article">
        <h3><a href="#">学生节(3)_十届电子人</a></h3>
        <p class="author">isaac @ 2006-11-26 02:21:56</p>
        <p class="content">今天三审，偶然听ss数了一下在场的评委，一共有十届的人。筹备组的电子
系从7字班到现在的6字班都有人，真是壮观又令人……</p>
        <p class="show">浏览[1073] | 评论[4]</p>
</div>
```

从上面的代码也可以看出，对于类别为.article的子块中的每个项目，都设置了相应的CSS类别，这样便能够对所有的内容精确控制样式风格了。

设计时整体思路考虑以简洁、明快为指导思想，形式上结构清晰、干净利落。标题处采用暗红色达到突出而又不刺眼的目的，作者和时间右对齐，并且与标题用淡色虚线分离，然后再调整各个块的margin以及padding值，代码如下所示。

```
#main div{
        position:relative;
        margin:20px 0px 30px 0px;
}
#main div h3{
        font-size:15px;
        margin:0px;
        padding:0px 0px 3px 0px;
        border-bottom:1px dotted #999999;            /* 下划淡色虚线 */
}
#main div h3 a:link, #main div h3 a:visited{
        color:#662900;
        text-decoration:none;
}
#main div h3 a:hover{
        color:#0072ff;
}
#main p.author{
```

```
        margin:0px;
        text-align:right;
        color:#888888;
        padding:2px 5px 2px 0px;
}
#main p.content{
        margin:0px;
        padding:10px 0px 10px 0px;
}
```

上述代码中的细节本书的基础章节都已经详细介绍，这里不再重复。此时#main块的显示效果如图16.20所示。

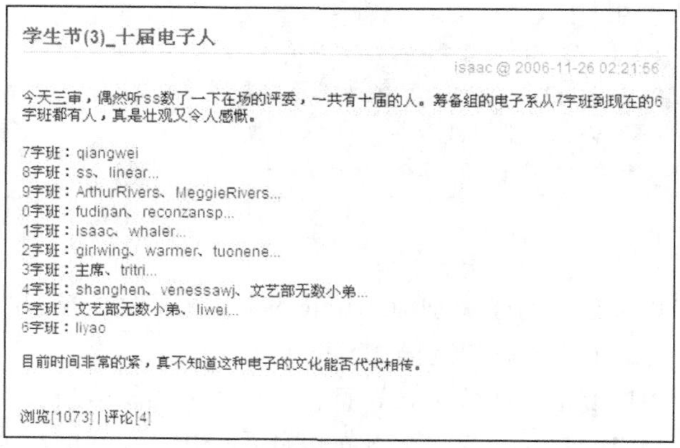

图16.20　内容部分

16.2.4　footer脚注

#footer脚注主要用来放一些版权信息和联系方式，贵在简单明了。其HTML框架也没有过多的内容，仅仅一个<div>块中包含一个<p>标记，代码如下所示。

```
<div id="footer">
        <p>更新时间: 2007-06-24 23:17:07 &copy;All Rights Reserved </p>
</div>
```

因此对于#footer块的设计主要切合页面其他部分的风格即可。这里采用淡蓝色背景配合深蓝色文字，代码如下所示。显示效果如图16.21所示。

```
#footer{
        clear:both;                      /* 消除float的影响，排版相关的章节已经大量涉及 */
        text-align:center;
        background-color:#daeeff;
        margin:0px; padding:0px;
        color:#004a87;
}
```

```
#footer p{
        margin:0px; padding:2px;
}
```

更新时间: 2007-03-25 23:17:07 ©All Rights Reserved

图16.21　#footer脚注

16.3　整体调整

通过16.1节对整体的排版以及16.2节中对各个模块的制作，整个页面已经基本成形。在制作完成的最后，还需要对页面根据效果作一些细节上的调整。例如各个块之间的padding和margin值是否与整体页面协调，各个子块之间是否协调统一，等等。

另外对于固定宽度且居中的版式而言，需要考虑给页面添加背景，以适合大显示器的用户使用。这里给页面添加黑色背景，并且为整个块添加淡色的左、右、下虚线，代码如下所示，效果如图16.22所示。

```
body{
        font-family:Arial, Helvetica, sans-serif;
        font-size:12px;
        margin:0px;
        padding:0px;
        text-align:center;                       /* 居中且宽度固定的版式，参考11.2节 */
        background-color:#000000;
}
#container{
        position:relative;
        margin:1px auto 0px auto;
        width:760px;
        text-align:left;
        background-color:#FFFFFF;
        border-left:1px dashed #AAAAAA;           /* 添加虚线框 */
        border-right:1px dashed #AAAAAA;
        border-bottom:1px dashed #AAAAAA;
}
```

图16.22　添加左、右、下虚线框

精通
CSS+DIV 网页样式与布局

这样整个博客首页便制作完成了。另外需要指出一点，对于放在公网上的站点，制作的时候需要考虑各个浏览器之间的兼容问题。通常的方法是将两个浏览器都打开，调整每一个细节的时候都相互对照，从而实现基本显示一致的效果。本例在Firefox中的显示效果如图16.23所示，与在IE浏览器中的显示效果几乎完全一样。

图16.23　在Firefox中的显示效果

精通

CSS+DIV 网页样式与布局

第 17 章

小型工作室网站

有很多网站规模都不大，一般就3~5个栏目，有的栏目里甚至只包含一个页面，例如公司简介和联系我们等。这种小型的网站所有的页面都是HTML静态页面，没有与后台数据库交换信息等动态功能，可能很长时间才更新一次，甚至根本不更新。

许多工作室和小企业的网站都属于这种类型，这类网站通常都是为了展示一下公司的形象，说明一下工作室的业务范围和产品特色等。一般实现这样的网站就是一个首页加上若干内容页即可。

17.1 分析构架

本例是一个翻译工作室的网站，该公司主要的业务就是承接各种翻译项目。网站上包含业务范围、服务流程和付费方式等内容。本例中采用具有很强亲和力的绿色作为主色调，配合淡绿和白色等其他颜色，使得整个网站显得朝气蓬勃。

本例分首页和4个内容页面，其中首页的效果如图17.1所示，内容页的效果如图17.2所示，读者也可以参考光盘中的具体文件。

图17.1　首页

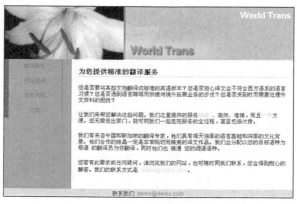

图17.2　内容页

17.1.1　设计分析

网站的首页是整个网站给人的第一印象，通常需要设计得大气、吸引人。对于公司的介绍则可以在首页上概括性描述，各个子页面也可以给出链接。设计的重点在于画面的清晰、干净，给人眼前一亮的感觉。本例采用优雅的百合作为页面主体，右边配上淡淡的绿色，并且利用花瓣的过渡，给人回味。

每个内容页的具体篇幅都不长，意在将工作室的业务、联系方式、网站情况和付费等有用的信息交待清楚。页面只需要与首页风格相同，再配上简单的Banner、导航菜单就能显得大方、明了。

17.1.2 首页排版

首页的内容十分简单，主要是大幅的图片、工作室的简介和各个子页的链接等，因此在设计框架时只需要将每个部分用<div>块包含即可，如图17.3所示。

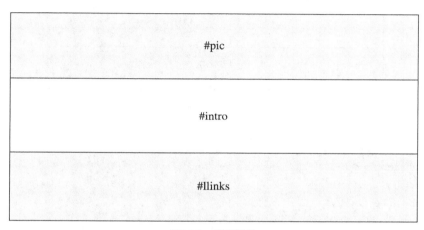

图17.3 首页框架

图17.3中的各个部分直接采用了HTML代码中各个<div>块对应的id。#pic对应首页的大图，#intro对应工作室的简介，#llinks对应各个内容页的链接，相应的代码如下所示。

```
<div id="container">
        <div id="pic"><a href="page1.html"><img src="index.jpg"></a></div>
        <div id="intro"><a href="page1.html">思想和文化的交流始于……</a></div>
        <div id="llinks">
                <ul>
                        <li><a href="page1.html">翻译服务</a></li>
                        <li><a href="page2.html">服务流程</a></li>
                        <li><a href="page3.html">网站建设</a></li>
                        <li><a href="page4.html">付费</a></li>
                </ul>
        </div>
</div>
```

17.1.3　内容页构架

内容页的框架也很简单，只不过需要进行相对复杂一些的排版。主要包括Banner、导航条、文字内容和脚注等，其排版方式同样采用传统的文字网站的方法，如图17.4所示。

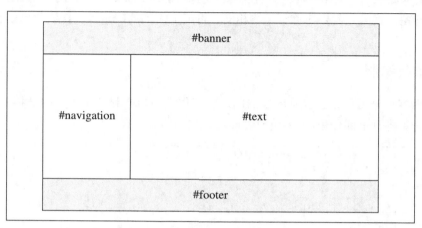

图17.4　内容页框架

```
<div id="container">
        <div id="banner"></div>
  <div id="navigation"></div>
        <div id="text"></div>
        <div id="footer"></div>
</div>
```

考虑到页面的内容不多，因此设计成最常用的固定宽度且居中的版式，页面周围的背景色就采用相同的深绿色。

17.2　模块拆分

页面的整体框架有了大体设计之后，对各个模块进行分别的处理就容易得多。首先制作页面的首页，然后内容页再根据首页的风格进行具体的设计。

17.2.1　搭建首页

考虑到不同用户可能使用不同尺寸的显示器，因此要求首页能够始终撑满整个浏览器，并且各个块之间的相对位置不发生变化。首先制作一幅首页的图片，如图17.5所示，制作方法稍后再讲解。

该首页图片分为上中下3个部分，其中上下两个部分都是相同的深绿色（#2a3a00），中间又分为左右两个部分，左边为百合花的背景配上网站的名称，右边是淡绿色（# abbc47），主要作为网站介绍文字的背景。

整幅图片采用绝对定位的方法，位于页面左侧的中间偏上的位置。考虑到大显示器的用户，页面有可能往下无限延伸，因此整个body的背景色设置为深绿色（#2a3a00），又考虑到页面还可能向右延伸，因此将图片最右端复制成一个宽1px的图片，作为#pic块的背景，如图17.6所示，采用x轴方向重复，代码如下所示。此时页面效果如图17.7所示。

图17.5 首页图片

图17.6 x方向重复（1px宽即可）

```
body{
        background-color:#2a3a00;                    /* 深绿色背景 */
        margin:0px; padding:0px;
        font-family:Arial, Helvetica, sans-serif;
        font-size:12px;
}
#pic{
        position:absolute;
        top:5%;
        left:0%;
        width:100%;
        background:url(middle_bg.jpg) repeat-x;      /* x方向重复 */
}
```

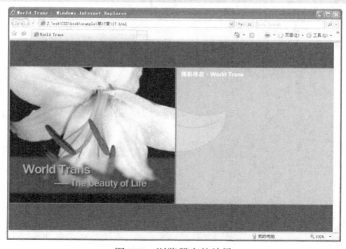

图17.7 浏览器中的效果

从浏览效果中可以看出，通过设置背景颜色以及#pic块的背景图片，使得整个首页充满了浏览器的全部空间，给人很强的视觉冲击力。

大幅图片安排好位置后便将#intro块的文字与#llinks块的链接加入到页面中，这两者都采用绝对定位，并且将left和top的值设置为与#pic一样的百分数，然后再用margin来调整位置。这样做的目的就是为了适应浏览器尺寸的变化，代码如下所示。此时页面的效果如图17.8所示。

```
#intro{
        position:absolute;
        top:5%;                          /* top、left都跟#pic一样 */
        left:0%;
        width:170px;
        margin:290px 0px 0px 560px;      /* 再调整位置 */
}
#llinks{
        position:absolute;
        top:5%;
        left:0%;
        margin:350px 0px 0px 560px;
}
```

图17.8　#intro与#llinks的位置

最后再设定超链接和项目列表的样式风格。这些在本书的基础章节中都做了详细介绍，这里不再重复，代码如下所示。

```
#intro a:link, #intro a:visited{
        color:#FFFFFF;
        text-decoration:none;
}
#intro a:hover{
        color:#2a3a00;
        text-decoration:none;
```

```
}
#llinks ul{
        margin:0px;           padding:0px;
        list-style:none;
}
#llinks ul li{
        background:url(icon1.gif) no-repeat 0px 6px;
        padding:0px 0px 0px 10px; margin:0px;
}
#llinks ul li a:link, #llinks ul li a:visited{
        color:#2a3a00;
        text-decoration:none;
}
#llinks ul li a:hover{
        color:#FFFFFF;
        text-decoration:underline;
}
```

这样整个首页的制作便完成了，在Firefox浏览器中的显示效果与在IE中完全一样，如图 17.9所示。读者可以参考光盘中的17.html以及index.css文件。

图17.9　在Firefox中的效果

17.2.2　首页图片

在首页的整个画面中，核心就是中间的大图片，下面简单 地介绍其制作的方法。首先用相机拍摄一幅百合花的图片作为 素材，如图17.10所示。

将它导入到Photoshop中，上下都添加深绿色的长条，如图 17.11所示。这两个长条位于所有图层之上。

图17.10　图片素材

在图片的中央偏右的位置添加一条竖线，然后用刷子工具 ✐ 和淡绿色顺着背景的百合花花瓣素描，反复调整直到满意为止，如图17.12所示。

图17.11　上下添加深绿色长条

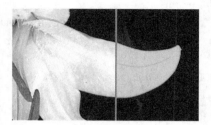

图17.12　添加竖线，刷子素描

新建一个图层，位于百合花的图层之上、刚才添加的竖线和素描的图层之下，然后用相同的淡绿色进行填充，接着用矩形选择工具 ▦ 选中竖线左侧的部分，按"Delete"键将其删除。接着添加白色的文字"精彩尽在…"，不需要任何特效，以清晰、明了、大气为主。此部分效果如图17.13所示。

对百合花使用高斯滤镜（"滤镜→模糊→高斯模糊"），设置半径为1，让其产生朦胧感，如图17.14所示。

新建一个图层，用矩形工具在百合花的下部框选出一个矩形，然后用白色进行填充，如图17.15所示。

图17.13　添加淡绿色块

图17.14　高斯滤镜

图17.15　添加一个白色块

对新添加的这个白色块使用高斯滤镜，半径设置为5或者更大。然后在图层面板将其所在图层的透明度设置为"15％"，如图17.16所示。

在添加了这个白色的透明图层后，加上高斯滤镜的配合，使得百合花看上去更加有意境，给人美的享受，如图17.17所示。

最后再在这个模糊的效果块上添加文字，并且给文字设置阴影的效果。添加阴影的方法很简单，只需要选中文字图层，然后在图层面板上单击效果按钮，选择"Drop Shadow"（阴影）即可，如图17.18所示。添加效果后的文字如图17.19所示。

图17.16　修改透明度

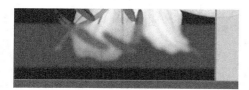
图17.17 添加朦胧的效果

图17.18 添加阴影效果

图17.19 文字最终效果

这样整个首页的图片就制作完成了，如图17.20所示。从整个首页的制作过程，以及第16章中博客Banner的制作过程都可以看出，网页制作的很大一部分是美术设计，包括平时素材的积累、Photoshop的使用，甚至摄影、旅游以及对生活的观查，等等，这些都是一个长期积累的过程。

图17.20 首页图片

17.2.3 内容页面

由于网站本身的内容并不丰富，因此内容页面制作起来相对第16章中的博客要简单很多，也没有过多细节上需要处理的地方，因此本节只作简单的介绍。

根据17.1.3小节中设计的排版方法，首先制作Banner图片。在已经制作好了首页大图片的基础上，只需要小小的改动并调整尺寸便能轻松得到相应的Banner图片，如图17.21所示，这里不再讲解制作的细节，读者可以参考光盘中的PSD文件。

图17.21 Banner图片

左侧的导航条#navigation块同样使用左浮动，设置为固定宽度。导航条本身采用8.2节介绍的方法，代码如下所示，导航效果如图17.22所示。

```
#navigation {
        width:150px;
```

```css
        float:left;                                          /* 左浮动 */
}
#navigation ul {
        list-style-type:none;                                /* 不显示项目符号 */
        margin:0px;
        padding:0px;
}
#navigation li {
        border-bottom:1px solid #b9ff00;                     /* 添加下划线 */
}
#navigation li a{
        display:block;                                       /* 区块显示 */
        padding:5px 5px 5px 0.5em;
        text-decoration:none;
        border-left:12px solid #3c5300;                      /* 左边的粗红边 */
        border-right:1px solid #3c5300;                      /* 右侧阴影 */
}
#navigation li a:link, #navigation li a:visited{
        background-color:#729e00;
        color:#FFFFFF;
}
#navigation li a:hover{                                      /* 鼠标指针经过时 */
        background-color:#587a00;                            /* 改变背景色 */
        color:#ffff00;                                       /* 改变文字颜色 */
}
```

图17.22　导航条

　　页面的正文#text块中的内容很少，仅仅只有<h3>标记和<p>标记，以及一些超链接，因此不需要过多地设置样式风格，除了将整个块设置为左浮动以及固定宽度以外，这里为标题<h3>标记添加下划点线的效果，并设置超链接的3个伪属性，代码如下所示。此时该模块的效果如图17.23所示。

```css
#text{
        float:left;
        width:460px;
        margin:10px 15px 35px 15px;
}
```

```
#text h3{
        font-size:15px;
        margin:0px 0px 10px 0px;
        padding:10px 0px 1px 0px;
        border-bottom:1px dotted #777777;   /* 下划点线 */
}
#text a:link, #text a:visited{
        color:#afcd00;
        text-decoration:none;
}
#text a:hover{
        color:#000000;
        text-decoration:underline;
}
```

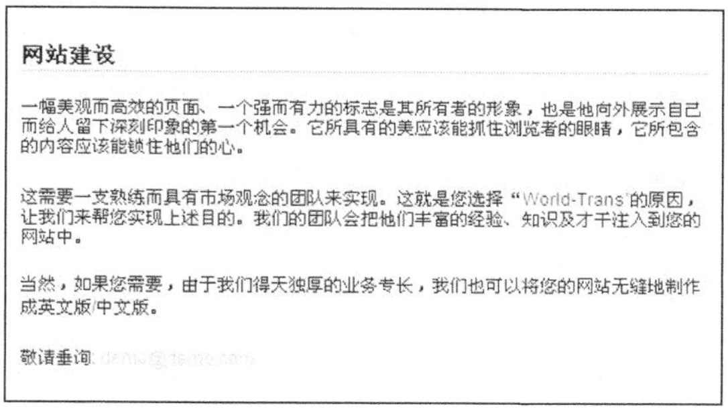

图17.23   #text块

17.2.4   footer脚注

#footer脚注与其他网页一样，保持简单、清晰的风格。本例中脚注<div>块里只有一个邮箱的超链接，因此设置起来十分方便，代码如下所示，效果如图17.24所示。

```
#footer{
        clear:both;
        text-align:center;
        background-color:#c7db51;
        margin:0px; padding:1px;
}
#footer a:link, #footer a:visited{
        color:#475300;
        text-decoration:none;
}
#footer a:hover{
        color:#000000;
        text-decoration:line-through;
}
```

联系我们: demo@demo.com

图17.24　#footer脚注

17.3　整体调整

通过前面两节对整体的排版以及各个模块的制作，整个页面已经基本成形。在制作完成的最后，还需要对页面根据实际效果作一些细节上的调整。例如各个块之间的padding和margin值是否与页面整体协调，各个子块之间是否协调统一，等等。

在本例中如果内容的长度超过了导航条会发现导航条并没有相应的将背景色延伸，如图17.25所示。

这个问题与11.4节中提到的问题是一样的，解决的办法就是制作一幅宽度与块#navigation一样，高度为1px的图片，将它添加到#container的背景图片当中，让其在y方向重复，代码如下所示。

图17.25　导航条背景色没有延伸

```
#container{
        position:relative;
        margin:1px auto 0px auto;
        width:640px;
        text-align:left;
        background:#FFFFFF *url(left_bg.jpg) repeat-y;
        /* 修补#navigation的背景色问题 */
}
```

这样整个内容页面就制作完成了，再复制3页并修改其内容和链接，便得到了整个网站，其在Firefox中的显示效果如图17.26所示，与在IE中的显示效果完全一致。

图17.26　在Firefox中的效果

精通

CSS+DIV 网页样式与布局

第18章

企业网站

一个公司网站是这个公司形象的体现，其中也包含着整个公司的理念和方向。这种网站的典型特点是简约而不简单，没有过多的颜色修饰，整体风格的大气是最重要的。而且网页上的内容更新频率相对较高，新闻发布和资源下载等都是更新的对象。

制作这种类型的网站重点在于整体风格上的把握，技巧方面并不需要过于花哨，选定一种颜色以后尽量围绕着一个色调进行设计。很多时候公司的朝气蓬勃、欣欣向荣也需要在页面上得到体现。

18.1　分析构架

本例是一个电子电信公司的网站首页，页面的整体使用灰色偏蓝的色调，再配合白色形成大气的感觉。中间banner的人物更是给页面增添不少活力。页面整体靠左，但右边仍不失协调。内容上相对上一章工作室的网站要丰富很多，不但有经常更新的公告栏、前沿技术和资源下载等，还有英文的简报，是一家跨国的公司。页面效果如图18.1所示。

图18.1　公司网站

18.1.1　设计分析

该网站的页面很多，如果导航条水平放置，一行肯定摆放不下，因此将导航条设计为竖直排列，位于页面的最左端。公司的Logo以及中英文名称则放在最上端的图片中，由于跨国公司的页面必须有英文的版本，因此需要将"英文版"的链接放在页面的最上端。又考虑到单独一个链接不够美观，因此将"新品发布"和"公司员工"这些最吸引人的链接并排与其放置。

页面的主体部分首先是展示公司理念的图片，采用人物造型能够体现出公司的活力以及积极向上的精神风貌。接下来是新闻头条，展示公司近期最重要的新闻、消息和变动等。再下来分左右两栏，左边是公告栏、前沿技术和资源下载这些需要经常更新的动态咨询，右边则是英文的资料。

整个页面总体上给人干净、利落而又生生不息、活力四射的感觉。色调采用灰色偏蓝，充满了商务的氛围。深浅两种灰色的合理搭配是上档次的关键。

18.1.2 排版构架

整个页面大体框架上其实并不特别复杂，仅仅是子块里面有嵌套的结构。最外层的框架依然是3个大块，如图18.2所示。

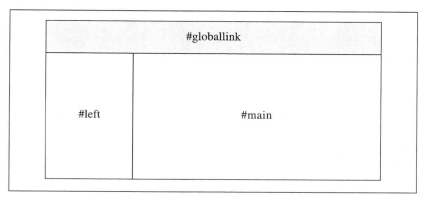

图18.2 页面最外层框架

```
<div id="container">
        <div id="globallink"></div>
        <div id="left"></div>
        <div id="main"></div>
</div>
```

上图中的各个部分直接采用了HTML代码中各个<div>块对应的id。#globallink块主要包含页面顶端的"英文版本"、"新品发布"和"公司员工"，这块在排版上相对简单。而#left块则包括真正的导航条和网站内容检索。#main块则主要包括人物的图片、新闻快递、公告栏、前沿技术、资源下载以及右端的英文刊物等，这两个模块的框架分别如图18.3与图18.4所示。

图18.3 #left块

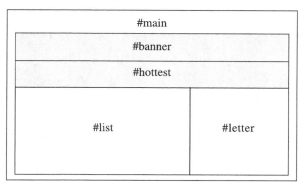

图18.4 #main块

这两个部分在整个页面中占主体的位置，因此在细节的处理上必须反复斟酌，它们直接决定着整个页面是否吸引人，相应的代码框架如下：

```
<div id="left">
        <div id="navigation"></div>
        <div id="search"></div>
</div>


<div id="main">
        <div id="banner"></div>
        <div id="hottest"></div>
        <div id="list"></div>
        <div id="letter"></div>
</div>
```

18.2　模块拆分

根据上一节中对页面整体框架的设计，分别制作各个模块。还是采用从上而下、从左到右的制作顺序。

18.2.1　Logo与顶端链接

作为公司的网站通常都将Logo放置在页面的左上角或者右上角，让用户一进入网站就能够看到。在本例的框架中没有设置专用的Logo模块，因此将其设置为#globallink的背景图片，方法与第16章中的Banner图片类似，代码如下所示。显示效果如图18.5所示。

```
<div id="globallink">
        <ul>
                <li><a href="#">新品发布</a></li>
                <li><a href="#">公司员工</a></li>
                <li><a href="#">英文版</a></li>
        </ul>
        <br>
</div>


#globallink{
        width:758px; height:62px;
        margin:0px 0px 1px 0px;
        background:url(logo.jpg) no-repeat;   /* 添加Banner图片 */
}
#globallink ul{
    list-style:none;
        position:absolute;
```

```
        left:545px; top:4px;                                    /* 调整菜单文字的位置 */
        padding:0px; margin:0px;
}
#globallink li{
        float:left;
        text-align:center;
        padding:0px 10px 0px 18px;
        margin:0px;
}
#globallink a:link, #globallink a:visited{
        color:#4a6f87;
        text-decoration:none;
}
#globallink a:hover{
        color:#FFFFFF;
        text-decoration:underline;
}
```

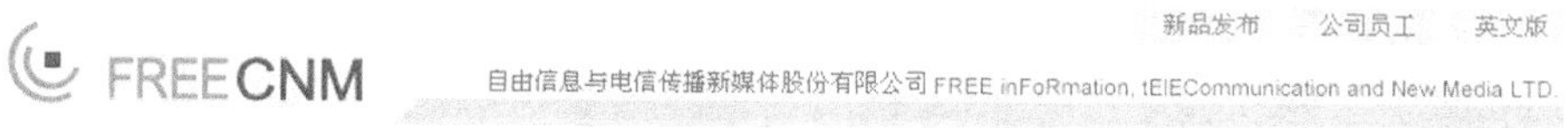

图18.5　Logo以及顶端链接

制作Logo图片的过程很简单，就是将公司的Logo和中英文名称整齐摆放即可，这里简单讲解作为超链接背景的"缺角方块"的制作方法，如图18.6所示。

首先在Photoshop中绘制一个矩形块，即用矩形选择工具选出合适大小的块，然后按"Alt+Delete"快捷键用前景色填充即可，如图18.7所示。

图18.6　缺角方块　　　　　图18.7　绘制矩形块

再用矩形选择工具随意框选出一个矩形区域，在矩形区域内部单击右键，再弹出的菜单中选择"Transform Selection"（变换选区）命令，如图18.8所示。

然后将选区旋转45°（按住"Shift"键即可转动45°的倍数），按"Enter"键确认，如图18.9所示。

图18.8　变换选区　　　　　图18.9　旋转45°

用上下左右键将选区移动到矩形块的角上，"Delete"键将角给删除，就得到了缺角的矩形块，如图18.10所示。

图18.10　删除尖角

18.2.2　左侧导航与搜索

左侧的＃left块内容不是很多，主要是导航菜单，下方还有一个搜索的输入表单。同样设置为固定宽度且向左浮动的版式。

导航条的样式风格同样利用8.2节介绍的方法，所不同的是为每个<li>添加gif图片作为项目符号，并且当鼠标指针经过的时候更换项目符号。同时为整个导航条的最上端添加一条粗线达到突出的效果，代码如下所示，导航效果如图18.11所示。

```
#left{
        width:158px;
        float:left;
}
#navigation{
        width:158px;
        padding:0px;
        margin:0px 0px 10px 0px;
}
#navigation ul{
        margin:0px;
        padding:0px;
        border-top:5px solid  #cad7df;                 /* 顶端粗线 */
}
#navigation li{
        border-bottom:1px solid #cad7df;               /* 添加下划线 */

}
#navigation li a{
        display:block;                                 /* 区块显示 */
        padding:3px 5px 3px 2em;
        text-decoration:none;
        background:url(icon1.gif) no-repeat 13px 9px;
}
#navigation li a:link, #navigation li a:visited{
        background-color:#7591a3;
```

```
        color:#FFFFFF;
}
#navigation li a:hover{                          /* 鼠标指针经过时 */
        color:#003e66;                           /* 改变文字颜色 */
        background:#aacbe0 url(icon2.gif) no-repeat 13px 9px;
}
```

图18.11　导航菜单

　　导航条下面的搜索表单结构上十分简单，也没有更多复杂的要求。表单设置的各种方法在本书的第6章中也都有详细介绍，这里不再一一讲解。HTML与CSS代码如下所示，显示效果如图18.12所示。

```
<div id="search">
      <form>
                查找: <input type="text"class="text"> <input type="button"value="搜"class="btn">
      </form>
</div>

#search form, #search p{
        margin:0px;
        padding:0px;
        text-align:center;
}
#search input.text{
        border:1px solid #7591a3;
        background:transparent;
        width:80px; font-size:12px;
        font-family:Arial;
}
#search input.btn{
        border:1px solid #7591a3;
        background:transparent;
        font-size:12px; height:19px;
        font-family:Arial;
        padding:0px;
}
```

图18.12　搜索表单

18.2.3　主体内容

　　主体内容同样采用左浮动且固定宽度的版式设计，具体操作与前面两章完全类似，重点在于调节宽度使得不同浏览器之间能够效果一致，并且颜色上配合Logo和左侧的导航条，使整个网站和谐、大气，代码如下所示：

```
#main{
    width:600px; float:left;
    margin:0px; padding:0px;
    background-color:#FFFFFF;
}
```

18.2.4　内容Banner

　　页面的主体内容最上方是Banner图片，该图片重点在于体现整个公司的活力、理念和生气。图片采用人物素材也是公司网站的常用方法，具体的制作主要是人物素材的采集，而Photoshop的组装则相对简单，这里就不再细化讲解，效果如图18.13所示。

图18.13　Banner图片

　　制作该Banner图片的关键在于左上角的转角需要与Logo图片中的转角相配合，实现连在一起的感觉，通常情况下需要在浏览器与Photoshop中反复修改来测试效果，如图18.14所示。

图18.14　转角处的连接

18.2.5　新闻快递

　　如果公司近期有特别重要的新闻则用大号粗体字显示在Banner图片的正下方。考虑到有可能在一段时间内没有特别需要展示的头条新闻，因此将#hottest单独设置为一个div块，不需要的时候将其display属性设置为none即可，其HTML与CSS代码如下所示，显示效果如图18.15所示。

```
<div id="hottest">
```

```
        <h3><a href="#">新闻快递：公司股票于昨日在美国纳斯达克上市</a></h3>
</div>


#hottest h3{
        font-size:16px;
        padding:28px 5px 4px 40px;
        margin:0px;
        background:url(icon3.gif) no-repeat 29px 34px;
}
#hottest h3 a:link, #hottest h3 a:visited{
        color:#000000;
        text-decoration:none;
}
#hottest h3 a:hover{
        color:#7591a3;
        text-decoration:underline;
}
```

图18.15　新闻快递

18.2.6　公司咨询

头版头条下来便是时常需要更新的各种咨询，包括公告栏、前沿技术和资源下载等，如图18.4描述的，它位于#main块的下方偏左的位置，与右边的#letter英文刊物模块并排。因此仍采用float的方法即可实现排版上的要求，代码如下所示。

```
#list{
        float:left;
        margin:20px 0px 4px 28px;
        width:340px;
}
```

块中没有项目栏的版式都相同，包括一个<h4>标题、时间日期，然后是具体内容的项目列表。由于内容不断更新，对于希望查看以往信息的用户则可以通过单击"more"链接，链接到所有信息的列表界面。HTML示例框架如下所示：

```
<h4><span>前沿技术</span></h4>
        <p class="date">2007.4.1</p>
        <ul>
```

```
          <li><a href="#">清华大学电子工程系牛人做报告，气氛融洽</a></li>
          <li><a href="#">晾衣杆实现高增益、高信噪比波束自动成形天线</a></li>
     </ul>
     <p class="more"><a href="#">more</a></p>
```

对于<h4>标题采用淡色的背景作为衬托，既能达到突出的目的，又可以作为各个块之间的分隔线。而日期以及项目列表都采用通常的排版方式，不需要华丽的效果，意在跟整体的大气风格相配合，相关代码如下所示，显示效果如图18.16所示。

```
#list h4{
       font-size:12px;
       background:#e0e7ec url(icon4.gif) no-repeat 7px 8px;
       padding:3px 0px 2px 17px;
       margin:0px;
}
#list p.date{
       margin:0px; padding:5px 0px 5px 2px;
       font-weight:bold;
       color:#014e68;
}
#list ul{
       margin:0px 0px 6px 40px;
       padding:0px;
       list-style-type:disc;
}
#list ul li a:link, #list ul li a:visited, #list p.more a:link, #list p.more a:visited{
       color:#333333;
       text-decoration:none;
}
#list ul li a:hover, #list p.more a:hover{
       color:#00a9e7;
       text-decoration:underline;
}
#list p.more{
       margin:0px; padding:5px 0px 20px 10px;
       background:url(icon5.gif) no-repeat 0px 10px;
}
```

图18.16　主体内容

这里简单介绍一下"more"超链接前的小箭头的制作方法，与第16章中方框项目符号的制作方法基本类似。

新建一个3×5的psd文件，将视图设置为最大值1600%。在图层面板新建一个图层，然后将默认的背景background图层删掉。

使用矩形选择工具 ，将最上方的选择类型设置为选取增加，如图18.17所示。

然后将像素一个一个地框选，形成小箭头的样子，再按"Alt+Delete"快捷键将选择的区域用前景色填充，如图18.18所示。最后再将图片另存为透明的GIF即可。

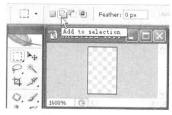

图18.17　增加选区

图18.18　小箭头

18.2.7　英文刊物

作为跨国公司，时时了解世界各地的相关技术十分重要，很多公司网站上都有业务方面的英文刊物可以阅读。这些资料即使在中文版的页面中也是以英文的形式出现的，因此设计的重点在于风格上与中文界面的统一。

由于各个刊物之间的样式风格是完全一样的，因此设置CSS的class类别，将各个相同的样式归类，HTML部分举例如下：

```
<h4><span>English Letter</span></h4>
    <p class="date2">2007.12.7</p>
    <p class="content2">Auditorium Stage</p>
    <p class="more2"><a href="#">more</a></p>
```

标题的<h4>部分采用深色的缺角矩形为背景，制作方法与前面提到的超链接背景类似，然后设置相应的颜色和padding等，代码如下所示，显示效果如图18.19所示。

```
#letter h4{
    margin:0px;
    font-size:12px;
    background:url(right_right.gif) no-repeat;
    color:#FFFFFF;
    padding:2px 0px 2px 15px;
}
```

■ English Letter

图18.19　小标题

对于各个刊物的设置，必须与左侧#list中的项目风格保持一致，因此仍然以简约型设计为主，代码如下所示，显示效果如图18.20所示。

```
#letter p.date2{
        background:#e0e7ec url(icon6.gif) no-repeat 5px 7px;
        margin:7px 15px 3px 7px;
        padding:1px 0px 1px 15px;
        font-weight:bold;
}
#letter p.content2{
        margin:2px 15px 0px 7px;
        padding:1px 0px 1px 0px;
}
#letter p.more2{
        margin:1px 15px 3px 7px;
        padding:0px 0px 1px 8px;
        background:url(icon5.gif) no-repeat 2px 5px;
}
#letter p.more2 a:link, #letter p.more2 a:visited{
        color:#555555;
        text-decoration:none;
}
#letter p.more2 a:hover{
        color:#000000;
        text-decoration:underline;
}
```

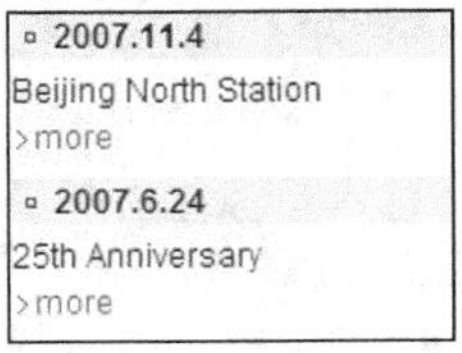

图18.20　英文刊物

对于整个块，考虑到与左侧的中文区别开，因此添加左竖线。而左浮动和固定宽度的设置都跟普通的排版一样。这时显示效果如图18.21所示。

```
#letter{
        float:left;
        width:180px;
        margin:20px 20px 5px 30px;
        border-left:1px solid #7591a3;
}
```

图18.21　#letter块

18.3　整体调整

通过前面的各个小节，整个页面就基本制作完成了。最后必须综合各方面因素对参数进行调整。由于页面居左，因此没有居中版式那些复杂的CSS设置，但是考虑到#left下端的背景色问题，因此给<body>标记设置背景颜色，此时页面在浏览器中的效果如图18.22所示。

图18.22　页面效果

对于显示器大的用户很快就会发现页面右端空出来一块，感觉很不舒服。因此采用类似第16章中首页背景图片的方法，制作一个x方向重复的图片，来使得右侧更加协调，代码如下所示。

```
body{
        margin:0px;
        padding:0px;
        font-family:Arial, Helvetica, sans-serif;
        font-size:12px;
        background:#cad7df url(bg.jpg) repeat-x;
        /* 背景色、水平重复的背景图片 */
```

```
}
#container{
        width:758px;
}
```

此时页面在Firefox中的效果如图18.23所示，可以看到页面右端使用背景图片后整体风格
上显得协调、大气，而且在不同浏览器中的显示效果也基本一致。

图18.23　在Firefox中的最终效果

精通

CSS+DIV 网页样式与布局

第 19 章

网上购物网站

目前网络上的购物网站已经越来越多，淘宝、Ebay等大型购物网站以及经营各种小生意的网站都层出不穷。张罗网上的商店甚至成了很多人的工作。本章以网上的花店为例，介绍如何构建小型的网上商店，进一步熟练CSS构建网站的方法。

19.1 分析构架

本例的网上商店主要以出售鲜花为主，这种类型网站的特点就是绚丽，让人感觉琳琅满目而又美丽大方。结合花店的主题，因此采用粉红色为主色调。又考虑到鲜花的各式各样，因此站点还包含鲜花导购等小知识，效果如图19.1所示。

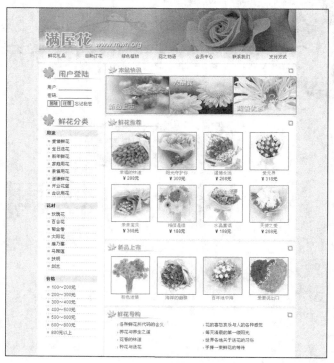

图19.1　满屋花

19.1.1 设计分析

该网站的文字内容并不是很多，主要页面都是商品的展示，包括各式各样的鲜花图片以及售价。另外考虑到具体购买的情况，因此网站必须配备登录系统。左侧的导航将鲜花进行各方面的分类，便于顾客的分类查询。

页面整体上使用粉红色调，图片的边框都使用红色系，各个小标题偶尔配上些亮绿色作为点缀，别有一番风味。主体部分的内容大体又分为本站推荐商品、鲜花的报价、新品上市和鲜花的导购等，各个栏目都采用白色背景，让页面在红火的色调下不失高雅、整洁与大方。

左侧的登录系统和鲜花导购的文字主要采用黑色，目的在于清晰，让顾客能够迅速找到想要购买的商品。

19.1.2 排版构架

整个网页的框架十分简单，包括Banner图片、导航条、左侧的导购信息以及主体部分的鲜花展示等，因此采用最基本的网页框架，如图19.2所示。

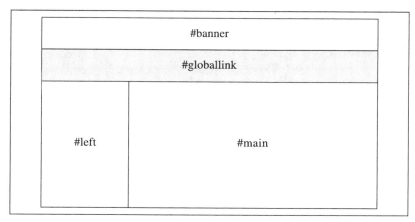

图19.2 页面框架

```
<div id="container">
        <div id="banner"></div>
        <div id="globallink"></div>
        <div id="left"></div>
        <div id="main"></div>
</div>
```

上图中的各个部分直接采用了HTML代码中各个<div>块对应的id。其中#banner块对应页面上部的Banner图片，#globallink则是网站的导航菜单栏，#left包含登录系统以及鲜花的分类信息，#main块则主要包括本站快讯、鲜花推荐、新品上市和鲜花导购等。其中#left与#main是页面的主体块，它们的子块关系如图19.3所示。

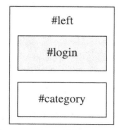 

图19.3 #left块与#main块的框架

这两个部分在整个页面中占主体的位置，设计时细节上的处理十分关键，直接决定着整个页面是否吸引人，相应的代码框架如下：

```
<div id="left">
        <div id="login"></div>
        <div id="category"></div>
```

```
</div>

<div id="main">
    <div id="latest"></div>
    <div id="recommend"></div>
    <div id="news"></div>
    <div id="tips"></div>
</div>
```

19.2　模块分析

在确定页面的各个块与子块后，便可以对网页的各个部分进行设计了。本例中大块的调整并不是很复杂，而且方法上与前面几章都大体相同，这里主要讲解一些细节上的处理。实例整体上设置粉红色背景，采用固定宽度且居中的版式，代码如下所示。

```
body{
        background-color:#ffd8d9;
        margin:1px 0px 0px 0px;
        padding:0px;
        text-align:center;
        font-size:12px;
        font-family:Arial, Helvetica, sans-serif;
}
#container{
        position:relative;
        margin:0px auto 0px auto;
        width:700px;
        text-align:left;

}
```

19.2.1　Banner图片

本例中Banner图片的制作十分简单。在Photoshop中建立Banner文件后导入一张玫瑰的图片，再利用第16章中Banner渐变的方法，让其与背景色的过渡自然、和谐，如图19.4所示。

图19.4　图片渐变

这时觉得左边的背景略微有些单调，因此再找一张绿叶的图片导入到Photoshop中，然后放置在图片左侧，同样设置渐变，如图19.5所示。

图19.5 左侧背景

这时绿叶的背景图片显得过于突兀，需要单独设置混合模式。在图层面板，将绿叶背景所在的图层设置为"亮度"（Luminosity），然后再将透明度设置为20％，如图19.6所示，此时图片的效果如图19.7所示。

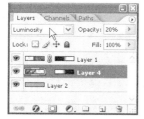

图19.6 设置图层混合模式

图19.7 图片效果

最后给Banner图片添加文字，重点在于醒目、大方，又能配合整个网站的特点，文字采用阴影和描边的效果，显示效果如图19.8所示。

关于文字阴影和描边的效果，是通过图层面板的图层样式添加的，如图19.9所示。其中描边Stroke效果采用2px宽的白色勾边。

图19.8 网站名称

图19.9 阴影和描边效果

最后为整幅图片添加一个白色边框，便得到了Banner图片，将其另存为JPG文件即可放入到HTML页面中，如图19.10所示。读者可以参考光盘中的PSD文件。

图19.10 Banner图片

19.2.2 导航菜单

导航菜单依然采用项目列表的方式，将<ul>标记与<li>标记进行相应的设置，使得菜单能够显示到同一行上面，具体方法第8章中已经做过详细介绍，其HTML框架如下所示。

```
<div id="globallink">
        <ul>
                <li><a href="#">鲜花礼品</a></li>
                <li><a href="#">自助订花</a></li>
                <li><a href="#">绿色植物</a></li>
                <li><a href="#">花之物语</a></li>
                <li><a href="#">会员中心</a></li>
                <li><a href="#">联系我们</a></li>
                <li><a href="#">支付方式</a></li>
        </ul>
        <br>
</div>
```

这里为超链接添加背景变幻的效果，如图19.11所示，当鼠标指针经过时超链接的颜色和背景的渐变效果都发生了变化。

实现背景变幻的CSS方法相信读者都已经清楚，就是当鼠标指针经过时，变换超链接的背景图片而已。渐变图片的制作十分简单，只需要在Photoshop中用渐变工具，便能轻松实现，如图19.12所示。

图19.11　背景变幻

图19.12　渐变效果的button

具体的CSS代码如下所示，原理这里不再一一分析，读者可参考本书前面的基础章节。此时导航条的效果如图19.13所示。

```
#globallink{
        margin:0px; padding:0px;
}
#globallink ul{
  list-style:none;
        padding:0px; margin:0px;
}
#globallink li{
        float:left;
        text-align:center;
```

```
        width:100px;
}
#globallink a{
        display:block;
        padding:9px 6px 11px 6px;
        background:url(button1.jpg) no-repeat;
        margin:0px;
}
#globallink a:link, #globallink a:visited{
        color:#630002;
        text-decoration:none;
}
#globallink a:hover{
        color:#FFFFFF;
        text-decoration:underline;
        background:url(button1_bg.jpg) no-repeat;
        /* 替换背景图片 */
}
```

图19.13 导航条

19.2.3 鲜花导购

考虑实际购物的网站需要保存顾客的信息，以便顺利地进行交易，因此在#left块中必须包含用户的登录表单，其HTML十分简单，如下所示。

```
<div id="login">
        <form>
                <p>用户: <input type="text" class="text"></p>
                <p>密码: <input type="text" class="text"></p>
                <p><input type="button" class="btn" value="登录"> <input type="button"
class="btn" value="注册"> <a href="#">忘记秘密</a></p>
        </form>
</div>
```

在#login块中并没有标题"用户登录"等相应的字样，因此可以将其设置为块的背景图片。其他部分则考虑整体的协调，不设置过于花哨的风格，代码如下所示。该块的显示效果如图19.14所示。

```
#login{
        background:url(login.jpg) no-repeat;
        padding:55px 0px 10px 0px;
}
#login form{
        padding:0px; margin:0px;
}
#login p{
        margin:0px; text-align:left;
        padding:5px 0px 0px 25px;
}
#login p input{
        font-family:Arial, Helvetica, sans-serif;
        font-size:12px;
}
#login form input.text{
        border-bottom:1px solid #000000;
        border-left:none; border-right:none; border-top:none;
        padding:0px; width:90px;
}
#login form input.btn{
        border:1px solid #000000;
        background-color:#ffeff0;
        height:17px; padding:0px;
}
#login p a:link, #login p a:visited{
        color:#333333;
        text-decoration:none;
}
#login p a:hover{
        color:#000088;
        text-decoration:underline;
}
```

这里需要单独说明的是顶部圆角的设计，以及"用户登录"文字前绿叶的制作方法。其实在Photoshop中实现圆角的效果是相当容易的。

首先建立一个PSD文件，用页面的粉红色作为其背景颜色，这点十分关键。然后使用圆角矩形工具，如图19.15所示。

在工具设置栏中将圆角半径设置为"10px"，绘制一个白色的圆角矩形，如图19.16所示。这样圆角的效果就制作完成了，下面制作文字前面的绿叶。

选择自定义图形工具，如图19.17所示。

图19.14　用户登录模块

图19.15　使用圆角矩形工具

图19.16　绘制圆角白色矩形

然后在工具设置栏中选择一种树叶的图形，设置颜色为绿色，便可以轻松绘制绿叶的图片了。绘制完成之后再添加阴影效果，立即给人舒适和愉悦的感觉，如图19.18所示。

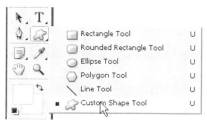

图19.17　自定义图形工具

图19.18　绘制绿叶

最后再添加文字和下划线，给文字添加描边等特效，便得到了最终的小标题，如图19.19所示。读者可以参考光盘中的PSD文件。

#left块中除了用户登录的#login模块外，还有重要的鲜花分类#category模块，它与普通的项目列表完全类似，HTML示例如下所示。

图19.19　小标题图片

```
<div id="category">
        <h4><span>用途</span></h4>
        <ul>
                <li><a href="#">爱情鲜花</a></li>
                <li><a href="#">生日送花</a></li>
                <li><a href="#">新年鲜花</a></li>
                <li><a href="#">家庭用花</a></li>
                <li><a href="#">亲情用花</a></li>
                <li><a href="#">道歉鲜花</a></li>
                <li><a href="#">开业花篮</a></li>
                <li><a href="#">会议用花</a></li>
        </ul>
</div>
```

设置它的样式风格的方法与普通的项目列表完全相同，这里将list-style设置为none后采用小的gif图片进行的替代，代码如下所示。显示效果如图19.20所示。

```
#category ul{
        list-style:none;
```

```
        margin:0px;
        padding:5px 22px 15px 22px;
}
#category ul li{
        padding:2px 0px 2px 16px;
        border-bottom:1px dashed #999999;
        background:url(icon1.gif) no-repeat 5px 7px;
}
#category ul li a:link, #category ul li a:visited{
        color:#000000;
        text-decoration:none;
}
#category ul li a:hover{
        color:#666666;
        text-decoration:underline;
}
```

图19.20　鲜花导购

在块的最下端仍然采用背景图片的方式，将整个#left块的下部设置为圆角样式，代码如下所示。显示效果如图19.21所示。

```
#left{
        width:180px;
        float:left;
        background:#FFFFFF url(leftbottom.jpg) no-repeat bottom; /* 下端圆角 */
        margin:1px 0px 0px 0px;
}
```

图19.21　下端圆角

19.2.4　主体内容

页面的主体部分主要以鲜花的图片展示和价格为主，各个块的设置方法都大同小异。块的整体依然采用左浮动和固定宽度的版式，代码如下所示：

```
#main{
        float:left;
        width:518px;
        margin:1px 0px 0px 2px
}
```

位于最上方的是"本站快讯"，其HTML结构就是几幅图片，显示出网站最近的新品、折扣和酬宾等相关消息，代码如下所示，显示效果如图19.22所示。

```
<div id="latest"><a href="#"><img src="new1.jpg"></a><a href="#"><img src="new2.jpg"></a><a
href="#"><img src="new3.jpg"></a></div>

#latest{
        background:url(latest.jpg) no-repeat;
        padding:35px 0px 0px 0px;
}
#latest img{
        border:none;
        padding-left:1px;
}
```

小标题"本站快讯"依然采用圆角的方式，制作方法与#left块中的圆角完全类似，这里不再重复，读者可以参考光盘中的psd文件。

接下来的"鲜花推荐"与"新品上市"都是花的图片展示，考虑项目列表自动换

图19.22　本站快讯

行方面的便利，参考11.5节中的幻灯片效果的制作方法，直接对图片进行排版，详细的原理这里不再重复，代码如下所示，显示结果如图19.23所示。

```
<div id="new">
        <ul>
                <li><a href="#"><img src="flower9.jpg"><br>粉色迷情</a></li>
                <li><a href="#"><img src="flower10.jpg"><br>海岸的幽雅</a></li>
                <li><a href="#"><img src="flower11.jpg"><br>百年地中海</a></li>
                <li><a href="#"><img src="flower12.jpg"><br>爱要说出口</a></li>
```

```
        </ul>
        <br> 
</div>

#recommend br,#new br, #tips br{
        display:block;
        clear:both;
        margin:0px; padding:0px;
}
#recommend ul, #new ul{
        list-style:none;
        margin:0px;
        padding:5px 5px 5px 8px;
}
#recommend ul li, #new ul li{
        text-align:center;
        float:left;
        width:125px;
}
#recommend ul li img, #new ul li img{
        border:none;
        margin:5px 0px 3px 0px;
        padding:0px;
}
#recommend ul li a:link,#recommend ul li a:visited, #new ul li a:link,#new ul li a:visited{
        color:#666666;
        text-decoration:none;
}
#recommend ul li a:hover, #new ul li a:hover{
        color:#d20005;
        text-decoration:underline;
}
```

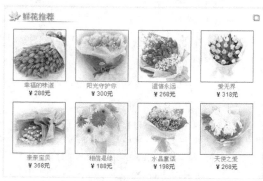

图19.23 鲜花展示

内容部分的最下端是"鲜花导购",主要是鲜花的一些常识,需要以文字的形式进行项目列表的排版,要求项目列表分两列显示,其HTML框架如下所示。

```
<div id="tips">
    <ul>
            <li><a href="#">各种鲜花所代表的含义</a></li>
            <li><a href="#">花的喜怒哀乐与人的各种感觉</a></li>
            <li><a href="#">养花与养生之道</a></li>
            <li><a href="#">每天清晨的第一缕阳光</a></li>
            <li><a href="#">花香的味道</a></li>
            <li><a href="#">世界各地关于送花的习俗</a></li>
            <li><a href="#">种花与送花</a></li>
            <li><a href="#">手捧一束鲜花的等待</a></li>
    </ul>
    <br> 
</div>
```

要想将项目列表分成两列显示其实十分简单,在第16章中设置左侧#llinks模块时已经提及,只需要给<li>指定一个宽度即可,代码如下所示。指定宽度后项目列表便会自动按照宽度进行换行,显示效果如图19.24所示。

```
#tips{
        background:url(tips.jpg) no-repeat;
        margin:5px 0px 0px 0px;
        padding:35px 0px 0px 0px;
        background-color:#FFFFFF;
}
#tips ul{
        list-style:none;
        margin:0px;
        padding:5px 5px 5px 30px;
}
#tips ul li{
        background:url(icon2.gif) no-repeat 5px 6px;
        padding:1px 0px 1px 12px;
        float:left;
        width:220px;        /* 指定宽度 */
}
#tips ul li a:link,#tips ul li a:visited{
        color:#222222;
        text-decoration:none;
}
#tips ul li a:hover{
```

```
color:#d20005;
text-decoration:underline;
}
```

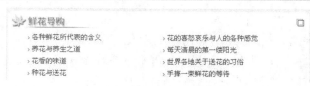

图19.24　鲜花导购模块

19.3　整体调整

通过对所有子模块的排版，整个购物网站就基本制作完成了，最后必须对整体页面进行查看，细节上做小的调整，例如调整padding和margin的值等。本例中考虑到底部两个模块对齐，因此将左侧#left块的最后一个子块#category的padding-bottom给加大了。

最终页面在Firefox中的显示效果如图19.25所示，可以看到与IE浏览器显示的结果基本一致。

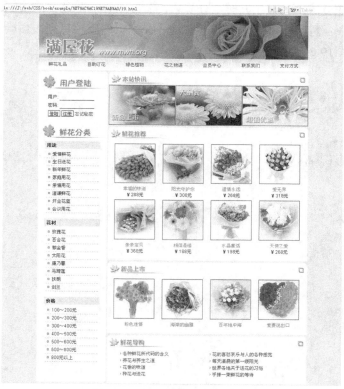

图19.25　在Firefox中的最终效果

精通

CSS+DIV 网页样式与布局

第20章

旅游网站

旅游观光网站也是日常生活中常见的一类网站，这种网站主要以蓝色和绿色为主色调，给人来到大自然美景中的感觉。

20.1 分析构架

本例以"新疆行知书"为题材，介绍新疆的风土人情、地理知识、山川流水、旅游线路、人文知识等，效果如图20.1所示。

图20.1 新疆行知书

20.1.1 设计分析

此类网站通常的作用一方面是给出行者查阅各种相关的资料，另一方面也能吸引更多的游客前来旅行。根据新疆风景的特点，页面采用天蓝色作为背景颜色，Banner采用新疆路途的延伸。而页面主体则配上新疆的各种美景来吸引用户的眼球，并且提供各种旅游的路线设计，让游客能够自由地选择。

页面的左右都设置各种小信息，包括天气预报、景点的推荐、新疆地图、小吃和饭店等，风格上则配合整体的页面设计，蓝色背景配合白边勾勒，将新疆的美景一一展现，让人心旷神怡。

整个版面采用固定宽度且居中的版式，对于大显示器的用户，两边使用天蓝色将整个页面主体衬托出来，更显得美不胜收。

20.1.2 排版构架

整个页面的大体框架不算特别复杂，主要包括Banner图片，导航条，主体的左、中、右，以及最下端的脚注，如图20.2所示。

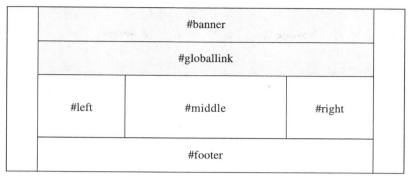

图20.2　页面框架

```
<div id="container">
        <div id="banner"></div>
    <div id="globallink"></div>
        <div id="left"></div>
        <div id="middle"></div>
        <div id="right"></div>
        <div id="footer"></div>
</div>
```

上图中的各个部分直接采用了HTML代码中各个<div>块对应的id。#banner即对应页面的Banner图片，#globallink对应导航菜单，#left、#middle和#right分别对应页面主体部分的左中右3个模块，#footer对应页面下端的脚注。

其中左、中、右3个模块都包含各自的子块，如图20.3所示。

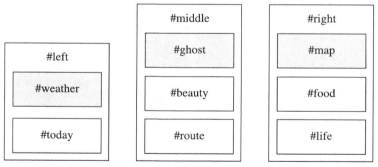

图20.3　左、中、右3个模块

这3个部分在整个页面中占主体的位置，内容涵盖了整个网站的精髓，因此设计的时候显得更加的重要，相应的代码框架如下：

```
<div id="left">
        <div id="weather"></div>
        <div id="today"></div>
</div>
```

```
<div id="middle">
        <div id="ghost"></div>
        <div id="beauty"></div>
        <div id="route"></div>
</div>

<div id="right">
        <div id="map"></div>
        <div id="food"></div>
        <div id="life"></div>
</div>
```

20.2　模块拆分

各个子模块设计好之后，就可以分别进行设计了。本例中涉及的细节技巧在前面4章的实例中都或多或少有所提及，这里作进一步的介绍。

20.2.1　Banner图片与导航菜单

本例的Banner图片后期处理比较简单，Photoshop设计的成分也相对较少，主要就是文字的添加，因此不做具体的展开，效果如图20.4所示。

图20.4　Banner图片

导航菜单在本例中与其他各个实例一样，也是采用项目列表的方式，其HTML框架如下所示。

```
<div id="globallink">
        <ul>
                <li><a href="#">首页</a></li>
                <li><a href="#">新疆简介</a></li>
                <li><a href="#">风土人情</a></li>
                <li><a href="#">吃在新疆</a></li>
                ……
        </ul>
        <br>
</div>
```

与第19章花店的导航效果要求一样，菜单实现背景动态变化的效果，如图20.5所示。具体制作方法这里不再重复，关键在于背景图片的变换，CSS代码如下所示。

图20.5　导航菜单

```
#globallink{
        margin:0px; padding:0px;
}
#globallink ul{
   list-style:none;
        padding:0px; margin:0px;
}
#globallink li{
        float:left;
        text-align:center; width:78px;
}
#globallink a{
        display:block; padding:9px 6px 11px 6px;
        background:url(button1.jpg) no-repeat;
        margin:0px;
}
#globallink a:link, #globallink a:visited{
        color:#004a87;
        text-decoration:underline;
}
#globallink a:hover{
        color:#FFFFFF; text-decoration:underline;
        background:url(button1_bg.jpg) no-repeat;
}
```

20.2.2　左侧分栏

左侧分栏包括天气预报和今日推荐的景点，考虑到一共分左、中、右3栏，因此都采用左浮动的方式，且都固定宽度，代码如下所示。

```
#left{
        float:left;
        width:200px;
        background-color:#FFFFFF;
        margin:0px;
        padding:0px 0px 5px 0px;
        color:#d8ecff;
}
```

左侧分栏的最上部是天气查询，给出门的游客提供方便，其HTML的框架如下所示，其中包括<h3>的小标题以及一个项目列表。

```
<div id="weather">
        <h3><span>天气查询</span></h3>
```

```
        <ul>
                <li>乌鲁木齐   雷阵雨 20℃-31℃</li>
                <li>吐鲁番   多云转阴 20℃-28℃</li>
                <li>喀什   阵雨转多云 25℃-32℃</li>
                <li>库尔勒   阵雨转阴 21℃-28℃</li>
                <li>克拉马依   雷阵雨 26℃-30℃</li>
        </ul>
        <br>
</div>
```

制作背景图片，如图20.6所示，作为<h3>的背景图片，项目列表中的各个项目则依次罗列，并用常用的方法替换掉项目符号，代码如下所示。

图20.6　小标题背景图片

```
#weather{
        background:url(weather.jpg) no-repeat -5px 0px;
        margin:0px 5px 0px 5px;
        background-color:#5ea6eb;
}
div#left #weather h3{
        font-size:12px;
        padding:24px 0px 0px 74px;
        color:#FFFFFF;
        background:none;
        margin:0px;
}
div#weather ul{
        margin:8px 5px 0px 5px;
        padding:10px 0px 8px 5px;
        list-style:none;
}
#weather ul li{
        background:url(icon1.gif) no-repeat 0px 6px;
        padding:1px 0px 0px 10px;
}
```

此时该块的显示效果如图20.7所示，可以看到各个项目符号变成了一个花型小点，这个小点的制作方法与18.2.6节以及16.2.2节中提到的小gif图片的制作方法是完全类似的，都是利用Photoshop的最大视图，然后逐点填充。

接下来的"今日推荐"模块结构十分简单，就是一个小的图片展示，也是项目列表的具体形式，其HTML部分如下所示，具体的CSS设置方

图20.7　显示效果

法这里也不再讲解，读者可参考光盘中的具体文件"第20章\20.html"，显示效果如图20.8所示。

```
<div id="today">
        <h3><span>今日推荐</span></h3>
        <ul>
                <li><a href="#"><img src="tuijian1.jpg"></a></li>
                <li><a href="#">喀纳斯河</a></li>
                <li><a href="#"><img src="tuijian2.jpg"></a></li>
                <li><a href="#">布尔津</a></li>
                <li><a href="#"><img src="tuijian3.jpg"></a></li>
                <li><a href="#">天山之路</a></li>
        </ul>
        <br>
</div>
```

图20.8　今日推荐

20.2.3　中部主体

　　页面中间的主体部分是整个网页最重要的元素，对于旅游网站主要应该以展示当地的美景为主，从而能第一时间抓住用户。在排版方面依旧采用左浮动且固定宽度的版式，代码如下所示。

```
#middle{
        background-color:#FFFFFF;
        margin:0px 0px 0px 2px;
        padding:5px 0px 0px 0px;
        width:400px; float:left;
}
```

　　主体最上方是一幅图片，其位于整个页面的核心位置，这里采用具有新疆特色的雅丹地貌魔鬼城的图片，如图20.9所示。

图20.9　魔鬼城

紧接着"美景寻踪"一栏用项目列表的方式展示4幅小图片，其HTML部分如下所示：

```
<div id="beauty">
        <h3><span>美景寻踪</span></h3>
        <ul>
                <li><a href="#"><img src="beauty1.jpg"></a></li>
                <li><a href="#"><img src="beauty2.jpg"></a></li>
                <li><a href="#"><img src="beauty3.jpg"></a></li>
                <li><a href="#"><img src="beauty4.jpg"></a></li>
        </ul>
        <br>
</div>
```

从上面代码可以看出，框架中首先有一个<h3>的标题，如果直接显示文字，靠简单的CSS效果很难在旅游网站上出彩，因此将#middle块中的所有<h3>标题隐藏，换成背景图片的方式，代码如下所示，其中该部分的小标题如图20.10所示。

```
#middle h3{
        margin:0px; padding:0px;
        height:41px;
}
#middle h3 span{
        display:none;                /* 文字去掉，换成图片 */
}
#beauty{
        margin:15px 0px 0px 0px;
        padding:0px;
}
#beauty h3{
        background:url(picture_h1.gif) no-repeat;
}
```

对于图片的项目列表则采用11.5节中的幻灯片效果的制作方法，直接对图片进行排版，代码如下所示，显示效果如图20.11所示。

图20.10　小标题

```
#beauty ul, #route ul{
        list-style:none;
        margin:8px 1px 0px 1px;
        padding:0px;
}
#beauty ul li{
        float:left;
        width:97px;
        text-align:center;
}
#beauty ul li img{
        border:1px solid #4ab0ff;
}
```

美景寻踪

图20.11　美景寻踪

　　再接下来的"线路精选"模块，小标题同样采用图片替换的方式，而具体内容完全为项目列表的方法。将list-style设置为none后，用小GIF图片替代项目符号。其代码如下所示，显示效果如图20.12所示。

```
<div id="route">
        <h3><span>线路精选</span></h3>
        <ul>
                <li><a href="#">吐鲁番——库尔勒——库车——塔中——和田——喀什</a></li>
                <li><a href="#">乌鲁木齐——天池——克拉玛依——乌伦古湖——喀纳斯</a></li>
                <li><a href="#">乌鲁木齐——奎屯——乔尔玛——那拉提——巴音布鲁克</a></li>
                <li><a href="#">乌鲁木齐——五彩城——将军戈壁——吉木萨尔</a></li>
        </ul>
        <br>
</div>

#route{
        clear:both; margin:0px;
        padding:5px 0px 15px 0px;
}
#route h3{
        background:url(route_h1.gif) no-repeat;
```

```
}
#route ul li{
        padding:3px 0px 0px 30px;
        background:url(icon1.gif) no-repeat 20px 7px;
}
#route ul li a:link, #route ul li a:visited{
        color:#004e8a;
        text-decoration:none;
}
#route ul li a:hover{
        color:#000000;
        text-decoration:underline;
}
```

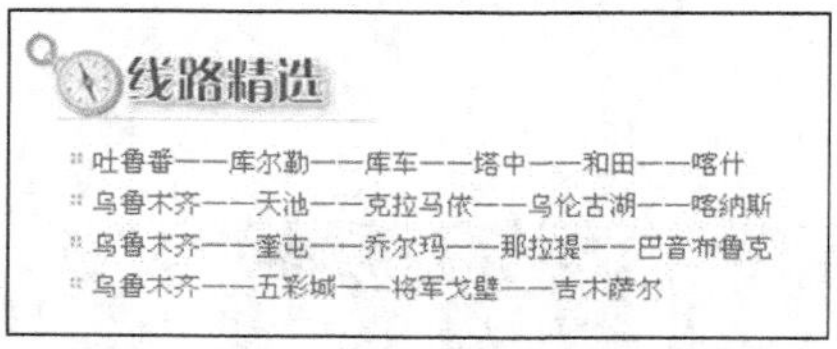

图20.12　路线精选

20.2.4　右侧分栏

对于通常的旅游站点，由于内容较多，分成3栏、4栏甚至更多栏都是常见的情况，因此要求对每一栏的float设置与固定宽度的配合必须准确，以保证在各个浏览器中显示效果的一致，本例右侧分栏代码如下所示。

```
#right{
        float:left;
        margin:0px 0px 1px 2px;
        width:176px;
        background-color:#FFFFFF;
        color:#d8ecff;
}
```

右侧分栏的第一项"新疆地图"除了内容上的区别，块内部的CSS设置与左分栏的"今日推荐"是完全一样的，其HTML框架如下所示：

```
<div id="map">
        <h3><span>新疆地图</span></h3>
        <p><a href="#" title="点击看大图"><img src="map1.jpg"></a></p>
        <p><a href="#" title="点击看大图"><img src="map2.jpg"></a></p>
</div>
```

给这种图片组成的块使用CSS时，主要应该注意图片的边框、对齐方式以及margin和padding的值，代码如下所示，显示效果如图20.13所示。

```
#map{
        margin-top:5px;
}
#map p{
        text-align:center;
        margin:0px;
        padding:2px 0px 5px 0px;
}
#map p img{
        border:1px solid #FFFFFF;
}
```

图20.13　新疆地图

接下来的"小吃推荐"与"宾馆酒店"的样式风格完全一样，设置的方法与普通的项目列表完全相同，这里将list-style设置为none后采用小的GIF图片进行替代，并且为每个<li>添加下划虚线，代码如下所示，显示效果如图20.14所示。

```
<div id="food">
        <h3><span>小吃推荐</span></h3>
        <ul>
                <li><a href="#">17号抓饭</a></li>
                <li><a href="#">大盘鸡</a></li>
                <li><a href="#">五一夜市</a></li>
                <li><a href="#">水果</a></li>
        </ul>
        <br>
</div>

#food ul, #life ul{
        list-style:none;
```

```
        padding:0px 0px 10px 0px;
        margin:10px 10px 0px 10px;
}
#food ul li, #life ul li{
        background:url(icon1.gif) no-repeat 3px 9px;
        padding:3px 0px 3px 12px;
        border-bottom:1px dashed #EEEEEE;
}
#food ul li a:link, #food ul li a:visited, #life ul li a:link, #life ul li a:visited{
        color:#d8ecff;
        text-decoration:none;
}
#food ul li a:hover, #life ul li a:hover{
        color:#000000;
        text-decoration:none;
}
```

图20.14　#food与#life块

20.2.5　脚注（footer）

　　脚注主要作用是显示版权信息、联系方式和更新时间等。通常只要风格上与整体页面统一、协调即可。本例中的#footer块十分简单，HTML块部分如下所示。

```
<div id="footer"><p>艾 萨 克 &copy;版 权 所 有 <a href=" mailto:demo@demo.com"
>demo@demo.com</a></p></div>
```

　　设计时考虑依然采用天蓝色的背景和黑色的文字。而邮箱地址则设置为白色，以便与文字相区别，代码如下所示，显示效果如图20.15所示。

```
#footer{
        background-color:#FFFFFF;
        margin:1px 0px 0px 0px;
```

```
        clear:both;
        position:relative;
        padding:1px 0px 1px 0px;
}
#footer p{
        text-align:center;
        padding:0px;
        margin:4px 5px 4px 5px;
        background-color:#5ea6eb;
}
#footer p a{
        color:#FFFFFF;
        text-decoration:none;
}
```

艾萨克 ©版权所有   demo@demo.com

图20.15   #footer块

20.3   整体调整

通过对所有子模块的排版，整个新疆旅游的网站就基本制作完成了，最后必须对整体页面进行查看，细节上做小的调整，例如调整padding和margin的值等。

最终页面在Firefox中的显示效果如图20.16所示，可以看到与IE浏览器显示的结果基本一致。

图20.16   在Firefox中的最终效果